海防艦

日本の護衛専用艦は有効な兵器となりえたか

大内建二

潮書房光人社

まえがき

海防艦は日本海軍独特の艦種である。明治三十一年に日本海軍が初めて策定した所有艦艇の分類標準に海防艦という艦種が存在している。

海防艦とはヨーロッパ、とくに北欧方面で運用されていた「Coastal Defense Ship」という艦種を邦訳した言葉と考えられているが、日本海軍の海防艦は長大な日本の沿岸防備に限定する軍艦を意味するもので、戦艦や巡洋艦などのように広く戦闘行為に参画することには無理があった。

ここでいう防備とは日本の沿岸防衛、要地防衛、領海警備などをいうものであるが、日本海軍はさらに海防艦を乗組員の教育・訓練の場としても計画していたのであった。

日本海軍はこれら海防艦には、すでに第一線の任務から外され旧式化した戦艦、巡洋艦、装甲艦を充当させた。つまりこれら艦に搭載された大口径砲に、日本沿岸防備のためにまだより多くの期待をかけていたのである。

この状況は明治三十年頃から昭和五年頃までの三〇年以上にわたり継続されていた。しかし昭和五年に締結されたロンドン海軍軍縮条約は、日本海軍のそれまでの海防艦の存在意義を大きく変えることになったのである。日本海軍はこのときまで千島列島および周辺海域の領土と領海の警備、さらには北洋水産業の保護のために、ソ連を意識して旧式化した海防艦ではなくより実戦的な駆逐艦を複数配置していた。

しかしロンドン軍縮条約の結果、日本海軍の駆逐艦保有量に制限の枠が定められることになったために、海軍としての常備の駆逐艦の確保のためには北洋警備にあてていた駆逐艦を引き揚げざるを得なくなったのだ。

そこで海軍は北洋警備からの駆逐艦引き揚げの代替として、建造の制限を受けない駆逐艦に代わる「その他艦艇」として北洋警備専用の艦艇の建造を計画したのだ。ここで計画された北洋警備専用の艦艇は駆逐艦とは見なされないが、ある程度の戦力を持った新しい種類の艦艇として誕生させ、新たに「海防艦」という名称を与えることになったのだ。

この新しい艦種である「海防艦」の出現の影響は大きかった。つまり日本海軍にはすでに海防艦という艦種が存在したが、この新しい「海防艦」を既存の旧式・大型の海防艦と同一の基準であつかうことには様々な弊害が生じることになるのである。

海軍内にはこの新しい艦種に北洋警備ばかりでなく、輸送船などの護衛艦艇としても運用させようとする考えが存在した。確かに既存の旧式艦を北洋警備に限定して運用することは可能であるが、これら大型艦は長距離の輸送船護衛などに運用するには不適であり、輸送船の護衛専用の艦艇の確保は将来的に考えられる戦争には必要であった。

新しい艦種の海防艦の建造は昭和十二年度の新艦艇建造予算で認められ、当座四隻の建造が行なわれることになった。そして日米開戦が不可避の状態になった昭和十六年には、同年度の戦時緊急艦艇建造計画の中で、あらためて三〇隻の海防艦の建造予算が認められることになったのである。このとき海軍はこの新しい海防艦を輸送船護衛用の艦艇として認識していたことになるのである。

海軍は昭和十七年七月に旧式艦につけられていた「海防艦」の名称を廃止し、以後は新規建造の海防艦のみを「海防艦」としてあつかい呼称することになったのだ。そして以後日本海軍内での海防艦は完全に「輸送船あるいは船団護衛用の艦艇」としての位置づけになったのである。

ただその後の海防艦の建造と増備には大きな問題を抱えることになったのである。つまり日本海軍は太平洋戦争勃発時でも、輸送船や船団の護衛というものに対する認識が欠如していたのだ。海軍戦力は第一線の戦闘艦艇の増備に全力が注がれ、輸送船団の護衛などという後方支援は二の次の任務になっていたのである。

しかし昭和十八年頃から急増を始めた各種輸送船の損害は、以後の戦争の継続に大きく影響することが認識されるようになり、海軍はにわかに海防艦の急速建造に力を注ぐことになったのであった。

太平洋戦争中に日本海軍は合計一七一隻の海防艦を完成させ就役させた。そしてその中の七四隻が戦闘により失われ、さらに終戦時には二九隻が行動不能の損害を受けていた。つまり完成した海防艦の半数が激烈な戦闘の中で失われることになったのであった。日本海軍でこれほど多くの犠牲を出した艦艇は他に駆逐艦があるだけである。

本書では激闘に投入された海防艦を、型式別にその性能や形態の特徴、建造数について、また戦闘の状況について紹介してある。本書により、とかく忘れられた存在になりがちな海防艦について、認識して頂くのが本書の目的である。

海防艦——目次

第八章　海防艦の戦い

海防艦

日本の護衛専用艦は有効な兵器となりえたか

第一章　海防艦とは

「海防艦」は日本海軍独特の艦艇の呼称で、明治三十一年（一八九八年）に日本海軍が初めて所有艦艇の分類標準を作成した際に、初めて「海防艦」という名称が誕生している。

このとき海防艦の任務として定められていたことは、日本沿岸の防備であった。日本の海岸線の総延長は二万九七五一キロ（二〇一四年現在）もあり、この長さは世界第一位のカナダ、第二位のノルウェーなどに続く世界第六位の値なのである。オーストラリアやアメリカ、中国などの大国よりも長いことに驚かされる。これは日本本土の海岸線が複雑な形状で成り立っていることの証しなのである。

この長大な海岸線を持つ日本国を他国からの海上攻撃から守るためには、限られた数の戦艦や巡洋艦等の主力艦で守備することはとうてい不可能である。

日本海軍は創設後の早い段階から日本沿岸の守備のために、多数の艦艇の整備に努めていた。明治三十一年当時に日本海軍が沿岸防備用として確保していた艦艇は、すでに旧式化し退役後間もない艦艇が主体であった。それらの中でその主力となっていたのが艦齢二〇年を経過した装甲艦や装甲巡洋艦であった。

この構図は以後も変わることがなく、日清戦争や日露戦争で活躍しその後老朽化で除籍された旧式戦艦や装甲巡洋艦、あるいは鹵獲したロシア戦艦や同巡洋艦そして装甲艦等を海防艦と名称を変え、れっきとした軍艦として日本海軍の「軍艦籍」に入れたのであった。

（注）軍艦とは戦艦、巡洋艦、航空母艦、水上機母艦、潜水母艦、敷設艦等の主力艦を示す総称で、駆逐艦や潜水艦などは「その他の艦艇」と呼ばれ「軍艦」とは呼ばれない。軍艦はその権威を示すために艦首に菊の御紋章が掲げられ、その他の艦艇などと区別される。

つまりこの当時の海防艦はその目的のために特別に設計され建造された軍艦ではなく、雑多な除籍された旧式「軍艦」で構成されていたのである。そして「軍艦」として在籍しているために艦首には菊の御紋章が輝いており、艦長も海軍大佐が就任していた。

海防艦という名称の起源は、一九世紀後半頃から主に北欧諸国の海軍で使われだした「Coastal Defense Ship」とされている。「Coastal Defense Ship」とはその名のとおり「沿岸防備艦」、つまり海防艦（海防戦艦）である。スウェーデンやフィンランド海軍では諸外国海軍の戦艦ほどの強力な軍艦は必要ないものの、基準排水量二〇〇〇〜九〇〇〇トンという中型艦でありながら、数門の二〇〜二八センチ程度の口径の砲を搭載し、最低限度の装甲を施した「ミニ戦艦」を建造し、これを「Coastal Defense Ship」として沿岸防備に就役させたのである。

これらのミニ戦艦の中にはスウェーデン海軍のスヴァリエ級（基準排水量六八五二トン、二八センチ連装砲二基）などが存在した。

日本海軍はこれを参考にし、沿岸防備用の軍艦としてこれら雑多な艦を「海防艦」と称して就役させたのであった。そして日本海軍は海防艦の供給源は老朽艦であることから、今後の自然増加を見越して、あえて新しい型式の海防艦を建造することはなかった。

事実、大正十一年（一九二二年）当時で、日本海軍に在籍していた海防艦は一〇隻以上に達し、その中には旧ロシア海軍の主力戦艦アリヨールやポビエダ、日露戦争当時の日本の連合艦隊の主力艦であった「八雲」「浅間」「吾妻」「磐手」などの歴戦の軍艦が含まれていた。

しかし昭和五年（一九三〇年）に至り、日本海軍を取り巻く状況に変化が生じたのだ。昭和五年にロンドン軍縮条約が締結された。この条約では駆逐艦の保有量にも制限が加えられることになり、当然ながら日本海軍の駆逐艦保有量にも絶対的な制限が加えられることになったのである。これは当時その出現に世界中の海軍を驚かせた、「吹雪」級の高性能駆逐艦に対する建造制限を加える口実でもあったとも考えられた。

(上)スウェーデン海防戦艦スヴァリエ、(中)オスカーII世、(下)フィンランド海防戦艦ヴァイナモイネン

(上)石見／旧戦艦アリヨール、(下)周防／旧戦艦ポビエダ

（上）八雲、（下）浅間

（上）吾妻、（下）磐手

このときまで日本海軍は、サケ・マス漁やタラバガニ漁などの日本の北洋漁業の保護のために、多分にソ連海軍を意識した上で駆逐艦をその警備にあてていた。しかし駆逐艦に課せられたロンドン制限条約の履行上からも、今後は北洋警備に貴重な駆逐艦をあてることは駆逐艦の絶対量の確保から懸念されることになった。ここで海軍は北洋漁業の保護と北洋の警備を担当する専用の艦艇の建造を考えたのである。

実はこの北洋警備用の新艦を建造するにあたり、ロンドン条約に対する合法的な抜け道が織り込まれていたのであった。それはロンドン条約では規制の制限外となっていた補助艦艇について、定められていた許容限度の中で最優秀の補助艦艇を完成させ、これを駆逐艦の代替艦として運用する案であった。

日本海軍がロンドン条約の制限外の艦艇として新しく造る艦は「海防艦」という名称の艦であった。このまったく新しい構想の艦の建造予算が最初に提出されたのは昭和六年であった。ただこの時はこの新艦建造予算は認められなかった。

しかし昭和十二年（一九三七年）度予算の中に初めてこの新艦（海防艦）の予算が認められ、四隻が建造されることになった。この新構想の海防艦は、基準排水量八六〇トン（公試排水量一〇二〇トン）、最高速力一九・七ノットという、建造の自由が許されている補助艦艇の制限いっぱいの設計でまとめられることになっていた。その規模は駆逐艦を一回り小型にしたような艦で、魚雷発射管は搭載しないが、砲、機銃、爆雷兵装等が搭載されることになっていた。

四隻の新型式の海防艦は「占守」型と呼ばれることになり、日本海軍の正規海防艦の第一号となったのである。この四隻の海防艦は太平洋戦争の開戦の前年にすべて完成したが、この時点で日本海軍には以前から存在する旧式主力艦から構成された海防艦と、新規建造の正規海防艦の二種類が存在することになった。つまり「占守」型海防艦の出現はそれまで存在した海防艦の位置づけを根本から覆すことになったのであった。

新しく完成した「占守」型海防艦は北洋警備専用の艦としてばかりでなく、海軍は将来的には船団護衛を目的とした護衛艦艇としての位置づけにも、本艦を置こうとする構想があったとも考えられたのである。このような構想からも海軍としては、既存の海防艦の位置づけについて再検討を迫られることになったのである。

近い将来を見据えた場合に、大型で強力な砲戦力は持っているものの、これら旧式艦が近代戦において果たして国土沿岸の防衛に役立つ可能性があるか、となると答えは「否」である。そこで日本海軍はこの旧式海防艦を便宜上、一等巡洋艦や練習特務艦等の区分で新たに分類し、旧来の「海防艦」の名称を廃し、新たに北洋警備と船団護衛を目的とする特別に設計・建造された艦を、「海防艦」として認めることになったのである。そして昭和十七年七月二十日付で旧海防艦の名称は廃止され、「占守」型新海防艦が新しく「海防艦」として類別されることになったのである。なおここで新しい海防艦は軍艦あつかいではなくなるのである。そして旧来の海防艦も「軍艦」籍から除かれることになったのであった。

一方、新しい海防艦はその後、護衛艦としての位置づけを確立し、「海防艦イコール日本海軍の船団護衛用艦艇」と呼ばれるようになったのである。つまり海防艦という名称は日本の船団護衛艦艇の代名詞となったのである。

日本海軍は太平洋戦争の開戦の前から、想定される南方資源輸送のための南方シーレーンの確保とその護衛を目的として、護衛専用の艦艇の建造は計画していた。その数は三〇隻で、その対象艦として早くも「占守」型海防艦に白羽の矢を立てていた。そして昭和十六年度の戦時応急造艦計画の中で、「占守」型をより護衛艦艇に適した機能を持つ艦に改良することで三〇隻の追加建造が決定した。

従来から日本海軍は船団護衛やシーレーンの確保のための専用の艦艇の建造に対しては、極めて消極的であったとされているが、太平洋戦争の開戦前にすでに船団護衛用の艦艇の建造が計画されていた事実は認めなければならない。しかし問題はその後の対処の仕方にあったのである。

第二章　新しい海防艦の誕生と改良

北洋警備から駆逐艦を引き上げるためには、新たに北洋警備用の艦艇を準備しなければならない。旧式の海防艦を北洋警備のために派遣することは不可能ではないが、艦ごとに相応の設備が整えられているわけではない。海軍としては当面は北洋警備のために余分な人員や燃料を割く必要もない、旧式駆逐艦を充当するという対策を講じた。

しかしいずれにしても新しい北洋警備専用、あるいは警備可能な相応の規模の艦艇を準備する必要があった。これに対し昭和十二年度の海軍艦艇補充計画において、海軍は北方警備用の艦艇四隻の建造予算が認められ、さっそく同艦艇の設計を開始したのである。

「占守」型海防艦

新しい海防艦として建造が開始された艦は、その第一号艦の艦名より「占守」型海防艦と

占守

呼ばれた。なお占守とは日本の領土である千島列島の最北端に位置する島の名前で、以後「占守」型を改良した五四隻の海防艦の艦名はすべて日本沿岸に存在する島の名前が付けられている。ただその後引き続き建造された改設計された大量建造型の合計一一七隻の海防艦の艦名は、すべて連続番号が付けられ番号で呼ばれることになった。

「占守」型の四隻の海防艦の設計は、本来は海軍艦政本部の主導のもとに行なわれるはずであったが、同部は当時開始された第三次艦艇補充計画にともなう新造艦の設計で多忙を極めていたために、「占守」型海防艦の設計は三菱造船長崎造船所内に新たに設立された艦船設計部が艦政本部の指導の下で担当することになった。

本来三菱造船社は商船の設計が専門であり、艦政本部の指導はあったものの完成した「占守」型海防艦の建造図面は、商船に類似する艦艇としては極めて丁寧で凝った構造に仕上がっていた。そして「占守」型海防艦はこの工作工程に基づいて建造が開始されることになったのである。

しかしこの丁寧な工作が要求される「占守」型海防艦は、極めて頑丈な構造ではあったが、その後本艦を基本型として改良が続けられた後続の海防艦の建造に際しては、短期間での建造が困難な大量建造には不向きな艦として評価されることになり、その後の緊急を要する海防艦の大量建造の大きな足かせとなったのであった。

次に「占守」型海防艦の形状、構造、性能、および戦闘能力について解説する。本艦の基本要目は次のとおりである。

基準排水量　八六〇トン（公試排水量一〇二〇トン）
全長　七八メートル
全幅　九・一メートル
吃水　三・〇五メートル
主機関　ディーゼル機関（艦政本部式二二号）二基
最大出力　合計四〇五〇馬力
最高速力　一九・七ノット（二軸推進）
兵装　一二センチ単装砲　三門
機銃　二五ミリ連装機銃　二基
爆雷装置　両舷用爆雷投射器　一基

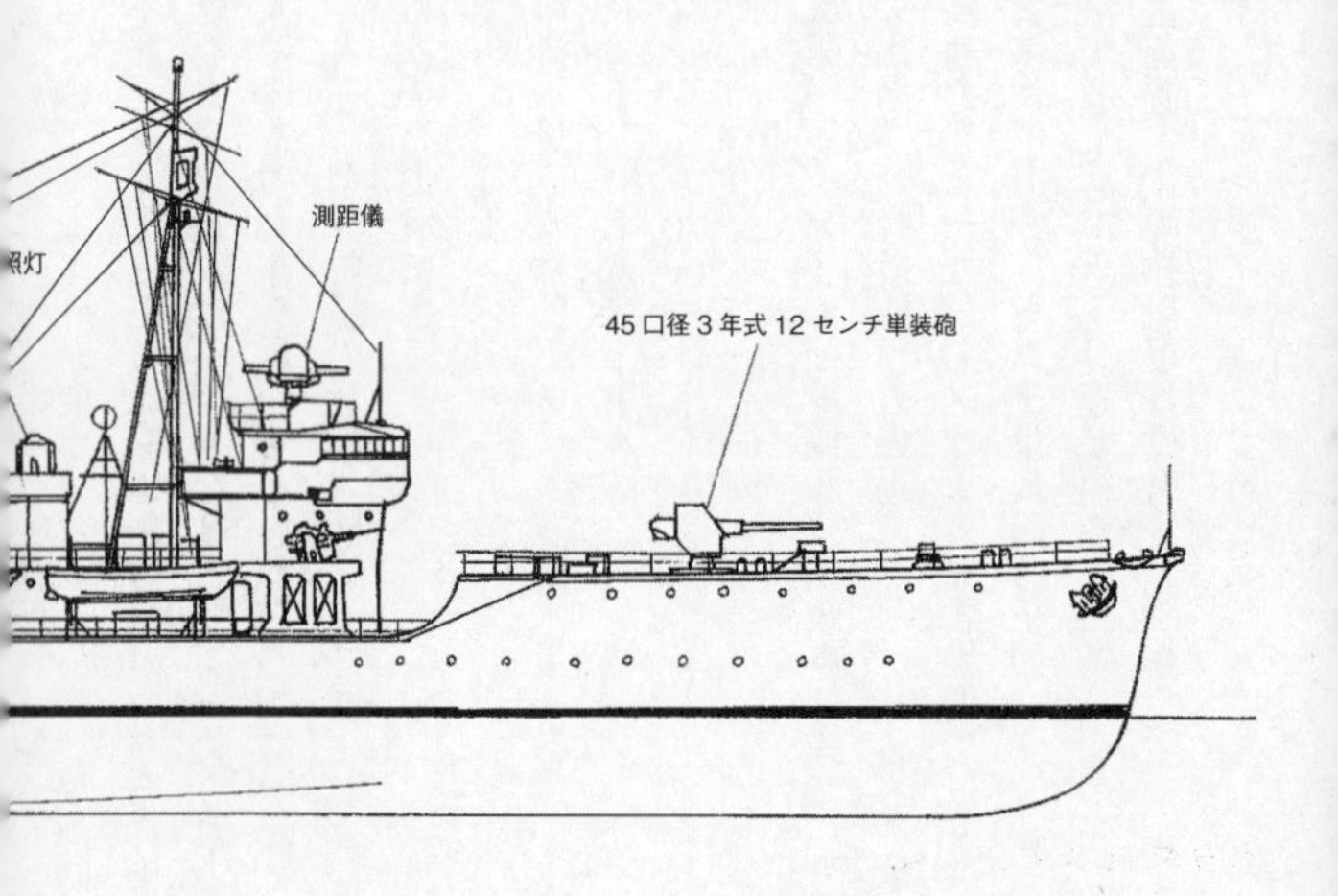
照灯
測距儀
45口径3年式12センチ単装砲

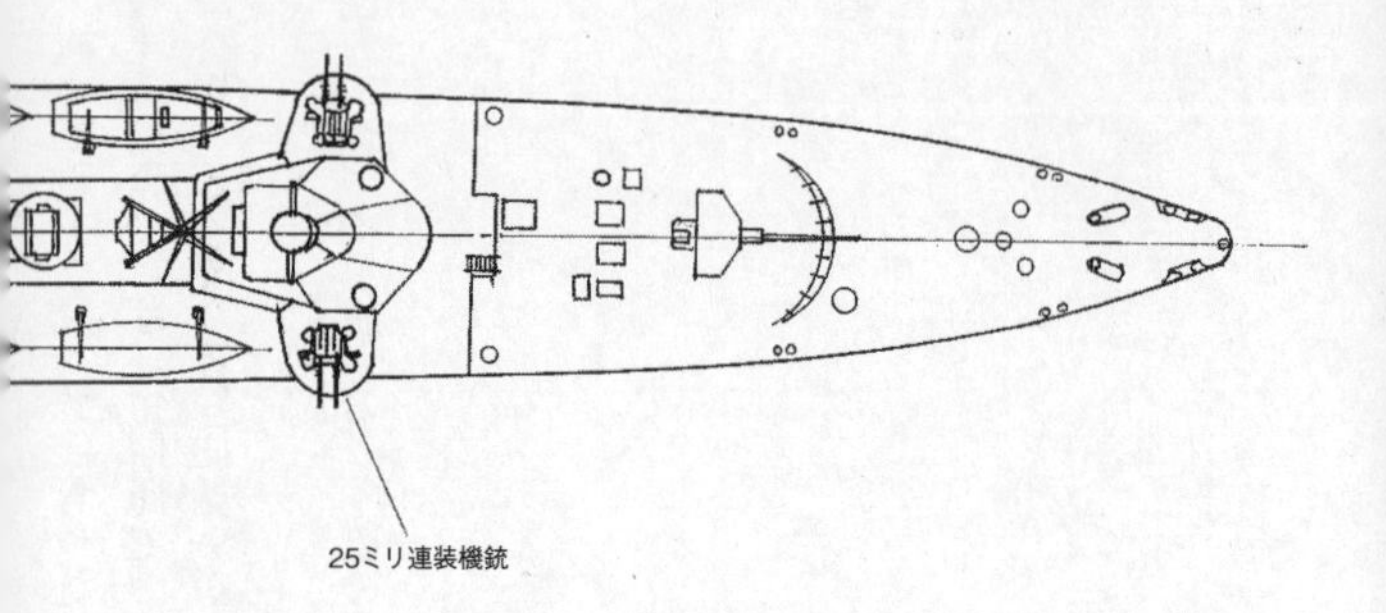
25ミリ連装機銃

第1図　占守型海防艦（竣工時）

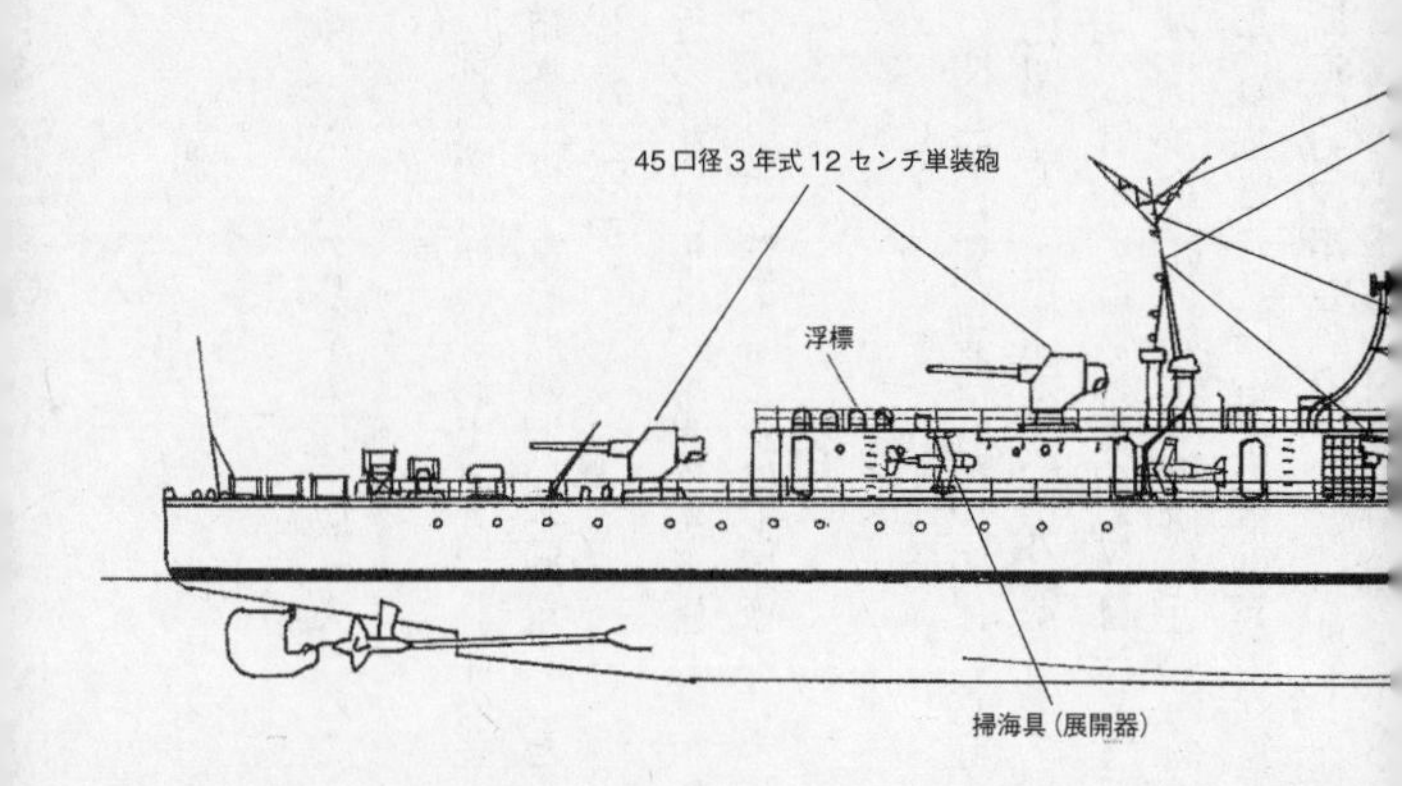

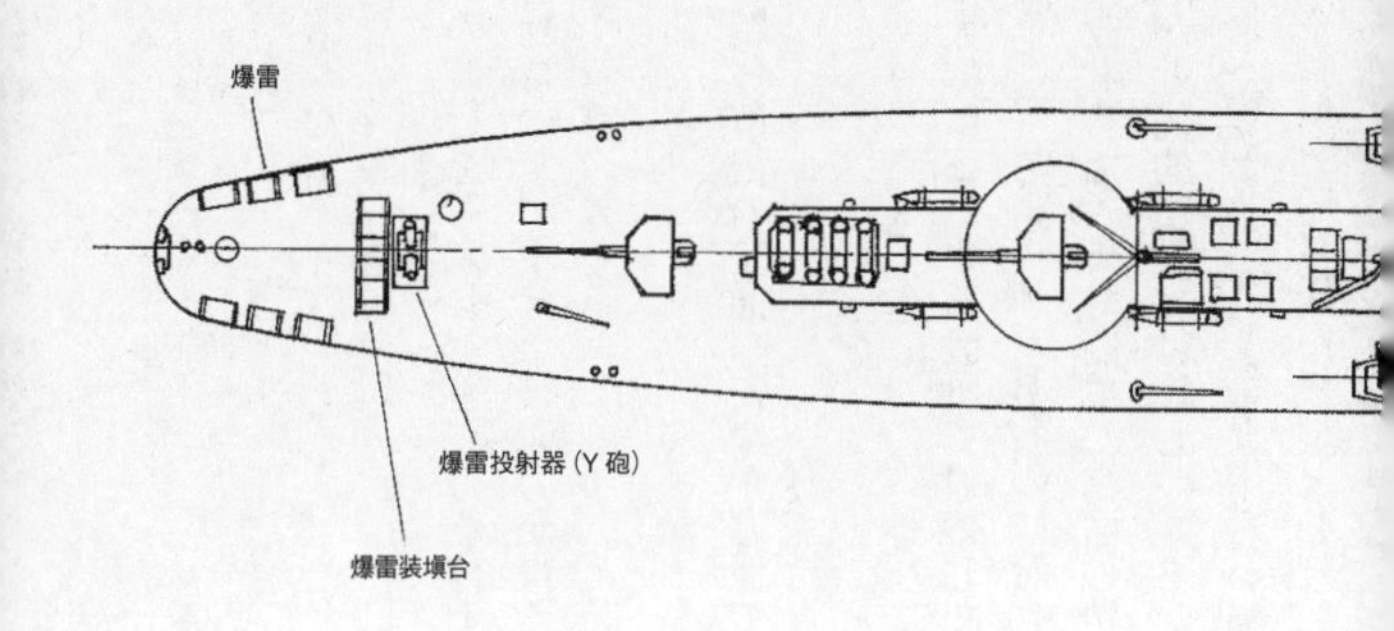

爆雷搭載量　一八個

本艦の設計に際しては次の基本条件を取り入れることにあった。

イ、本来の使用目的が北洋の警備であり、北洋の荒天下の航行を考慮し、さらに船体上部への海水の結氷による重心点の上昇を抑えることを併せ持った、十分な復元力が得られる船体と船型であること。

ロ、吃水線付近の舷側外板は、耐氷性を考慮し厚板にすること。

ハ、耐寒設備に留意し、荒天時または上甲板の結氷時の船体前後の交通の安全が確保できること。

ここで（イ）に関しては船体設計時に、船体の重心点を大幅に下垂する設計で対処している。また（ロ）に関しては駆逐艦の舷側外板の厚さが通常六〜一〇ミリであるのに対し、「占守」型では吃水線付近の舷側外板の厚さは一二ミリで設計した。また船体が海面の結氷時の圧力に耐えられるように、船体中央部付近の断面構造が近代的艦艇では珍しい「タンブルフォーム」（船体の断面において船体の中央部吃線付近で最大幅となっている構造。言い換えればビヤダル型断面）が採用された。（ハ）に関しては基本艦型を船首楼甲板型とし、船首楼から艦尾にかけての上甲板上には全通する上部構造物が配置され、上甲板が結氷時や荒天時にも、露天甲板を通らなくとも艦の前後の交通を可能とした。

なお本艦のタンブルフォーム構造は船体強度上は優れているが、工作工程に手数がかかる量産向きの構造ではなく、後に「占守」型海防艦を母体にした量産型海防艦の改良設計に際しては、建造に時間がかかる艦として問題を起こし、さらにその改設計にも多くの時間を費やすことになったのだ。

第２図　占守型海防艦の船体中央断面図

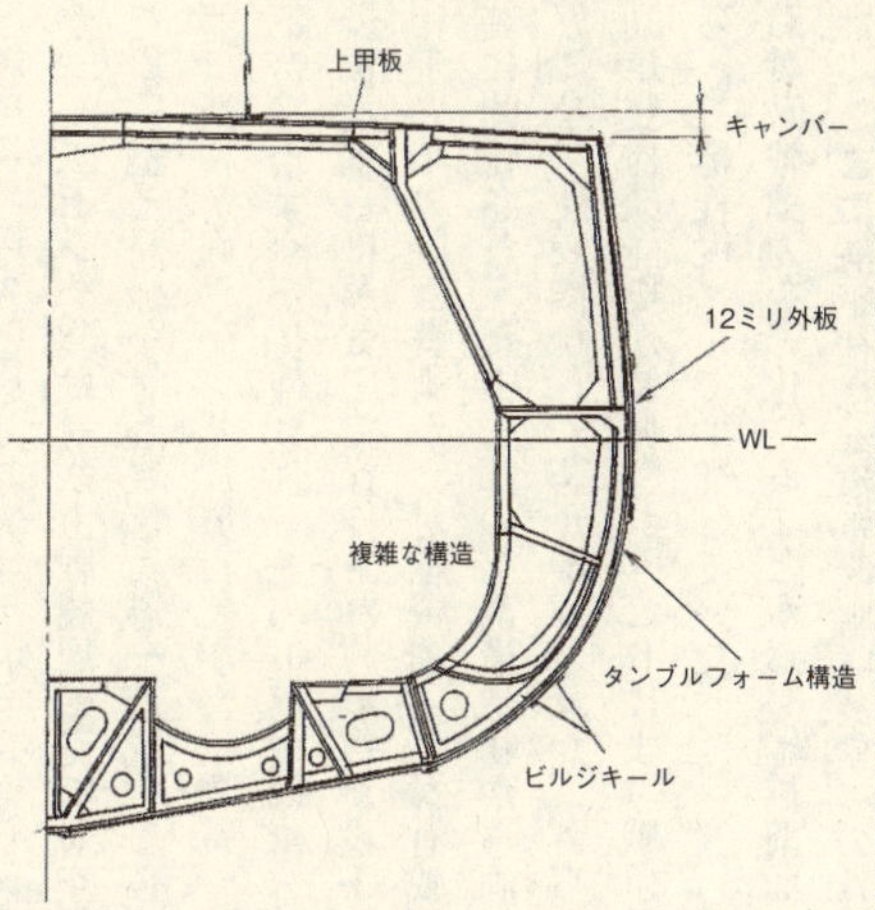

つまり「占守」型海防艦は北洋海域の行動には極めて優れた要素を持った艦であったが、その反面、本艦および本艦を直接の母体として設計された海防艦は、熱帯海域での行動には艦内の居住性が劣悪となり、以後の後続艦の設計に際しては様々な改良が必要とされ、設計にさらに多くの時間をかけることになった。

「占守」型の完成当初の兵装は、四五口径三年式一二センチ単装砲三門（艦首に一門、艦尾に二門を配置)、九六式二五ミリ連装機銃二基(艦橋両側の銃座に装備)となっているが、一二センチ砲は対水上戦闘用の砲で対空射撃は基本的に不可能であった。

また駆逐艦と同様な対潜攻撃兵器を搭載する必要があり、艦尾甲板には両舷投射式の爆雷投射器(通称Y砲)を一基、爆雷装填台(爆雷一〇個装備)一基、そして艦尾両舷側には爆雷投下台三台ずつが装備され、その上には爆雷各一個ずつ(両舷合計六個)が配置された。この爆雷投下台は蒸気圧で操作され、爆雷が投下される構造になっていた。

昭和十九年以降は戦訓から対空戦闘力と対潜戦闘力の強化が求められ、艦橋両舷の機銃が三連装に強化され、艦中央部の上部構造物から両舷に機銃座用の張り出しが設けられ、新たに二五ミリ三連装機銃各一基が増備された。さらに艦橋直前にも機銃用の張り出しを設け二五ミリ単装機銃一梃が装備され、これにより戦争後期の「占守」型海防艦の機銃は当初の四梃から一三梃程度にまで増加していた。

なお対潜戦闘力を強化することから、艦橋前面の二五ミリ機銃座の前方にさらに張り出しを設け、ここに海軍仕様(海軍陸戦隊装備)の八センチ迫撃砲(九七式曲射歩兵砲/三式迫撃砲、八一ミリ口径)一門が配置された。これは潜水艦攻撃用の前投式爆雷の代用とするものであったが、実用上は潜伏する敵潜水艦に打撃を与えるような攻撃力はなく、水中爆発音による単なる敵潜水艦に対する威嚇用兵器としての効果しかなかった。ちなみに陸軍徴用の輸送船の船首楼甲板には、迫撃砲あるいは旧式な三八式野砲(七五ミリ口径)が装備され、これを対潜水艦威嚇用兵器として広く装備していた。

「占守」型海防艦には当初、潜航する潜水艦を探知するための探索装置の装備はなかった。しかし昭和十七年に入る頃から水中聴音器が装備され、後には水中探信儀（ソナー）が装備され、昭和十九年に入る頃から対空および対水上警備用に電波探信儀（レーダー）が装備された。海防艦に装備された電波探信儀は二種類あり、後部マストには対空用として開発された一号三型（呼称一三型）が、前部マスト基部には対水上探索用の二号二型（呼称二二型）電波探信儀が装備された。

「占守」型海防艦の四隻（占守、国後、八丈、石垣）はすべて太平洋戦争勃発時には就役していた。この四隻の中の「国後」「八丈」「石垣」の三隻は戦争勃発時には青森県の大湊警備府に配置され、終戦まで当初の計画どおり終始ベーリング海やオホーツク海、宗谷海峡や津軽海峡などの北洋の警備にあたっており、アリューシャン列島のアッツ島とキスカ島の占領作戦やキスカ島撤退作戦時には、周辺海域の警備を担当していた。

ただ一番艦の「占守」だけは、なぜか完成と同時に遣支艦隊にさらに南遣艦隊に編入されていた。そして太平洋戦争勃発と同時に南方方面の各上陸作戦の輸送船団護衛艦艇として運用され、南方シーレーンの船団護衛に従事した。

しかしこれら作戦に従事する間に本艦の艦内構造や各種配置が、とくに熱帯海域での運用時に多くの欠点があることが露呈し、以後「占守」型海防艦を船団護衛用の艦艇として量産

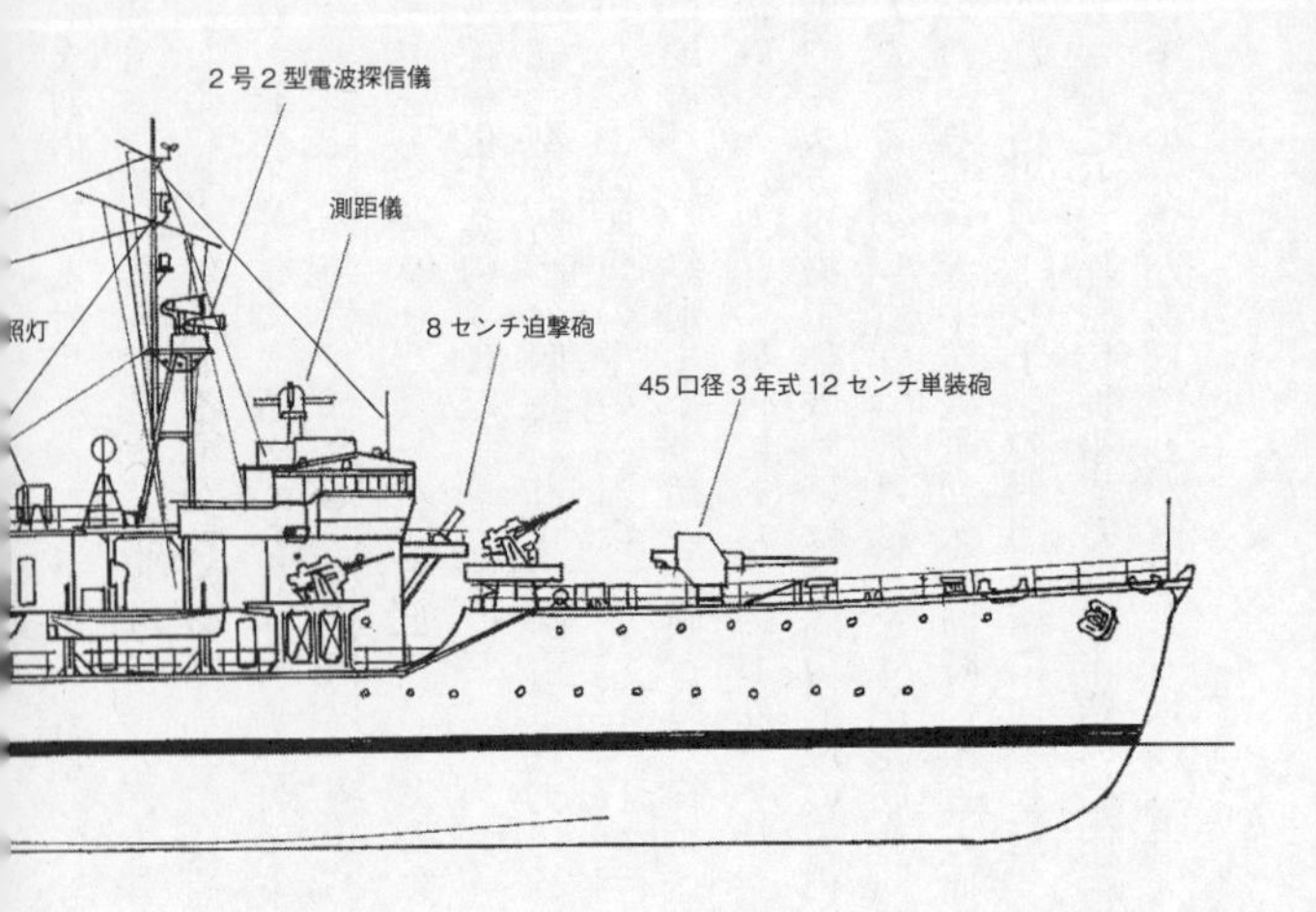
2号2型電波探信儀
測距儀
照灯
8センチ迫撃砲
45口径3年式12センチ単装砲

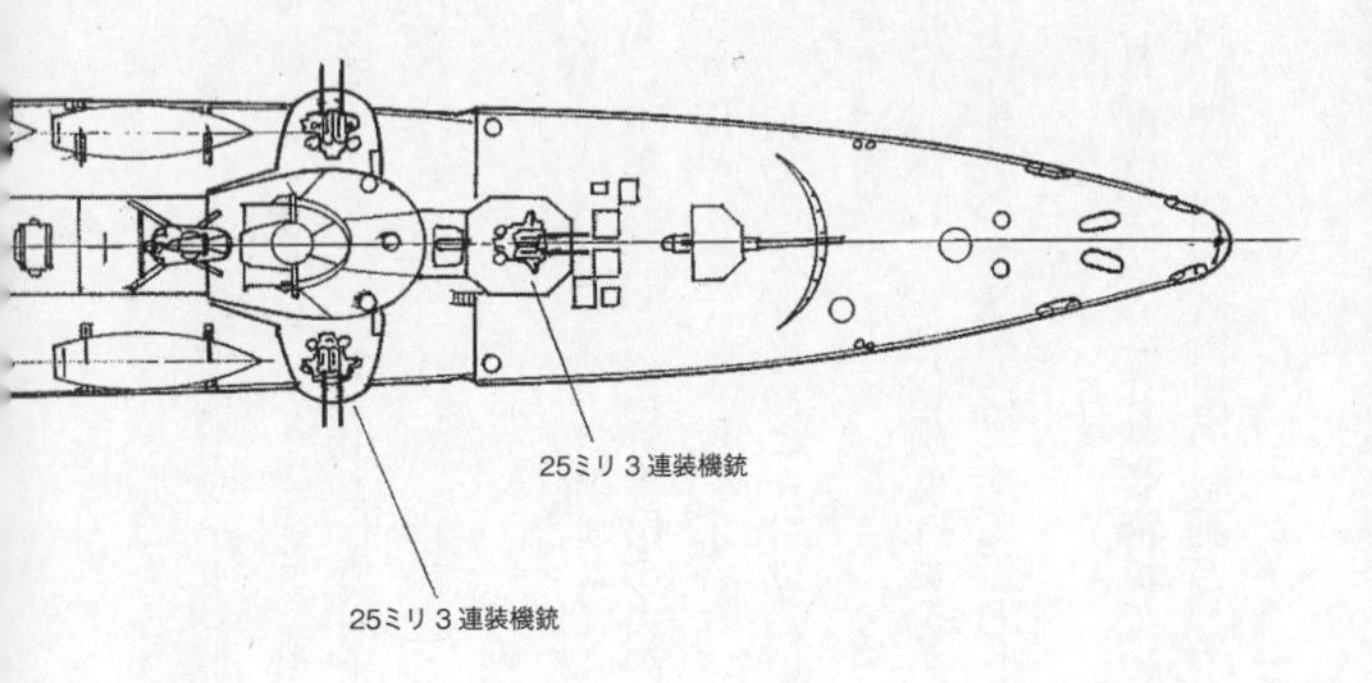
25ミリ3連装機銃
25ミリ3連装機銃

第3図　占守型海防艦(昭和20年1月当時)

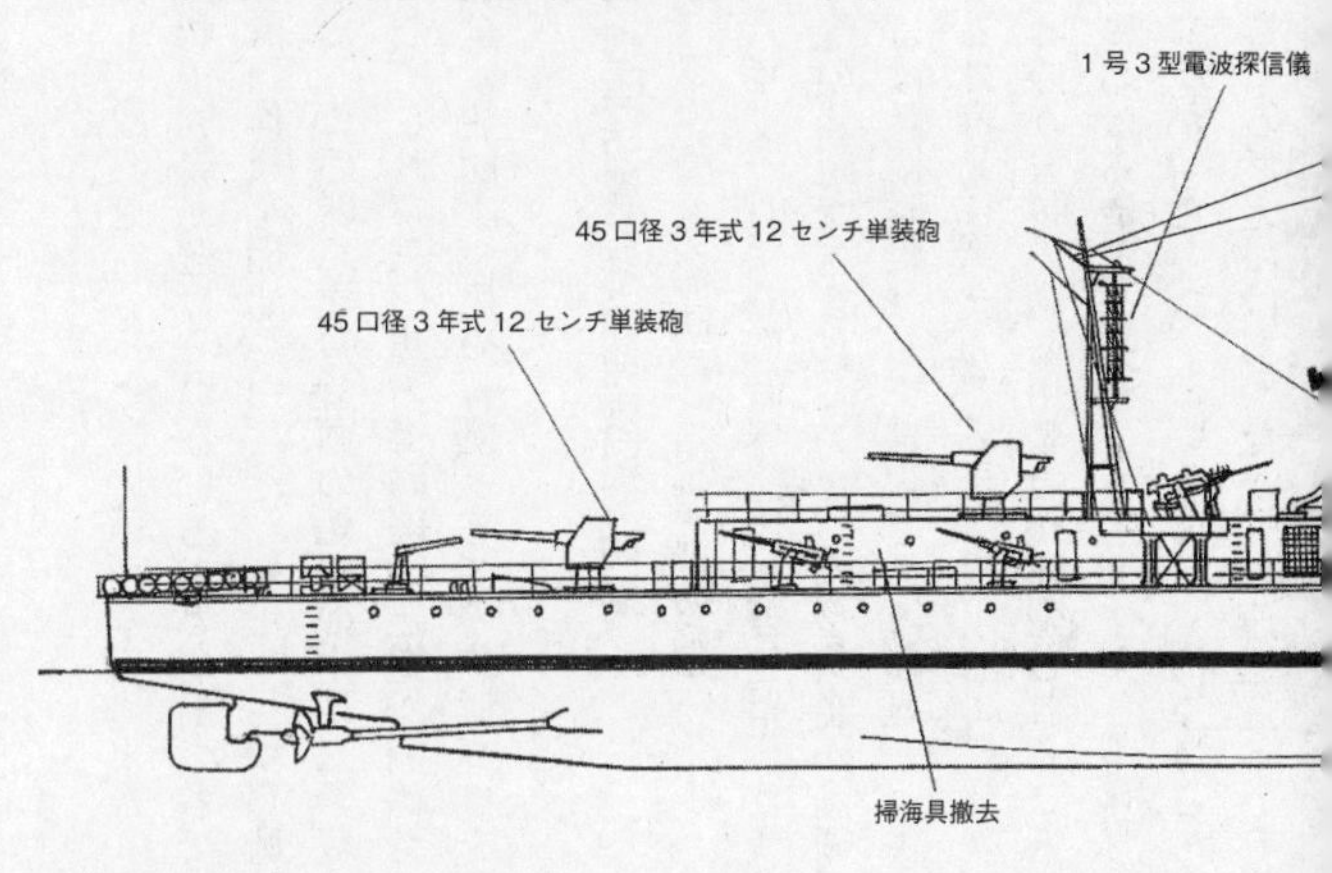

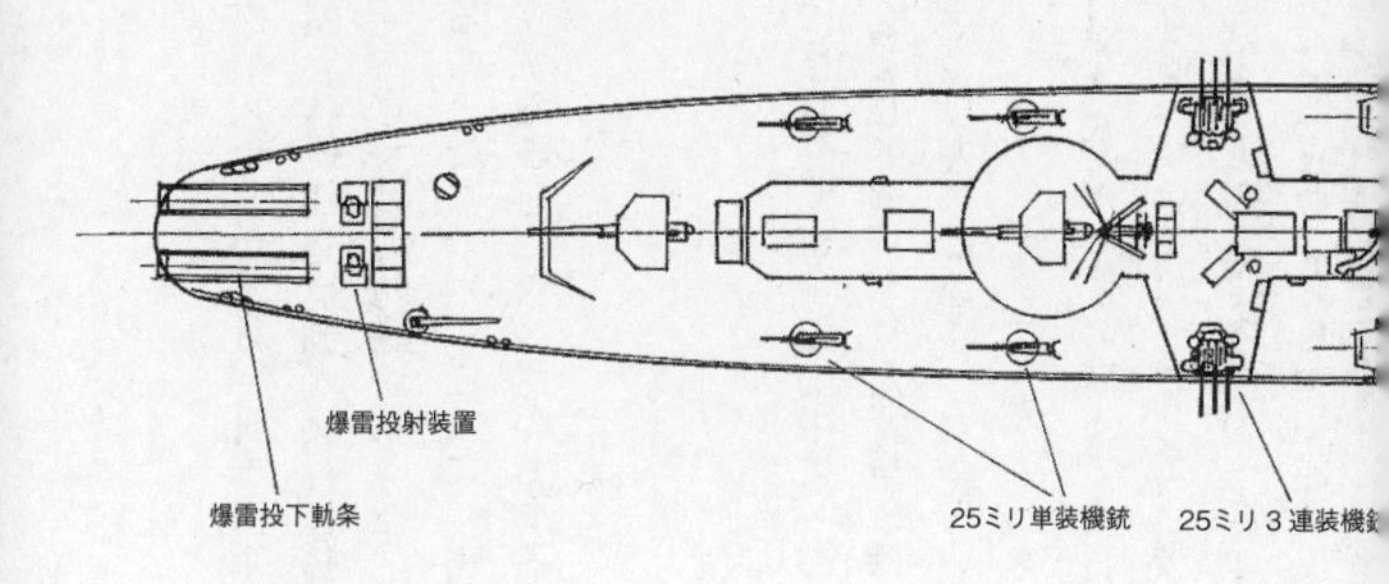

するに際し、改良を行なうときの重要な参考となったのである。

太平洋戦争勃発が避けられないものと判断されていた昭和十六年八月、日本海軍は緊急の出師準備計画作業を開始した。そして十一月から戦時緊急艦艇建造計画が実行に移されることになった。この緊急建造計画の艦艇の中に三〇隻の「占守」型海防艦があった。そして護衛艦艇としてこれら三〇隻の海防艦の建造が開始されることになった。ここに「占守」型海防艦は完全に船団護衛用の艦艇としての位置づけを確立することになったのである。

「占守」型海防艦とその発展型海防艦

その1：「択捉」型海防艦（甲型海防艦）

昭和十六年十一月より戦時緊急艦船建造計画が実行に移されたが、この中に「占守」型海防艦三〇隻の建造が含まれていた。本型式艦が護衛艦艇として選択された背景には、当時の日本海軍には護衛艦艇として選択できる艦艇が「占守」型以外にはなかった、という事情があったことは容易に考えられる。

三〇隻という大量の護衛用艦艇が建造されることにはなったが、この時点でも日本海軍内には戦時における海上交通路（シーレーン）の確保と保護については、さして重要視する気配は見られなかったのだ。というのは、海軍はこの三〇隻の護衛艦艇の中の一四隻を第一陣として建造する考えにはあったが、急速建造という視点には立っておらず、建造に際しては

択捉型隠岐

「占守」型に多少の手直しを加え、工作工数の多少の減少を考えた程度であったのである。つまり当時の海軍の基本理念は敵艦隊との戦闘がすべてに優先する任務の第一義であり、艦隊組織もその構想の中で構築されていた。そして船団護衛などという任務は二次的、あるいは三次的な任務として軽視していた傾向が強かったのである。

この一四隻の海防艦はその第一艦の艦名をとり「択捉」型と呼ばれることになった。「択捉」型海防艦の建造計画の中で、「占守」型海防艦に比較し工作を簡素化した主な点は、工作に手間がかかる艦尾の平衡舵を全平面舵に改良したこと、曲線仕上げの艦首を直線仕上げにしたこと（4図参照）で、この時点では船体のタンブルフォームの直線構造での仕上げには、改設計に時間がかかるとして従来のままの形状で建造されることになっていた。ただ上部構造物については多少の改良がくわえられ、工作工数の減少が図られた。

その結果、「占守」型では建造総工数が一〇万二五〇〇であったのに対し、「択捉」型の建造総工数は七万に減少した。

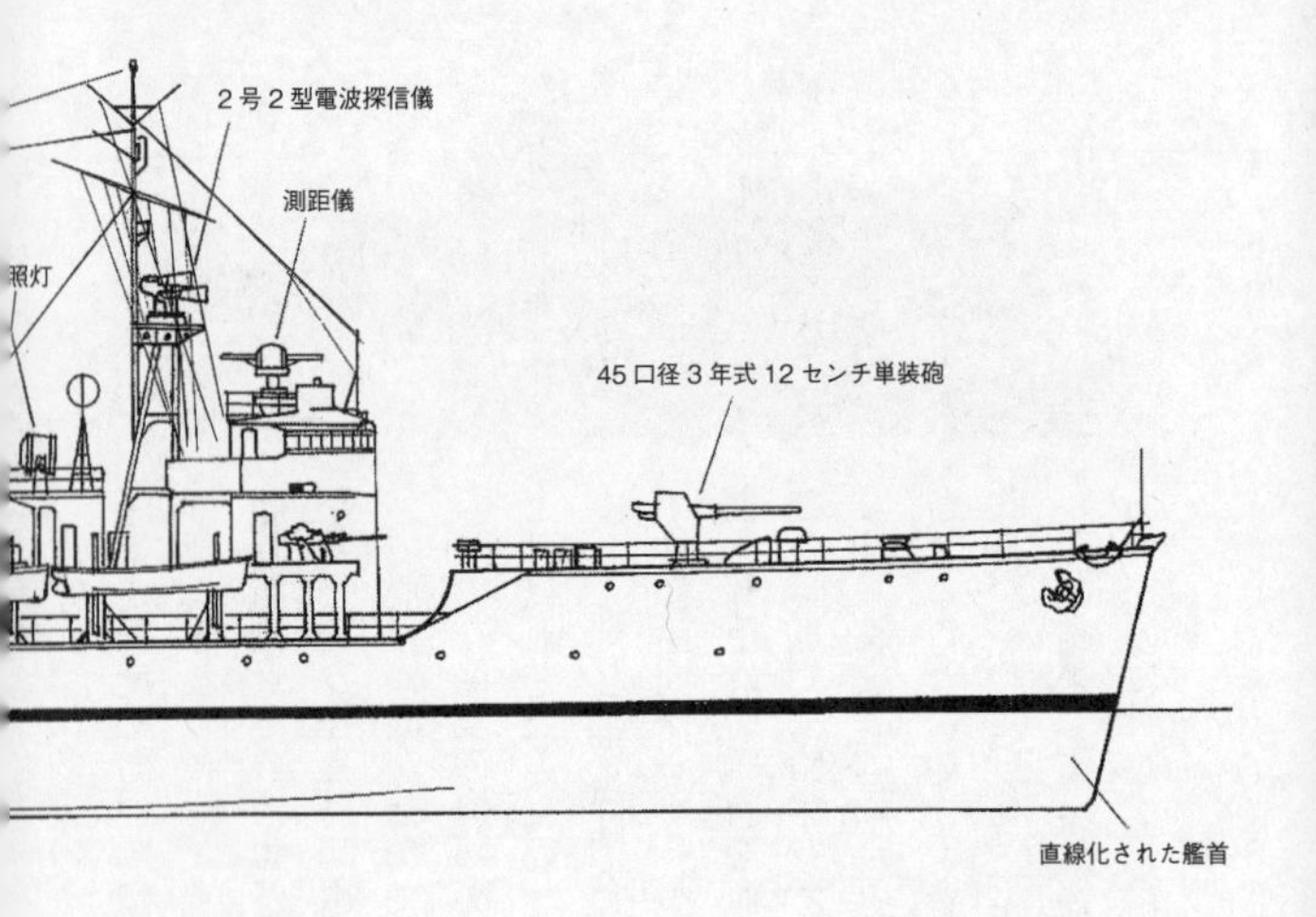
2号2型電波探信儀
測距儀
照灯
45口径3年式12センチ単装砲
直線化された艦首

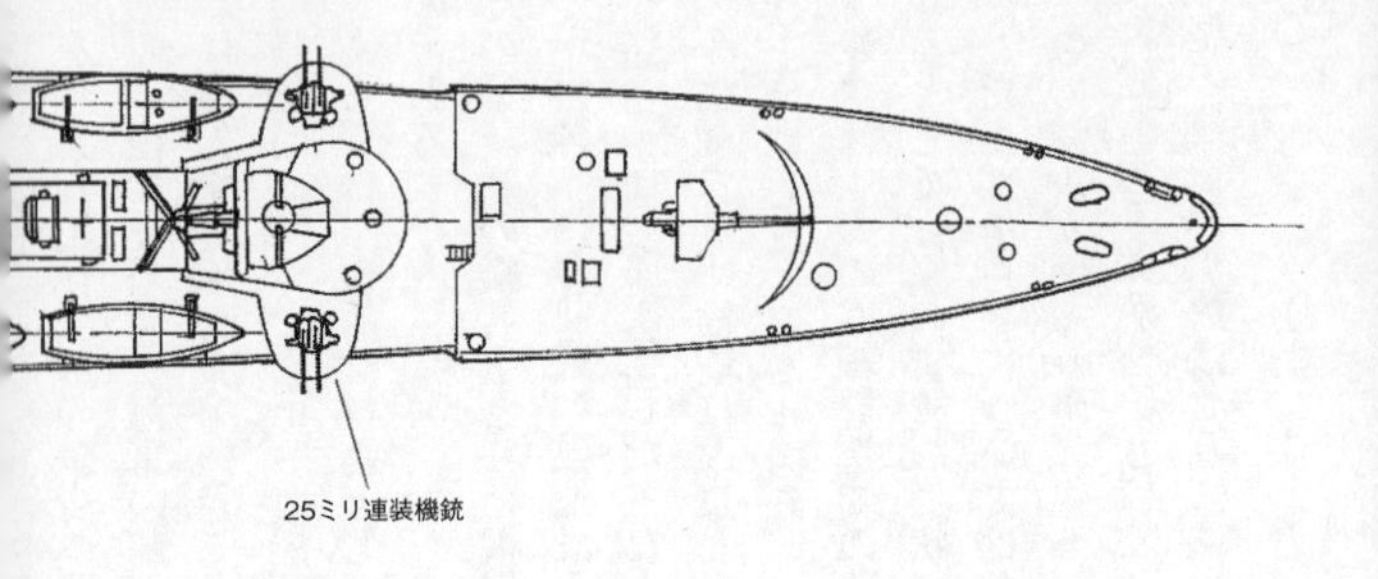
25ミリ連装機銃

第4図　択捉型海防艦（竣工時）

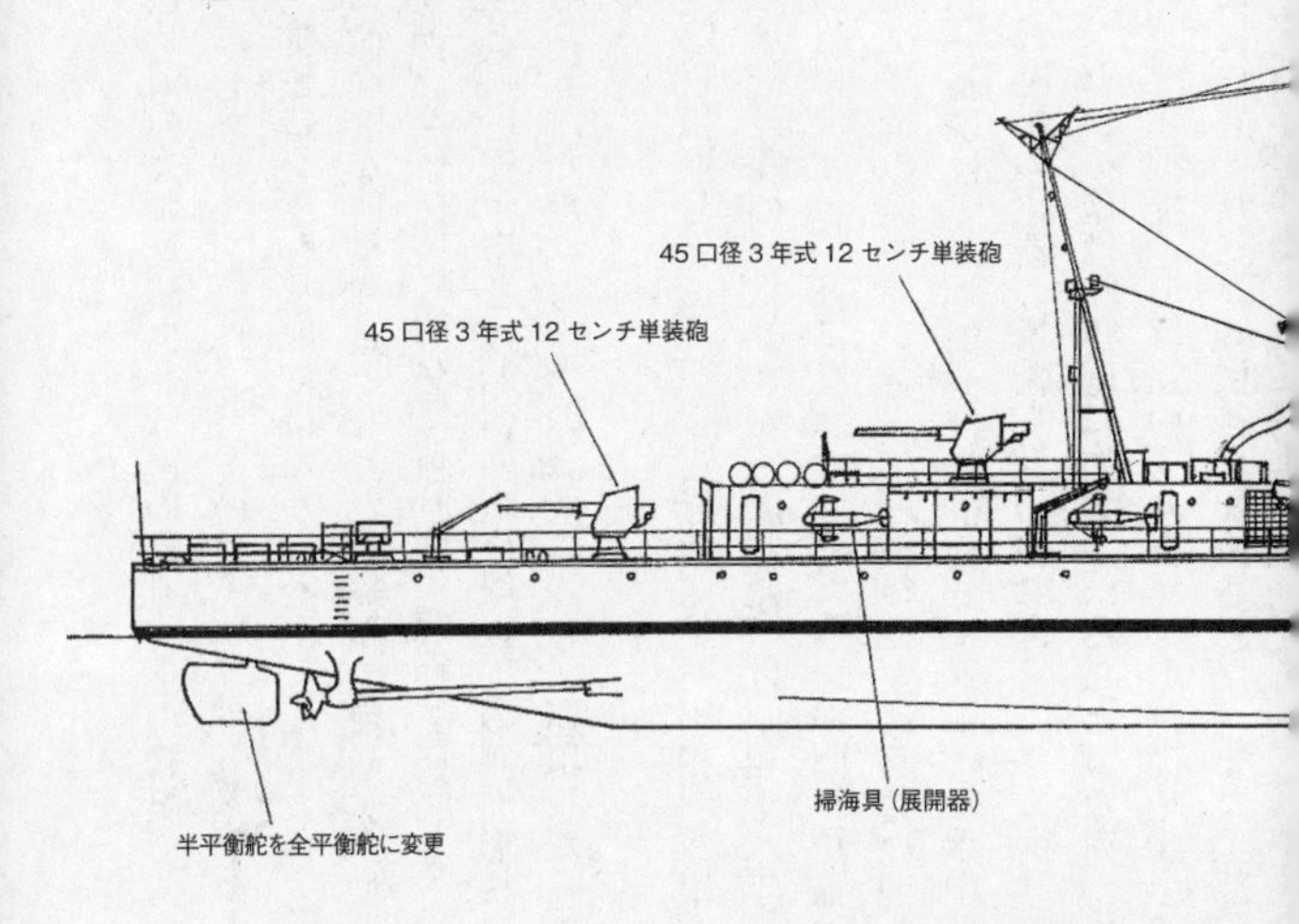

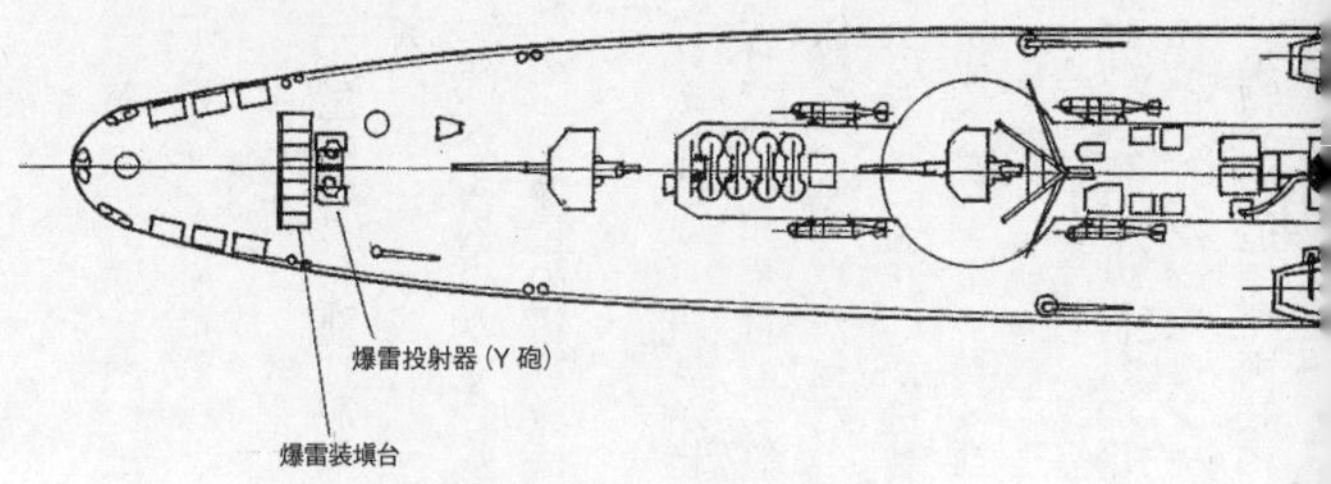

しかし建造時間の大幅な減少とは言い難く、小型艦艇でありながら「占守」型では起工から完成まで一年七ヵ月、「択捉」型では一年一ヵ月も要することになった。これはとうてい短期間での大量建造を望む状態ではなかった。

ちなみに徹底的な簡易構造となった最終型の海防艦丙型と丁型での最短建造記録は、七五日（二ヵ月半）という驚異的な建造時間の短縮を記録している。

「択捉」型と「占守」型とは船体の吃水線以下の側面形状に違いがあるのみで、基本要目はほぼ同一である。ただ「占守」の護衛艦として運用した戦訓から、爆雷の搭載数は三六個と増加されている。

「択捉」型は昭和十七年二月から建造を開始、昭和十八年八月までに全一四隻が起工している。そして第一号艦の「択捉」が完成したのは昭和十八年三月で、一四隻目の「笠戸」が完成したのは昭和十九年二月になっていた。建造期間の短縮は望むべくもなかったのである。

「択捉」型は建造の途中で、さらに就役後に主に兵装に関して改良（強化）が施されている。これにより各艦にはすべて電波探信儀（レーダー）や水中探信儀（ソナー）が装備されたが、同時に対空戦闘用の火器の増備も進められた。

三門の一二センチ砲は高角砲に換装されることはなかったが、二五ミリ機銃の増備が行なわれた。そして「択捉」型は途中より艦尾の上部構造物上に装備された一二センチ砲が撤去され、そこに二五ミリ三連装機銃が配置された。また上部構造物の艦尾側の両舷に新たに機

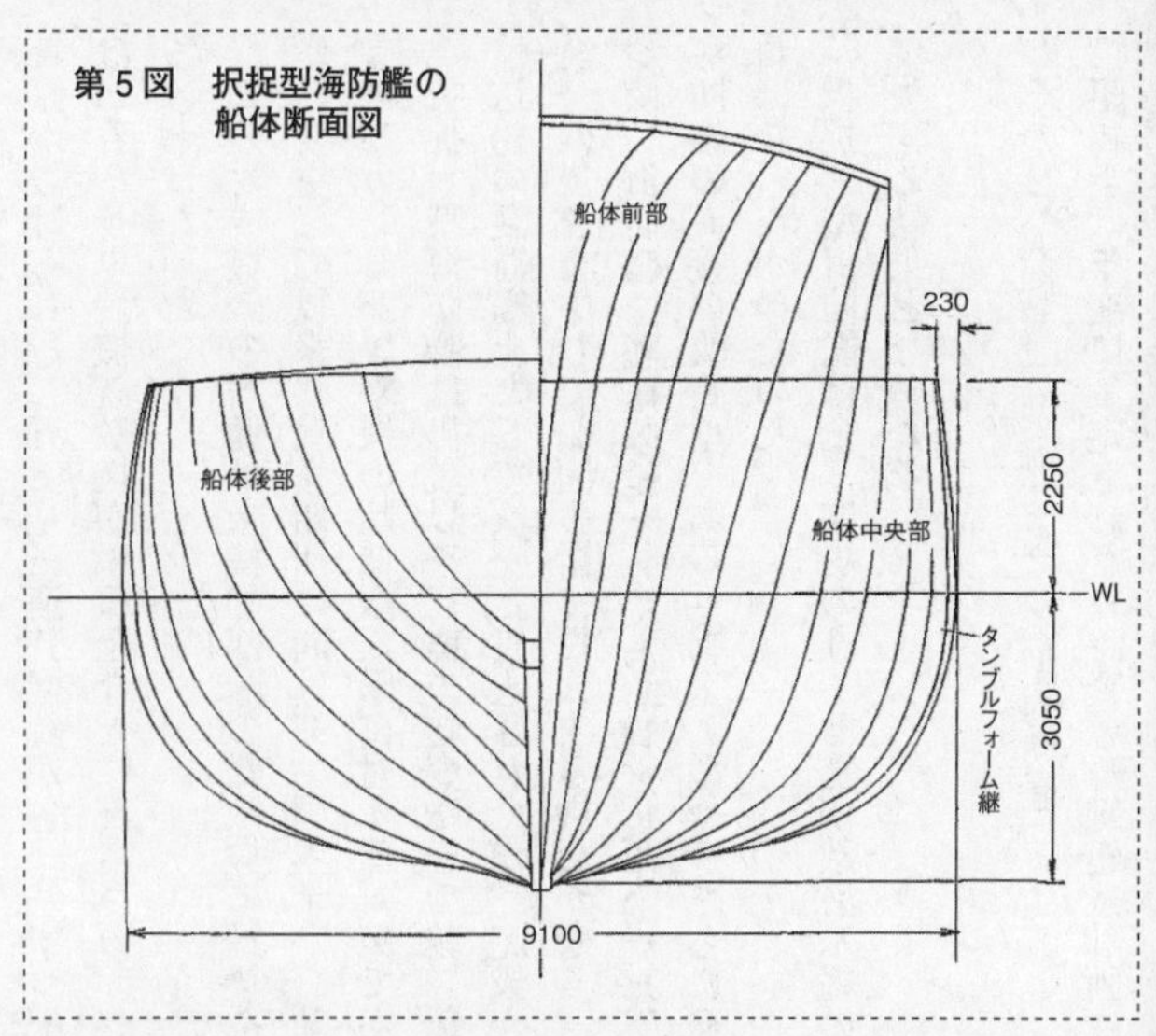

第5図　択捉型海防艦の船体断面図

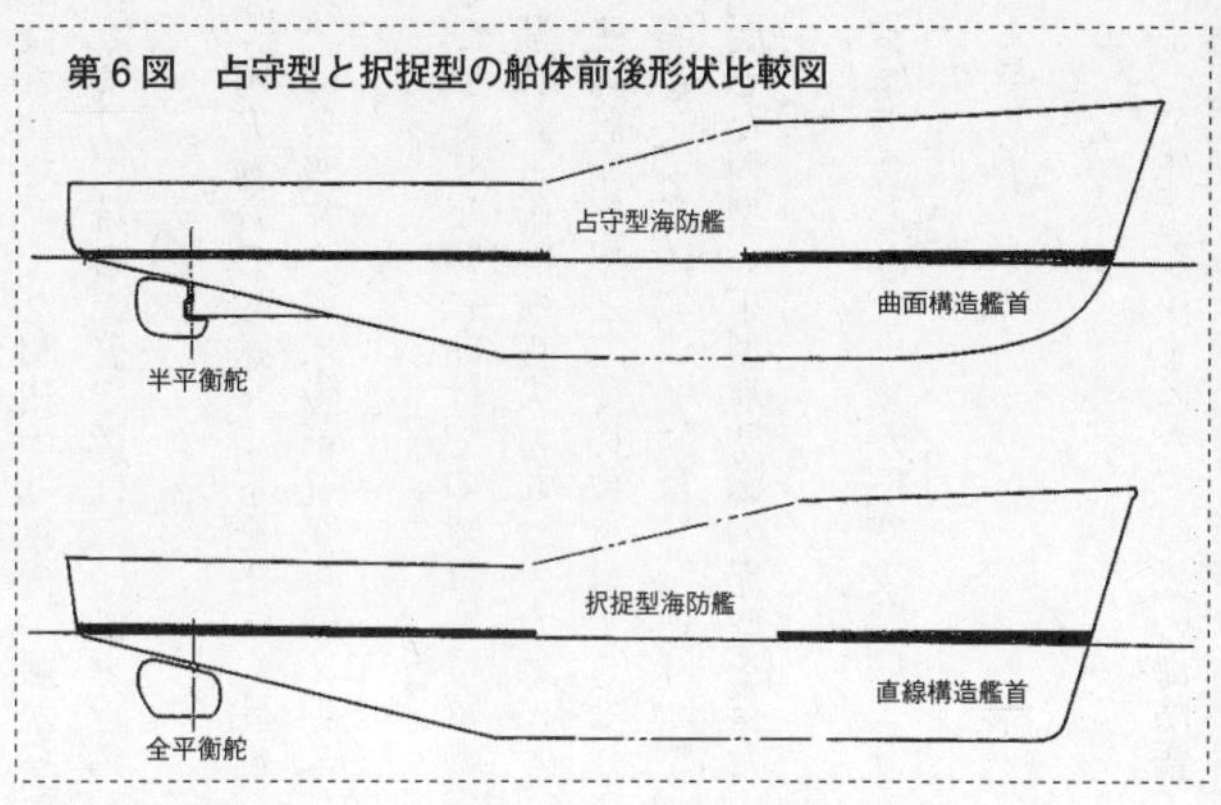

第6図　占守型と択捉型の船体前後形状比較図

銃座が設けられ、二五ミリ三連装機銃が各一基ずつ配置された。また昭和十九年後半頃からは二五ミリ単装機銃数梃が甲板上などに配置され、二五ミリ機銃の配置総数は二〇梃を越えるほどになった。

この対空機銃の増備は米機動部隊の艦載機の跳梁や、南方物資の輸送ルートを中国大陸沿岸に変更して以来、輸送船団に向けて中国本土から頻繁に来襲する、米陸軍航空隊のノースアメリカンB25爆撃機の超低空攻撃に対する対策であった。

「択捉」型海防艦は出現以来、南方物資輸送の輸送船やフィリピンに向けての陸軍増援軍の輸送船の護衛艦艇として次々と投入されたが、完成が遅れ五月雨的な投入となったために、全一四隻を集中して船団護衛に投入する機会がなく、主力護衛艦艇としての働きはできなかった。海防艦を護衛艦艇としてある程度集中的に投入できるようになったのは、「占守」型海防艦の直接の改良型である「鵜来」型や、さらに発展した丙型・丁型海防艦の完成を待たねばならなかったのだ。

「択捉」型海防艦は全一四隻のうち七隻が敵潜水艦の雷撃で失われ、一隻が航空攻撃により喪失する結果となった。

その2:「御蔵」型海防艦（乙型海防艦）

昭和十六年度に策定された戦時緊急艦艇建造計画によって建造が決まった三〇隻の海防艦

御蔵型淡路

の建造は、その中の一四隻が「択捉」型として建造されたが、残りの一六隻は「択捉」型の船体構造にさらに簡略化を施した「御蔵」型八隻と、さらなる改設計を行なった「鵜来」型八隻として完成することになった。

「御蔵」型は本来、「択捉」型として完成の予定であったが、途中から主に搭載兵器の強化策を打ち出した軍令部の意向を組み入れ、改良された「御蔵」型として建造を進めることになった。

この時の軍令部の要求は次のとおりであった。

イ、主砲の水上戦闘用の一二センチ単装砲を一二センチ高角砲に置き換えること。

ロ、電波探信儀を二基（対空用と対水上用）と最新型（三式）水中探信儀一基を装備すること。

ハ、爆雷投射器（両舷用Y砲）と爆雷投下軌条各二基を装備し、爆雷搭載量を一二〇個とすること。

ニ、単式掃海具を一組装備すること。

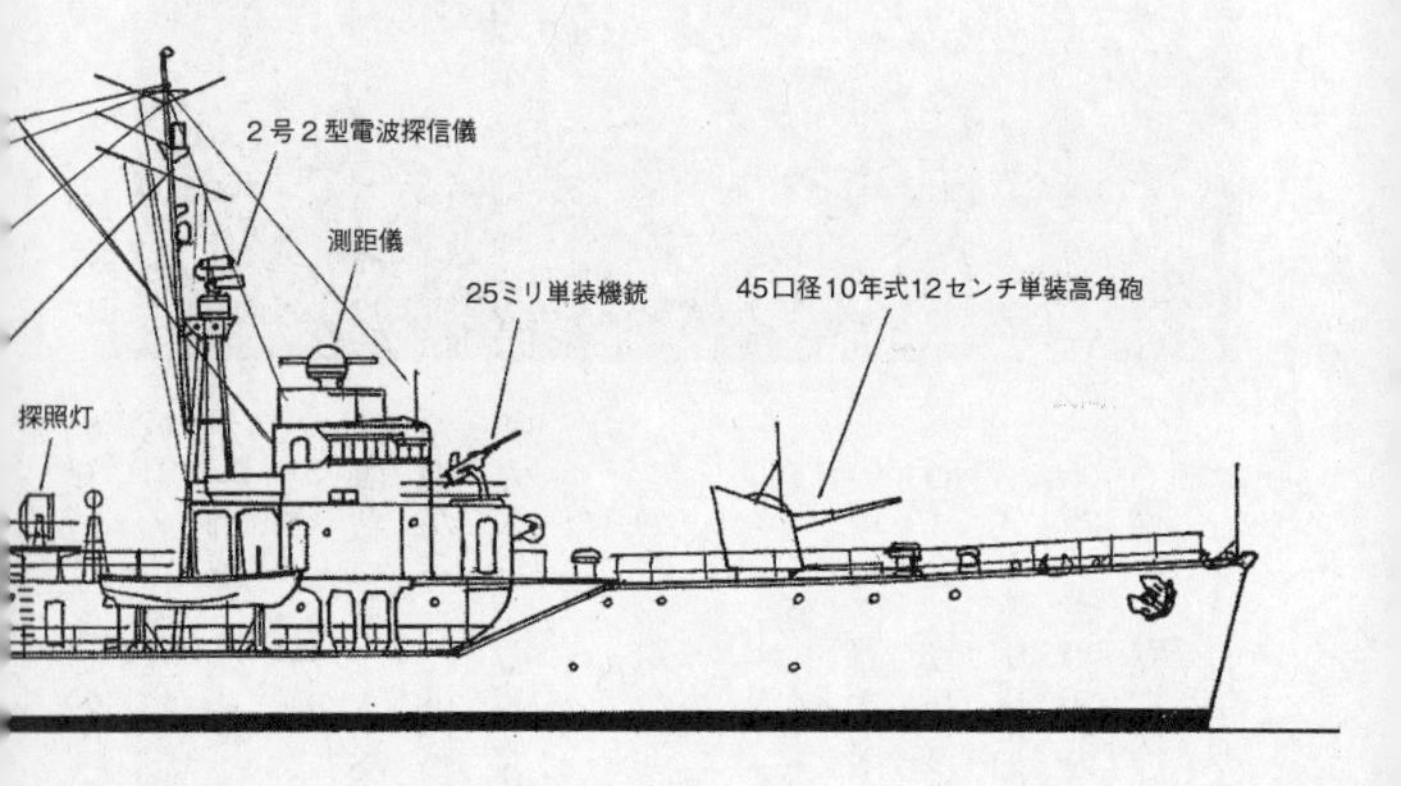
2号2型電波探信儀
測距儀
25ミリ単装機銃
45口径10年式12センチ単装高角砲
探照灯

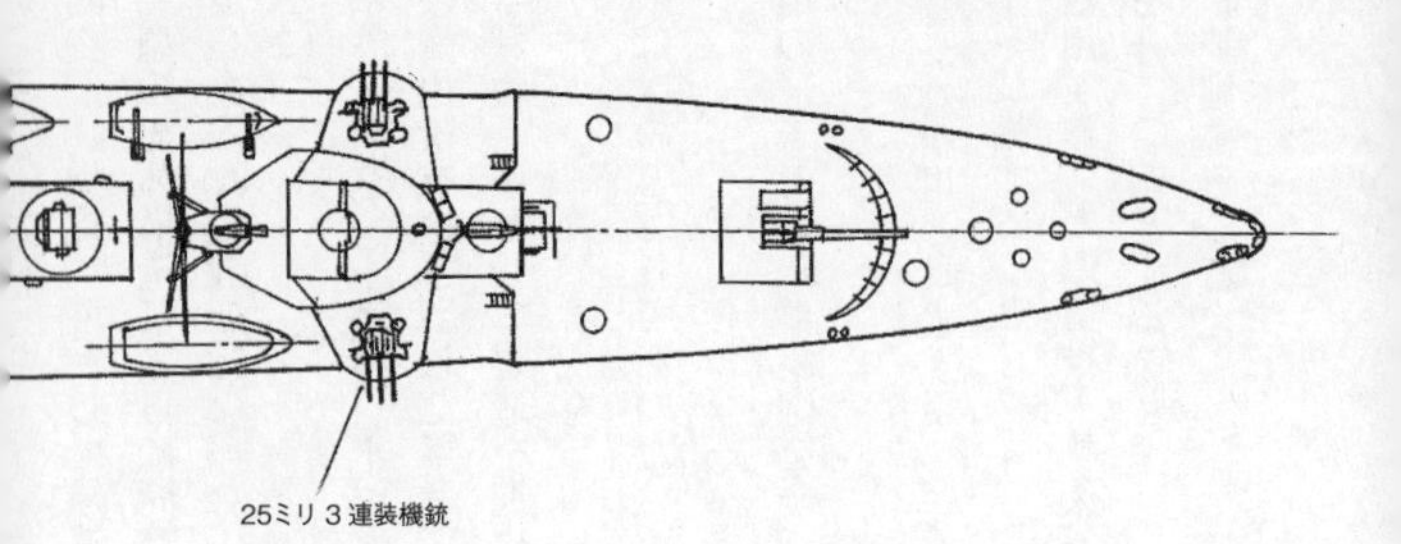
25ミリ3連装機銃

第７図　御蔵型海防艦（竣工時）

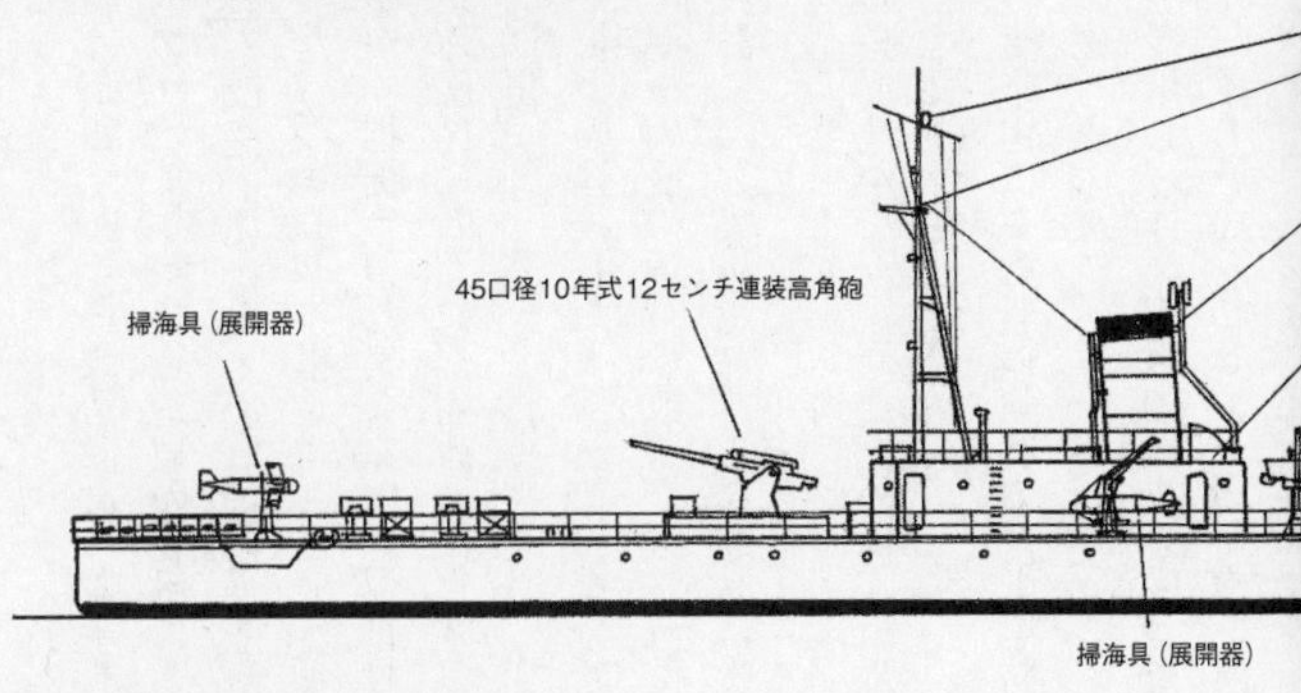

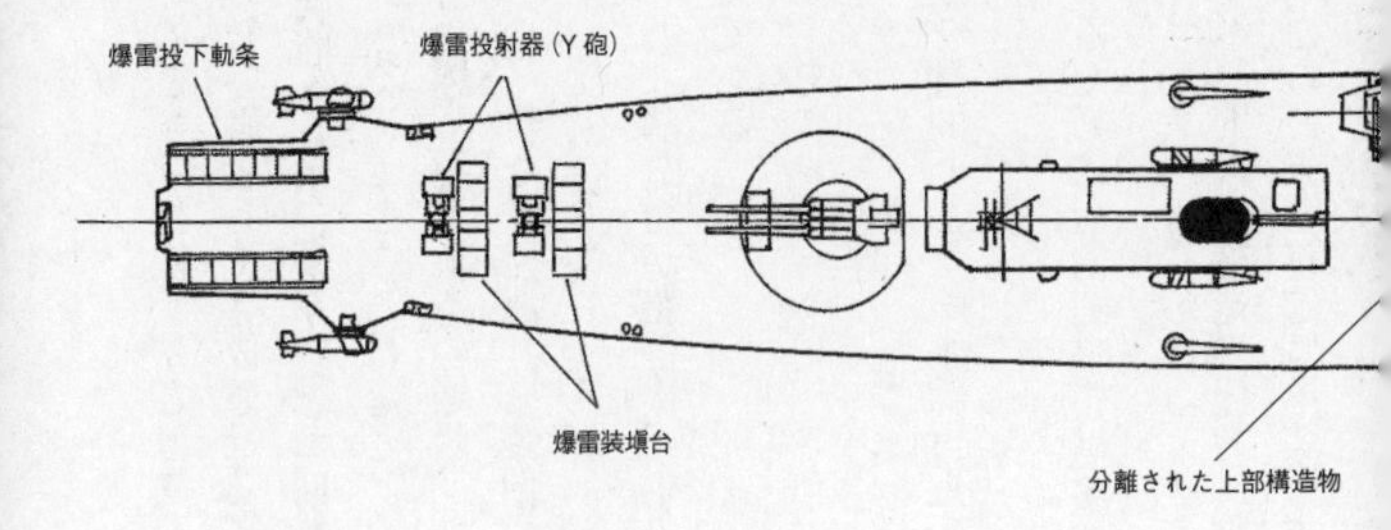

「御蔵」型海防艦は昭和十七年に改造設計に着手し、このとき「択捉」型とは異なるいくつかの改良が盛り込まれ、より戦時急造型の艦艇にふさわしい艦として完成させる予定であった。しかしこの時も改設計には多くの時間を要すると判断され、「御蔵」型と同じ艦型で建造することになった。つまり基本構造は「占守」型と大きく違うところはなかったのである。

ただ「御蔵」型が「択捉」型と異なるのは爆雷投射器や爆雷投下軌条の増設、さらに爆雷の搭載量増加による艦尾に新たに爆雷庫を配置することや、新たに掃海具を装備することから、「御蔵」型では艦尾が一メートル延長され、それにともない全長が一メートル延長されたこと、また上甲板上の連続した上部構造物を分断し、上部構造物が船首楼、中央楼、艦尾楼に三分割され、甲板両舷の通行の改善が図られたことである。

「御蔵」型の改設計に際し実施された主な改良は次のとおりである。

イ、北洋警備の必要性がなくなったために、耐氷構造を目的とした吃水線付近の舷側外板の厚さを通常外板に変更した。
ロ、船体構造の簡略化による船体強度の低下を防止するために、構造材には厚板を採用し必要強度を確保した。
ハ、電気溶接を多用し、作業工数の減少を図った（リベット接続構造の極力排除）。
ニ、主砲を四五口径十年式一二センチ高角砲に換装。このとき艦首砲は単装とするが、艦尾砲は連装とし従来の単装二門配置を止める。

この改設計と装備の増強で、「御蔵」型の建造工数は「占守」型の一〇万二五〇〇から五万七〇〇〇と大幅な改善が行なわれたが、建造期間の大幅な短縮にはつながらなかった。

これらの改造により「御蔵」型海防艦は日本海軍最初の本格的護衛艦艇と称することができたが、激化する敵潜水艦の攻撃に対しては、同時期の米英海軍の護衛艦艇が装備する電波兵器との性能の格差が大きく、敵潜水艦に対する積極的な攻撃を期待することは難しく、この状況は戦争の終結まで続くことになった。

「御蔵」型海防艦は艦自体の機能からすれば、同じ時期に米英海軍が運用していた護衛駆逐艦やフリゲート、またスループやコルベットに見劣りすることはなかった。

「御蔵」型海防艦は最終的には一七隻が完成している。その中の九隻が戦闘で失われた（潜水艦の雷撃七隻、航空機攻撃一隻、触雷一隻）。

その3：「鵜来」型海防艦（改乙型海防艦）

「占守」型海防艦をより短期間で建造が可能にするための改設計は進められていた。しかし基本船体の構造が複雑であることから、より量産化を目的とした新「占守」型海防艦の設計には時間を要した。そして都度の要求に従って部分改良が施された「択捉」型と「御蔵」型が完成したが、最終的に完成した新「占守」型海防艦が「鵜来」型であった。「鵜来」型海防艦の設計図面は昭和十八年半ばに完成し、十月より「鵜来」型の建造が開始された（この間「択捉」型と「御蔵」型の建造は継続されていた）。「鵜来」型海防艦は「占守」型の「択捉」型・甲型、「御蔵」型の乙型に対し、構造の大幅な変更が施されたために「改乙型」と呼称されることになった（その後「占守」型とその派生型である「択捉」型、「御蔵」型、「鵜来」型はすべて一括して甲型と呼ばれることになった）。「鵜来」型は船体の基本構造において「御蔵」型とは大幅な違いがある。「鵜来」型は量産性を意識した構造に改設計されており、「鵜来」型は構造的には本艦に続く丙・丁型への橋渡し的な存在になっていたが、まだ完全に量産化（短期間建造）に適した構造にはなっていなかった。

「鵜来」型の改設計に際しては、すでに昭和十七年後半に開始されていた第二次戦時標準船（戦時量産型の商船）で採用された船型や艤装に関わる徹底した簡易化方式が、大幅に採用されることになっていた。「鵜来」型に採用された簡易化方式は次のとおりであった。

イ、工作を複雑化していた舷側のタンブルフォームを廃止し、舷側を平滑化する。
ロ、船底の曲面工作を極力平板加工に変更。
ハ、肋材の直線化により船体のシーア（舷弧＝船体の全長方向に設けられた緩やかな曲線

鵜来型昭南

構造）の廃止、およびキャンバー（船体の断面における甲板の緩やかな曲面構造）の廃止。

ニ、艦尾を曲面仕上げとせず垂直にカットしたトランサム構造の採用。

ホ、上部構造物の工作の簡易化（例えば楕円形断面の煙突の角型仕上げや曲面加工の廃止）。

これらの他に使用鋼材を商船と同一規格の鋼鈑を採用し、船内構造も商船に準じた工作とするなど工程の簡素化が図られた。

なお「鵜来」型の建造から電気溶接工法が大幅に採用され、同時にブロック建造方式も一部に採用され建造時間の短縮が図られた。

その結果、「御蔵」型の工数五万七〇〇〇に対し、「鵜来」型では工数を四万二〇〇〇にまで減少させた。この値は「占守」型の六〇パーセントの工数減となり、急速建造のためには大きな前進となった。そして本艦の建造の最中にはさらなる工数減が図られ、最終的には工数三万にまで減少させることに成功した。

この結果、一番艦の「鵜来」の場合は起工が昭和十八年十月、完成が翌十九年七月と建造日数は一〇ヵ月に短縮されたが、まだ短期間の大量建造は望むべくもなかった。

「鵜来」型海防艦の特徴の一つに対潜兵器の強化があった。「鵜来」型の対潜兵装は「御蔵」型より強化されていた。「御蔵」型に設けられていた艦尾の掃海具は撤去され、後甲板一杯に爆雷投射装置と爆雷投下軌条が配置された。爆雷投射器は最新型の片舷投射式の三式投射器（K砲）で、甲板に半埋込式に装備された。爆雷投射器を半埋込式にしたことにより、投射器の全高が低くなり爆雷装填の操作が容易になり、迅速な投射を可能にすることができたのである。なお一部の艦には両舷投射式の投射器（Y砲）三基が装備されたものもあった。

片舷爆雷投射器は片舷に六〜八基が装備され、一回の爆雷攻撃で両舷で最大一二〜一六個の爆雷の投射が可能になり、投下軌条と合わせると、一回の掃討で最大一八〜二四個の爆雷の投下が可能になり、極めて強力な対潜攻撃を展開することが可能になったのである。

なお爆雷投下軌条は二基で、艦尾をトランサム構造にすることにより装置の簡略化が図られた。

この一回の掃討あたりの爆雷の最大使用量から、「鵜来」型の爆雷搭載量は一五〇個に増加しており、攻撃力としては「御蔵」型の三倍に相当するものとなった。

対空兵装は「御蔵」型と同じであったが、高角砲は八九式一二・七センチ高角砲ではない

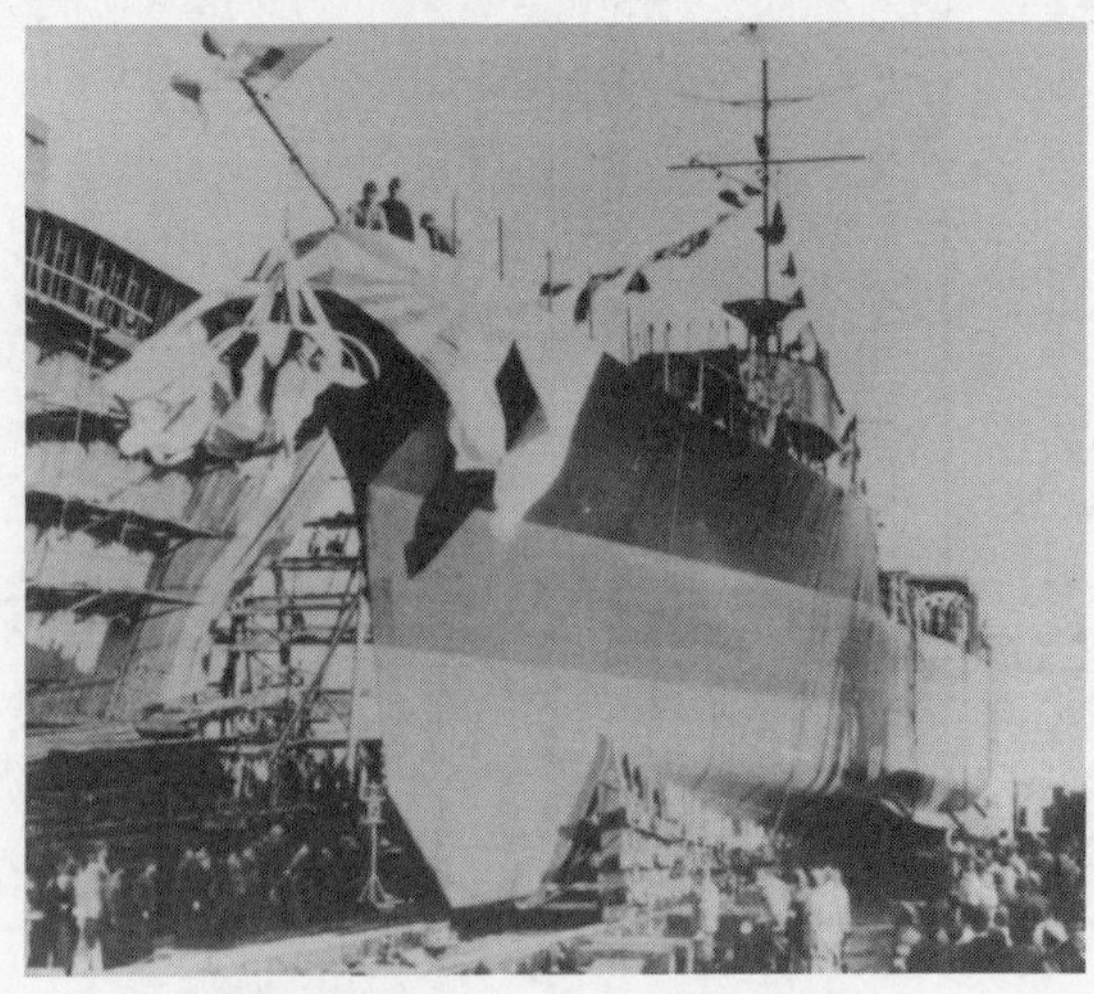

昭和19年5月、「鵜来」の進水式。船型が簡易化され、舷側は平面化している

第8図　鵜来型海防艦の船体中央断面図

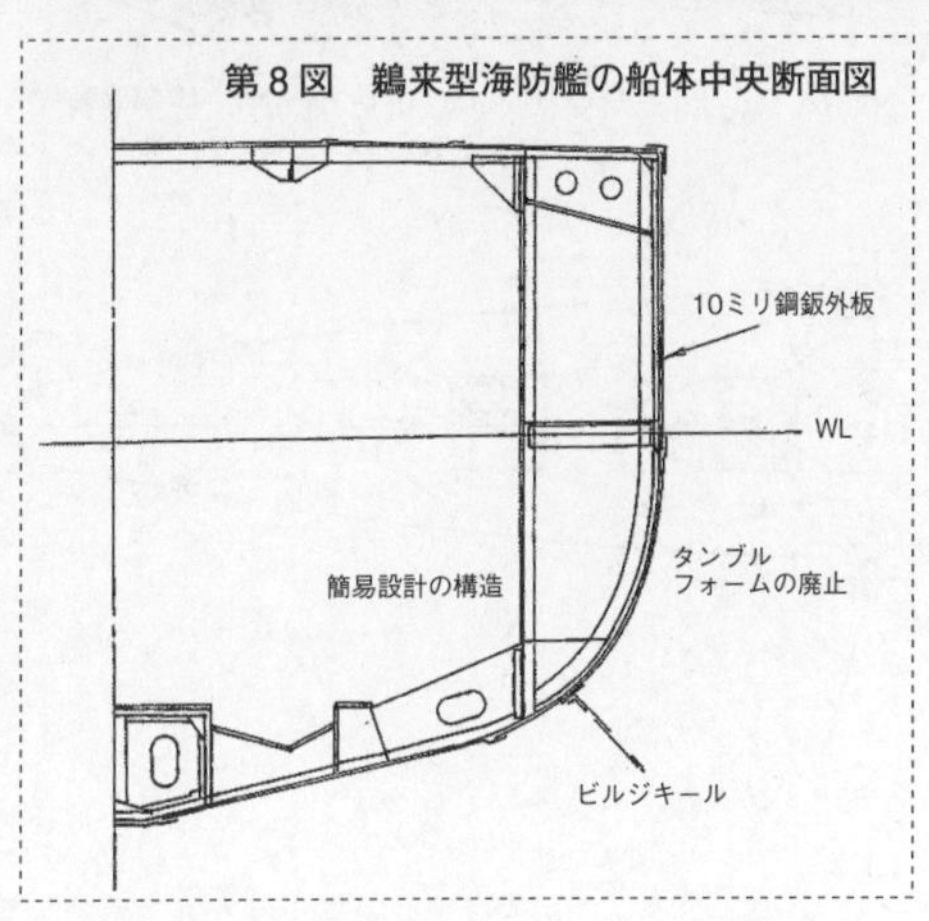

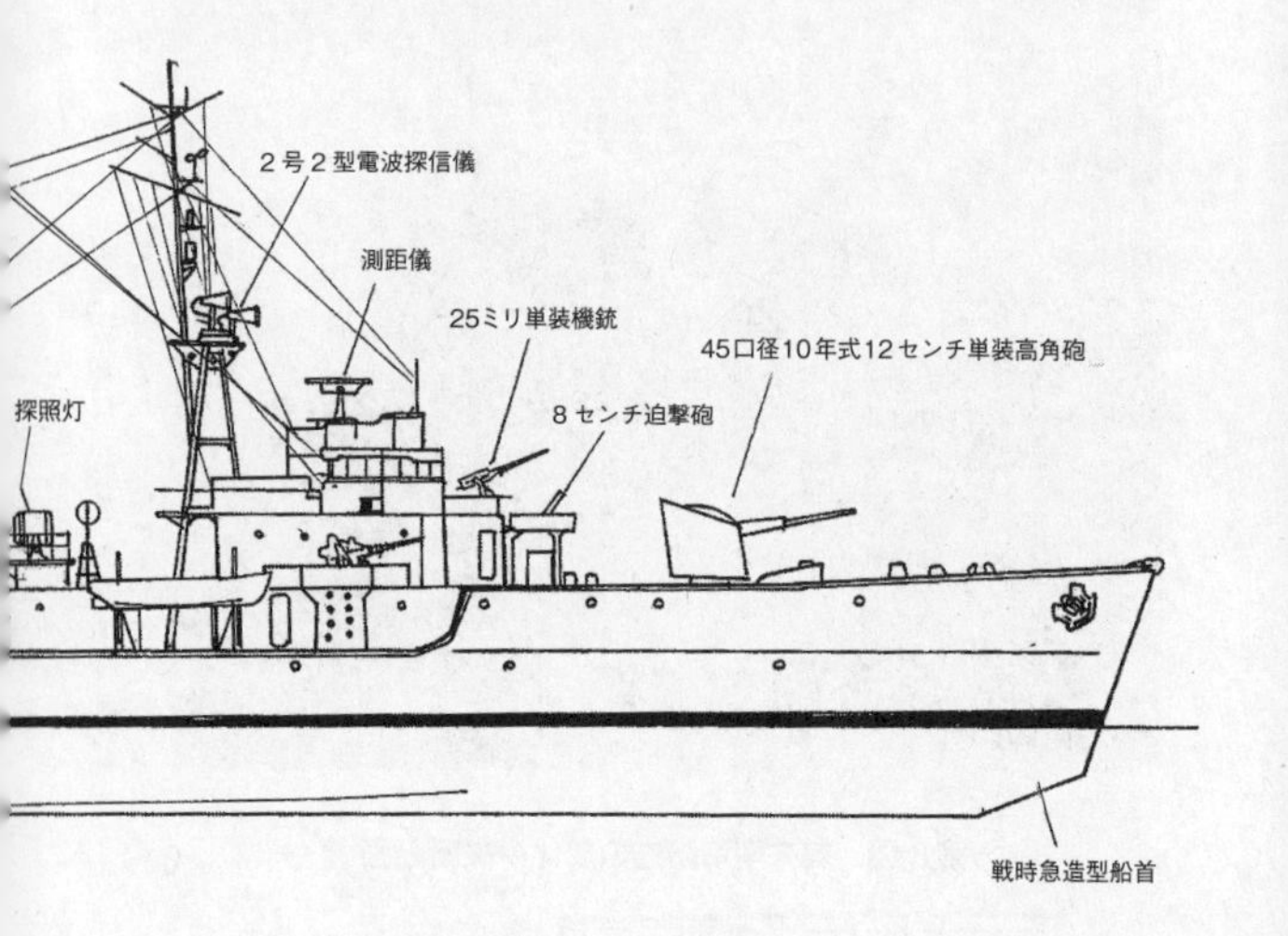
2号2型電波探信儀
測距儀
25ミリ単装機銃
45口径10年式12センチ単装高角砲
探照灯
8センチ迫撃砲
戦時急造型船首

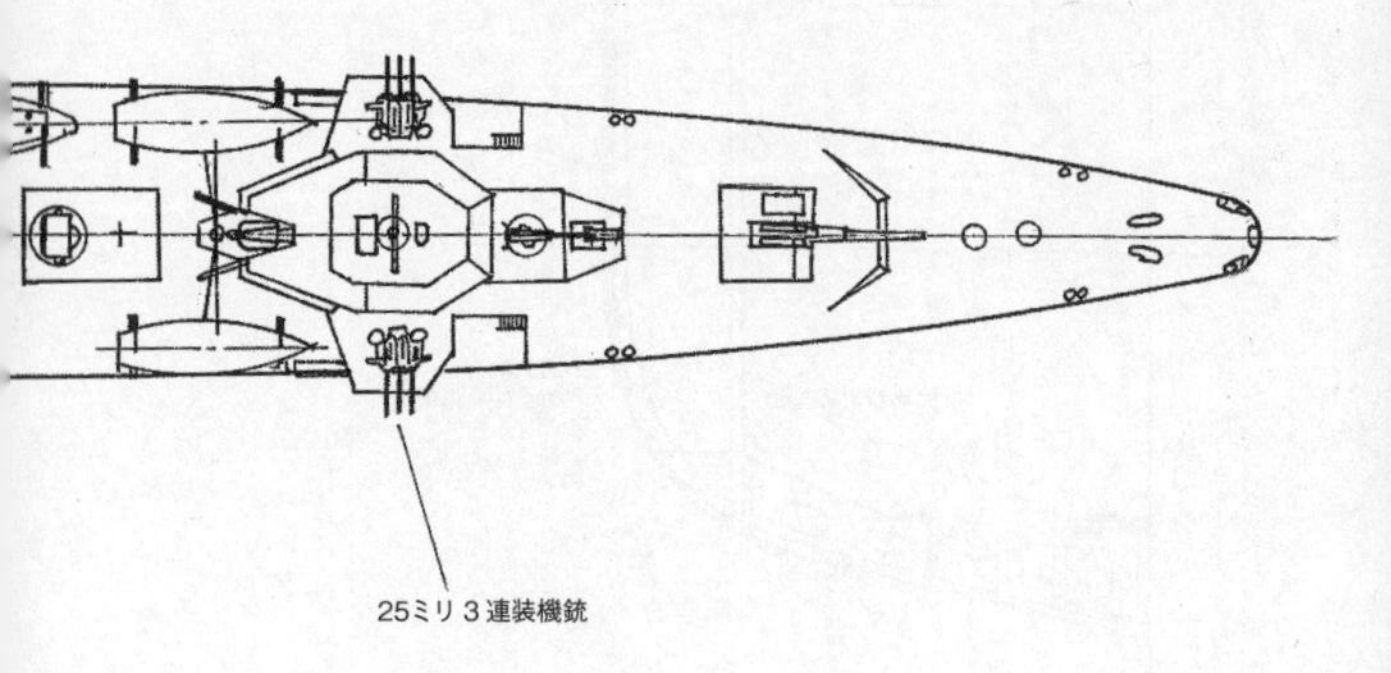
25ミリ3連装機銃

第9図　鵜来型海防艦（竣工時）

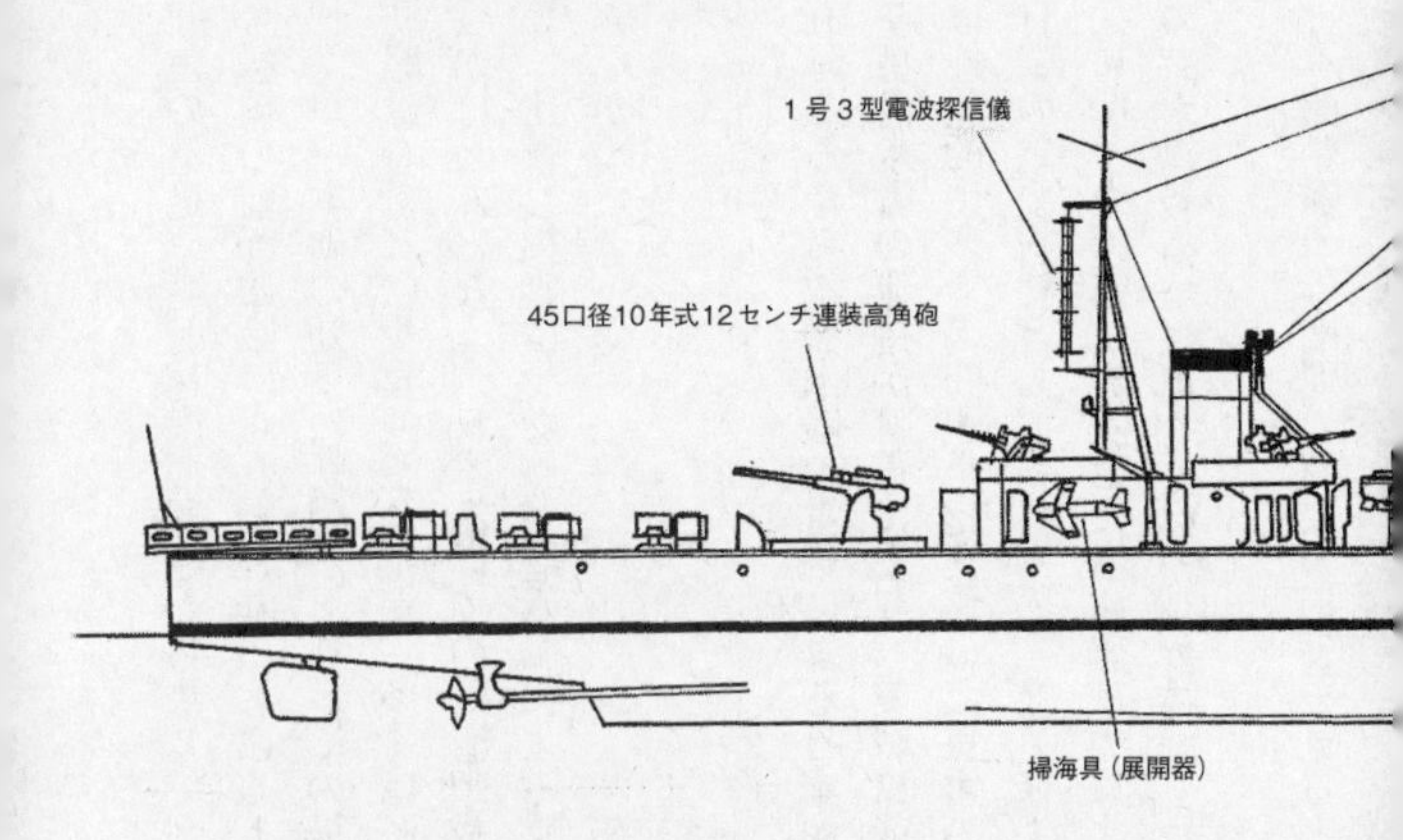

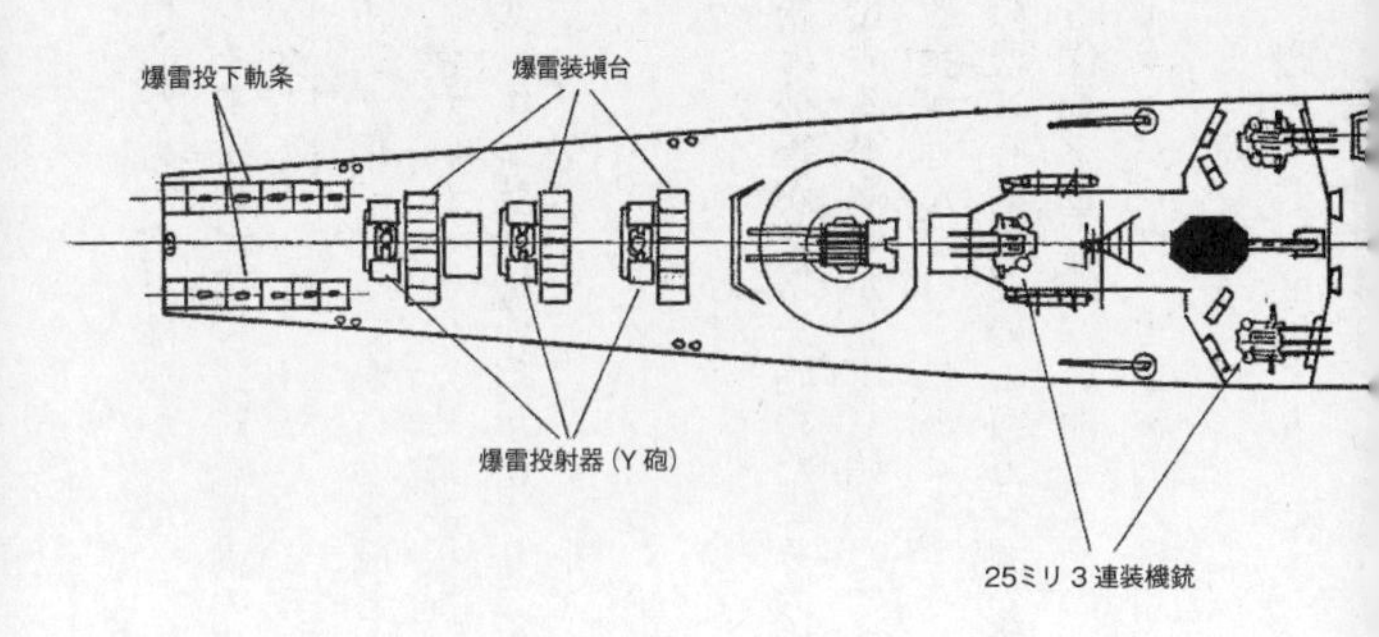

ために、最大迎角の不足や発射速度の遅さから決して理想的な高角砲ではなかった。「鵜来」型でも艦橋の前部に設けられた張り出しに八センチ迫撃砲が前投式対潜爆雷の代用として搭載されたが、本砲の効果に疑問があり多くの場合後に撤去されていた。

「鵜来」型海防艦は合計二〇隻建造されたが、多くは昭和二十年に入ってからの完成となり船団護衛の機会がほとんどなく、日本沿岸での対潜哨戒に使われた。このために「択捉」型や「御蔵」型等に比較し損害は少なく、潜水艦による撃沈二隻、航空機の攻撃により二隻が失われたにすぎなかった。

その４：丙型海防艦

昭和十八年五月ころから敵潜水艦の雷撃による日本商船の被害が急増を始めた。その原因は米海軍の量産型潜水艦の建造が軌道に乗り、実戦に就役する潜水艦が充実し始めたこと、また戦争当初は性能的に多くの問題を抱えていた魚雷の改良が進んだことにあった。そしてアメリカの対日戦の重要戦略として、日本の工業生産力の壊滅を図るための南方資源の輸送ルートを徹底的に叩くために、充実した潜水艦戦力による作戦を重点的に展開し、その戦術にドイツ海軍の潜水艦戦術で採用していた狼群作戦（ウルフ・パック）を積極的に採用したことであった。

開戦以来の日本商船隊の年度別の商船の損失を見ると、昭和十七年度は九九万総トンであ

丙型第17号

ったのに対し、昭和十八年度は一七七万総トンに急増している。そして昭和十九年度には三七三万総トンに達したのである。

この商船の損害の多くは東南アジア各方面から日本に運び込む石油、ボーキサイト、錫、生ゴム、鉄鉱石等の重要資源の輸送船であった（昭和十九年に入ると米軍侵攻に対する防衛戦力輸送の輸送船がさらなる標的となり、商船＝輸送船の損害は激増する）。

米海軍潜水艦の攻撃に対処するためには是が非でも各種輸送船の護衛のための、護衛艦艇の戦力の充実が急務であった。しかし昭和十八年の時点でも肝心の護衛艦艇の建造はすでに述べた事由により緩慢で遅々として進まなかった。

一刻の猶予も許さない護衛艦艇の増備に対し、日本海軍も事の重大さを認識し、護衛艦艇の急速建造に対する思い切った施策を編み出したのであった。それはいつまでも「占守」型を基本とする海防艦の改良・建造を継続するのではなく、母体は「占守」型海防艦（実際には「鵜来」型）とするが、徹底的に急速建造を可能とした護衛艦艇（海防艦）の設計を別途開始し、直ちにこれを建造することであった。ただこの時すでに建造計画の進んでいた、あるいは建造途中の「択捉」型、「御蔵」型、「鵜来」型についてはすべて併行して建造するものとした。

ここで新たに登場した急速建造型の海防艦が丙型および丁型海防艦である。この二型式の海防艦は基本要目は同じであるが、搭載される機関がディーゼル機関と蒸気タービン機関の違いによって呼称の変化が生まれることになった。つまり丙型の主機関はディーゼル機関であり、丁型の主機関は蒸気タービンとなっていたのである。

当初、新型海防艦の主機関として艦本式二三号二型ディーゼル機関が選定されたが、本機関は潜水艦や輸送艦他に対しての需要も多く、また大量生産が困難であったために、新海防艦用のディーゼル機関の不足分は供給力のある艦本式蒸気タービン機関で補うことになったいきさつがあった。

新海防艦は今後相当数が完成する計画であったために、艦名は既存の海防艦と同じく島の名前を付けず一連番号で呼ばれることになったのである。ただこのとき搭載されている主機関の区別が可能なように、ディーゼル機関搭載の艦は「丙」型と呼ばれ、艦番号は一連の奇数番号（一号艦、三号艦等）が付けられ、蒸気タービン機関搭載の艦は「丁」型と呼ばれ、艦番号は一連の偶数番号（二号艦、四号艦等）が付けられることになった。

丙型と丁型海防艦の形状は基本的には「鵜来」型に近似であるが、やや小型化され同時に平面形状や側面形状も変化している。そしてこの両型式海防艦の最大の特徴は船体の断面形状にあった。

ここで丙型および丁型海防艦の「鵜来」型との違いの概略を示すことにする。

両型の基準排水量は七四五トン（公試排水量八一〇トン）で、この値は「鵜来」型に比較し二〇〇トンも少なく、全長においても「鵜来」型の七八・八メートルに対し六七・五メートルと一〇メートルも小型になっている。

第10図　丙型（丁型）海防艦の船体断面図

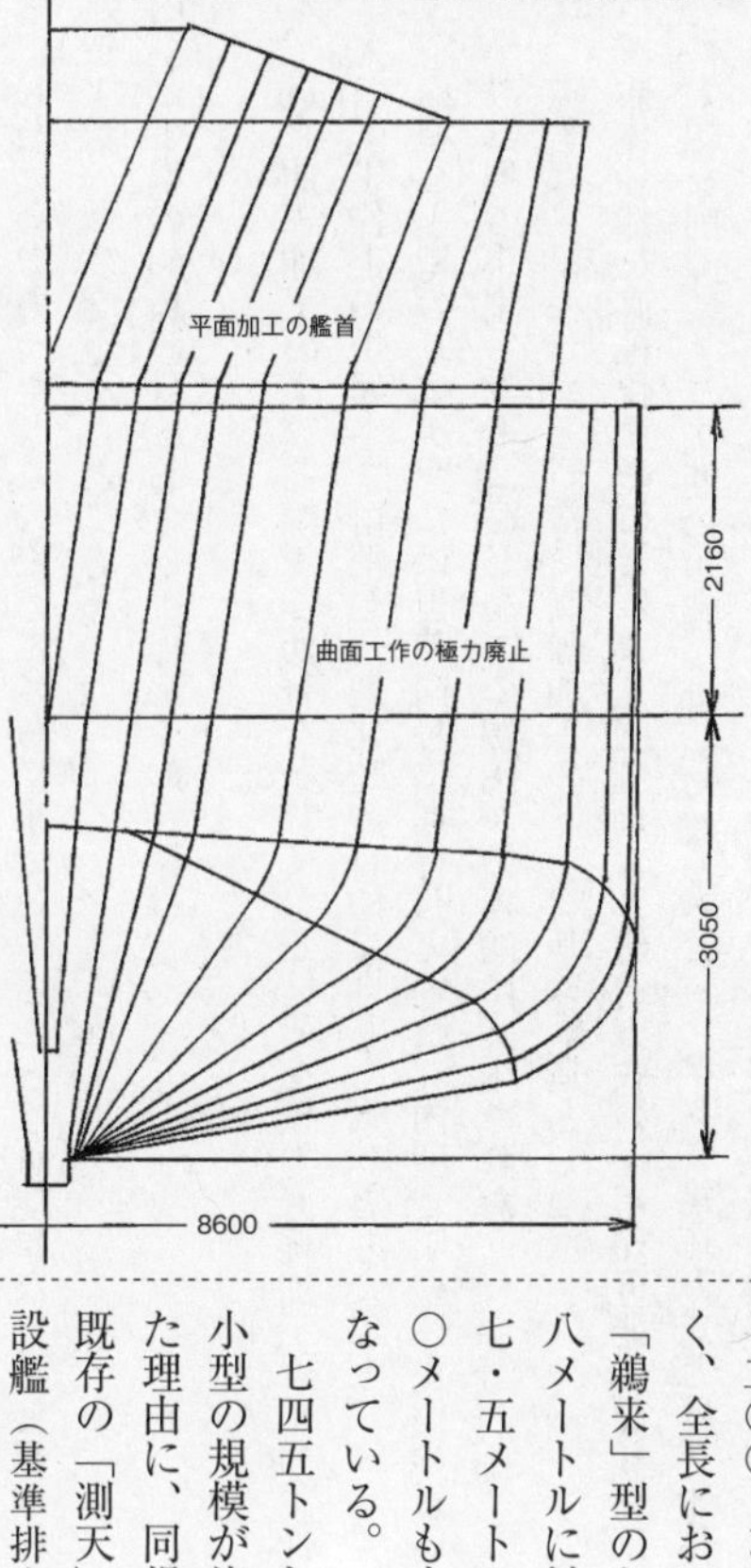

平面加工の艦首
曲面工作の極力廃止
2160
3050
8600

七四五トンという小型の規模が決定した理由に、同規模の既存の「測天」型敷設艦（基準排水量七五〇トン）が、相当の荒天下でも航行に支障がなく船体に異常が見られなかったという実績により「測天」型を参考にしたためであった。このためにさらに小型化することが可能になり、使用鋼材の倹約と建造工数の減少を狙うことにもあった。

丙型と丁型の船体設計上および工作上での特徴は、

イ、従来曲線加工および曲線工作が行なわれていた箇所を極力直線加工と平面工作を取り入れ、工作上の煩雑さを解消し短期建造の目的に即した形状としたこと。

丙型と丁型の基本線図には当時同時に進行していた、丙型と丁型に規模の近い戦時標準設計型の小型貨物船（2E型）の線図が積極的に応用された。

ロ、艦尾は「鵜来」型と同様に直線加工のトランサム構造とした。

ハ、船体各部を直線化することにより、ブロック建造方式の採用が可能となり、工作工数の大幅な削減により工期の短縮が可能になった。（ブロック建造方式とは、船体を細分化しそれぞれをブロックとして船台以外の場所であらかじめ組み立て、最後にこれらを船台の上で繋ぎ合わせる手法。電気溶接工法が最大限に生かされて作業の効率化が図られ、建造工期を飛躍的に短縮することが可能になる）

ニ、「鵜来」型まで採用されていた艦首の曲面フレア構造も平板の直線溶接加工式フレア構造とし、作業効率の向上を図った。

ホ、長楕円断面の煙突を平板組み合わせの角型断面とした。
ヘ、上甲板の曲線シーアとキャンバーを全面廃止し、船首楼甲板に直線シーアを与え、凌波性を確保した。
ト、艦内構造において、水防上最低限必要な区画を除き隔壁を極限まで減らし、複雑な艦内配置を解消し、乗組員の居住区域もすべて大部屋方式を採用した。

丙型および丁型の建造で全面的に採用されたブロック建造方式により、それまでの船台上に竜骨を乗せ、船体を組み上げていく従来式の建造方式に比較し、一隻の海防艦を建造するに要する船台の専有時間が極端に短縮されることになった。

丙型の主機関である艦本式二三号乙八型ディーゼル機関は、「鵜来」型まで搭載されていた艦本式二二号一〇型機関の一基あたりの最大軸馬力二一〇〇馬力（二基装備の合計出力四二〇〇馬力）に比べ、艦が小型化したことにより一基あたり九五〇馬力（二基装備の合計出力一九〇〇馬力）と大幅に低下している。このために最高速力は「鵜来」型までの一九・五ノットから一六・五ノットへと大幅な低下となった。

しかし高速を要求されない船団護衛という任務、さらにはより強力なディーゼル機関が入手できなかったためにこの機関を採用する以外になかったのである。

丙型の設計は丁型と同時に昭和十八年三月に着手し同年六月に完了した。一号艦の起工は

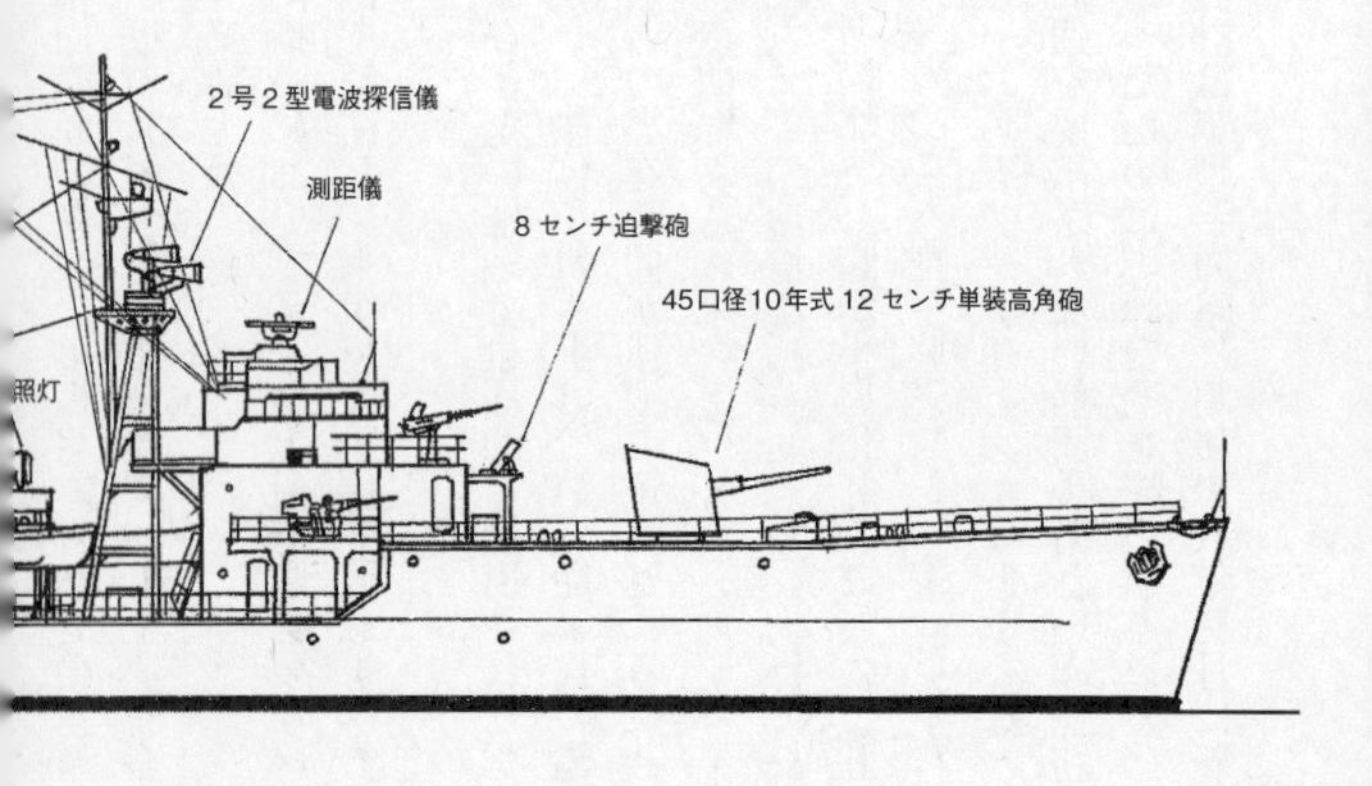
2号2型電波探信儀
測距儀
8センチ迫撃砲
45口径10年式12センチ単装高角砲
照灯

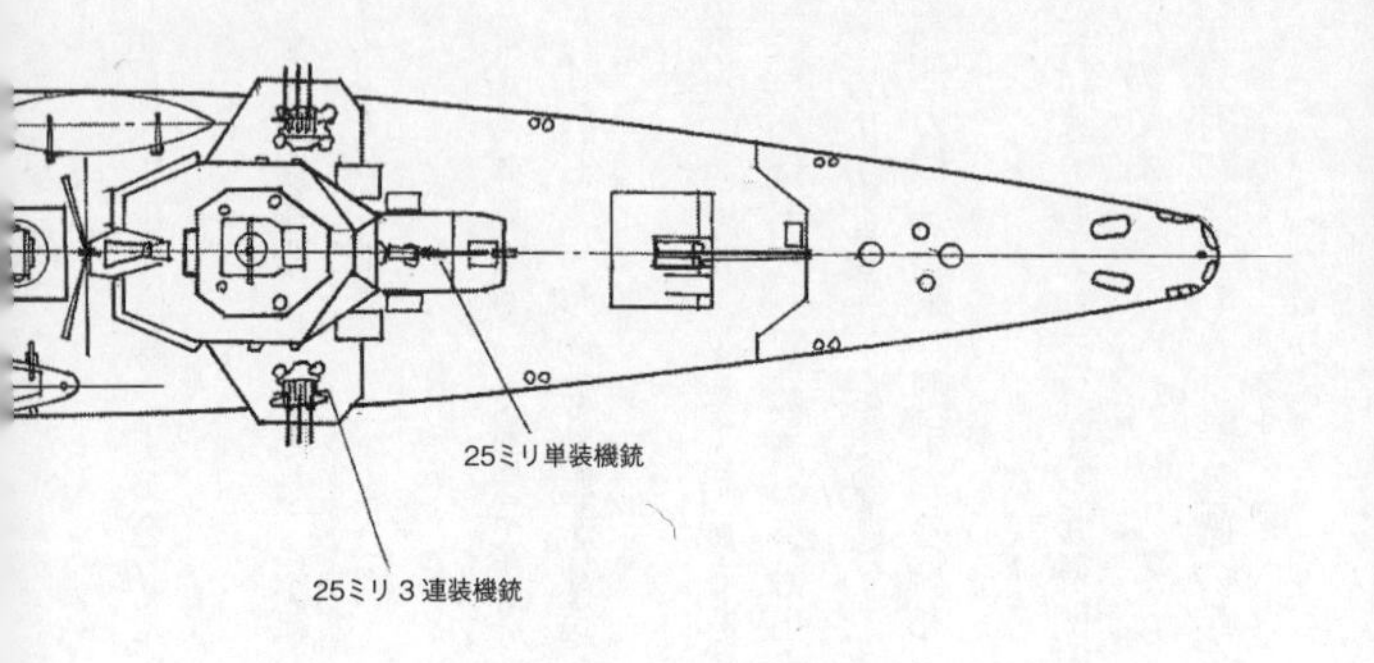
25ミリ単装機銃
25ミリ3連装機銃

第11図　丙型海防艦（竣工時）

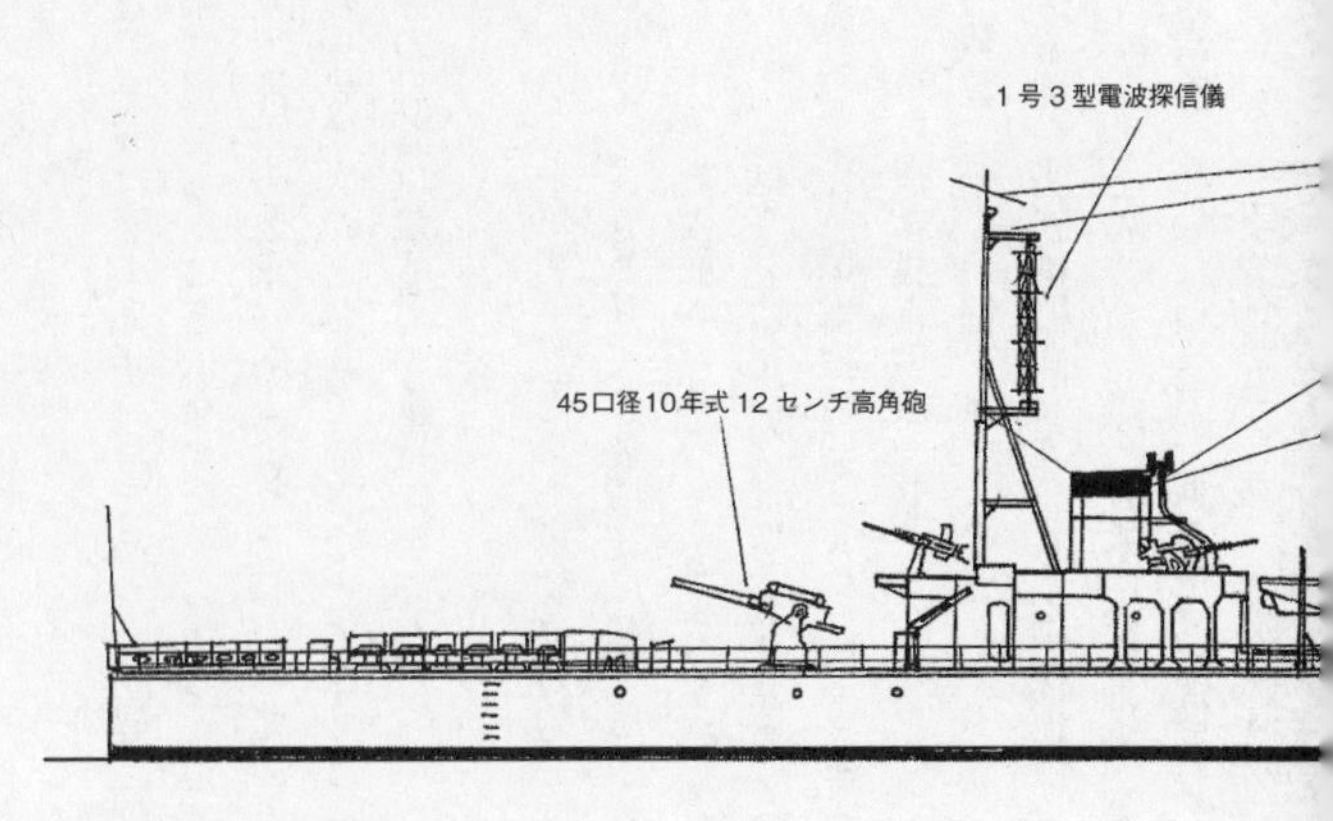

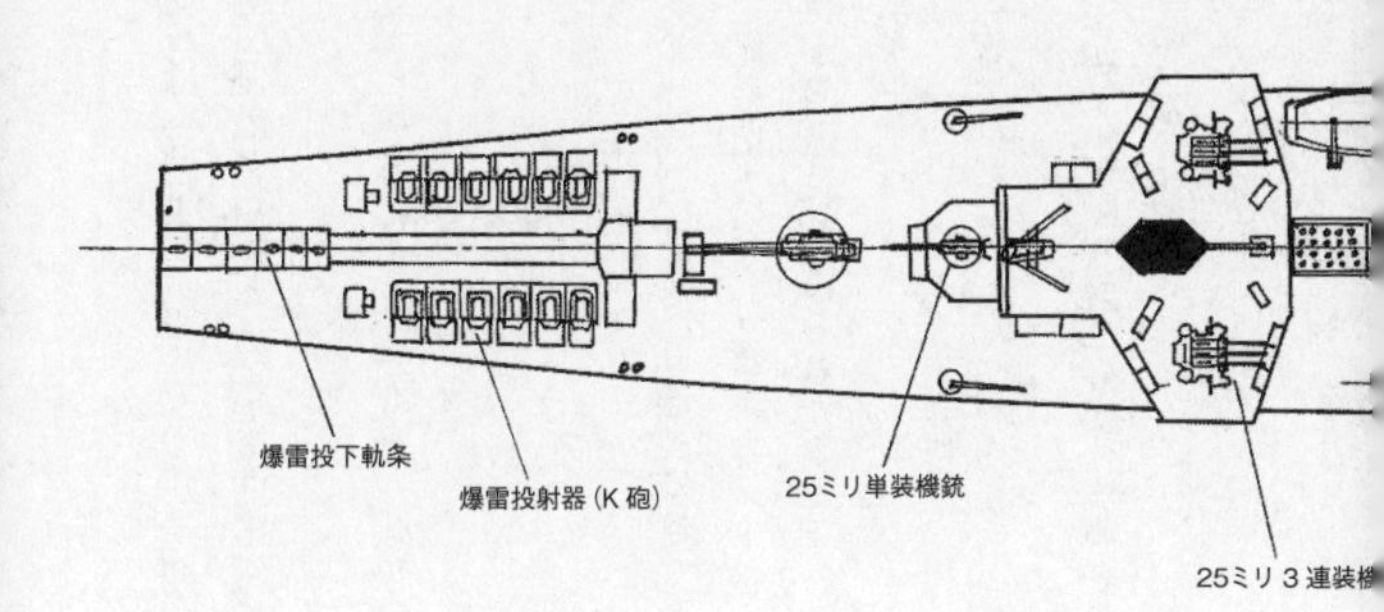

同年九月で完成は翌十九年二月であった。建造期間五ヵ月は「鵜来」型までの建造期間をさらに大幅に短縮したことになった。しかし建造する造船所側はさらなる建造期間の短縮に努めており、海軍の要求に応えようとしたのである。
丙型の兵装は次のとおりであった。丙型では「鵜来」型と同様に小型ながら「鵜来」型とほぼ同等の対潜攻撃能力の維持に努めた。

主砲　十年式一二センチ単装高角砲二門（艦首および艦尾各一門）
機銃　二五ミリ三連装機銃二基（艦中後部両舷各一基）、二五ミリ連装機銃二基（艦橋両舷各一基）、二五ミリ単装機銃二梃（艦橋前方および艦尾マスト後方各一梃）。なお後期には二五ミリ単装機銃数梃が各所に配置された
爆雷装置　片舷爆雷投射器（K砲）一二基（片舷各六基）
　爆雷投下軌条一基
爆雷搭載数　一二〇個
水中探索器　当初は旧式な九三式水中探信儀一基と九三式水中聴音器一基が搭載されたが、その後新型の三式水中探信儀二基装備となった
空中探索器　二号二型（二二型）電波探信儀一基（前マスト基部）
　一号三型（一三型）電波探信儀一基（後部マスト上部）

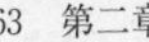
丁型第8号

丙型は「鵜来」型までの海防艦に比較し小型にはなったが、実用上は「鵜来」型（とくに「鵜来」型）に勝るとも劣らない性能と能力を発揮することになった。

丙型海防艦は昭和十九年二月から昭和二十年六月までに合計五四隻が建造された（他に一一隻が未完成の状態で終戦を迎える）。そして終戦までにその半数の二七隻が戦没しているが、その内訳は敵潜水艦による雷撃で一二隻、航空機により一五隻が失われ、日本の海防艦では最も激しい戦闘を強いられることになった。

その5：丁型海防艦

丙型海防艦の項ですでに説明したとおり、丙型と丁型海防艦の違いは採用された主機関の違いである。それにともない煙突の位置と形状などで外観上の違いはあるが、基本的には基本要目はまったく同じ艦として完成している。

本来、新設計の海防艦は小型ながら航続距離を伸ばすためにすべてディーゼル機関を採用する予定であった。しかし搭

御蔵型	鵜来型	丙　型	丁　型
940	940	745	740
1020	1020	810	900
78.8	78.8	67.5	69.5
9.1	9.1	8.4	8.6
3.05	3.06	2.9	3.1
22号10型 D×2	22号10型 D×2	23号乙8型 D×2	改A型(T)×1
4200	4200	1900	2500
19.5	19.5	16.5	17.5
2	2	2	1
5000	5000	6500	4500
120	120	106	240
12(高)Ⅰ×1Ⅱ×1	12(高)Ⅰ×1Ⅱ×1	12(高)Ⅰ×2	12(高)Ⅰ×2
25Ⅲ×2	25Ⅲ×2	25Ⅲ×2	25Ⅲ×2
九四式×2	九四式×2 三式×16	三式×12	三式×12
三型×2			
九五式×120	九五式×160	二式×120	三式×120
	22号×1	22号×1	22号×1
150	150	125	141

載予定のディーゼル機関が、今後大量建造が予定されている本艦に搭載するに十分な供給量が得られないと判断し、海軍艦政本部は主機関に供給量が確保できる可能性のある蒸気タービン機関も採用することを決定した。このために基本的には同一型式の艦に二種類の主機関を装備した艦が生まれることになったのである。

主機関の蒸気タービン機関は、海防艦の建造と同時進行していた第二次

第1表　海防艦要目（新造計画時）

	占守型	択捉型
基準排水量（トン）	860	870
公試排水量（トン）	1020	1020
全　　長（メートル）	78	77.7
全　　幅（メートル）	9.1	9.1
吃　　水（メートル）	3.05	3.05
主　機　関（型式×基数）	22号10型D×2	22号10型D×2
出　　力（馬力）	4050	4200
最高速力（ノット）	19.7	19.7
軸　　数	2	2
航　続　力（カイリ）	8000	8000
燃料搭載量（重油満載トン）	220	200
備　　砲（口径cm、連装数×基数）	12 I ×3	12 I ×3
機　　銃（口径mm、連装数×基数）	25 II ×2	25 II ×2
爆雷投射器（型式×基数）	九四式 ×1	九四式 ×1
爆雷装填台（型式×基数）	三型 ×1	三型 ×1
爆雷搭載数（型式×数）	九五式 ×18	九五式 ×36
電　　探（型式×数）		
乗　員　数（計画定員）	147	147

戦時標準設計の大型貨物船（2A型。総トン数六七五〇トン）に搭載される、最大出力二五〇〇馬力の艦本式改A型タービン機関（ボイラーは艦本式ホ号）とされた。

このために丁型海防艦の主機関の最大出力は丙型（二基搭載一九〇〇馬力）よりも強化されることになり、丁型の主機関は一基搭載となり推進器も一軸となった。しかし最高速力は丙型の一六・五ノットに対し一七・五ノットと増速された。

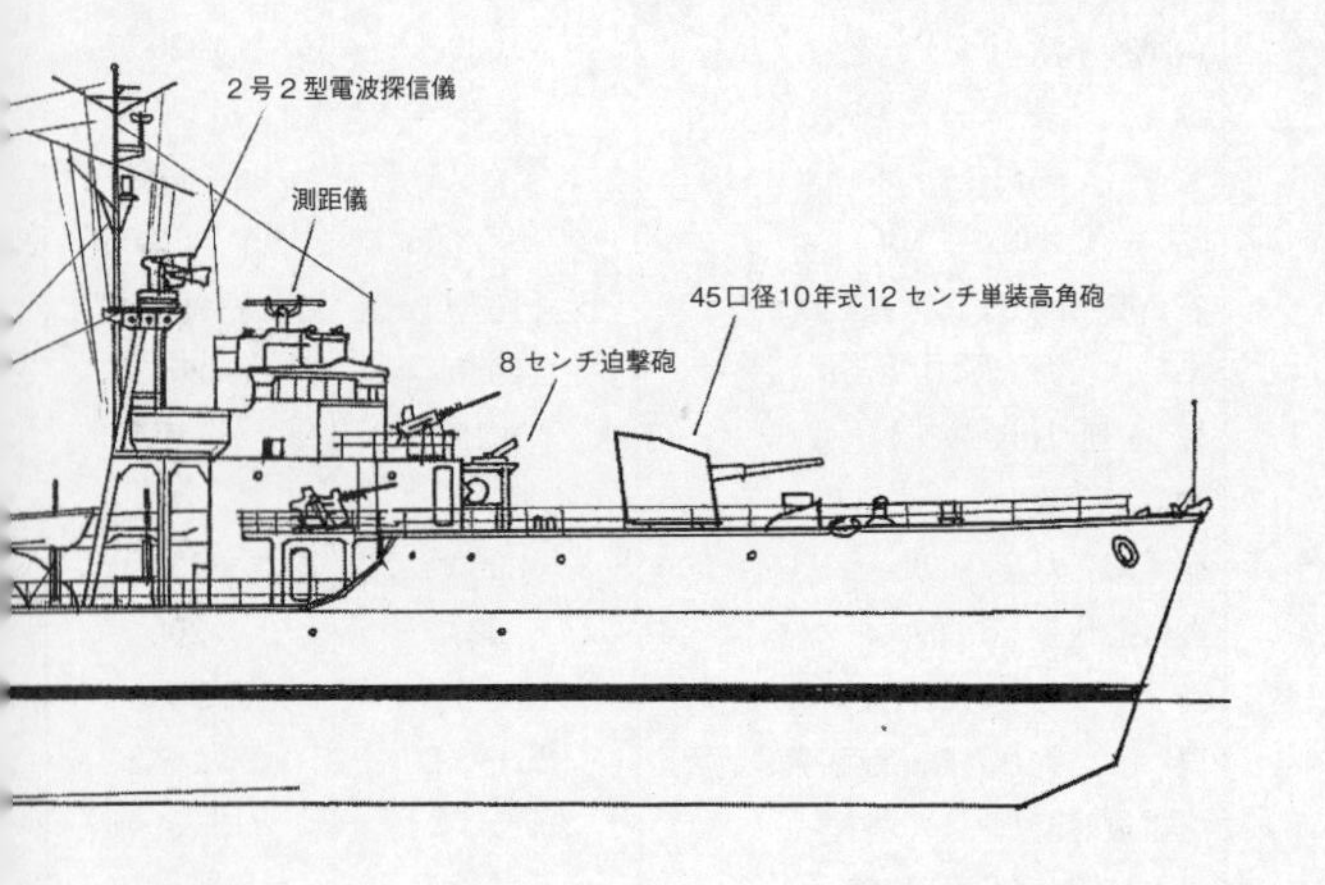
2号2型電波探信儀
測距儀
45口径10年式12センチ単装高角砲
8センチ迫撃砲

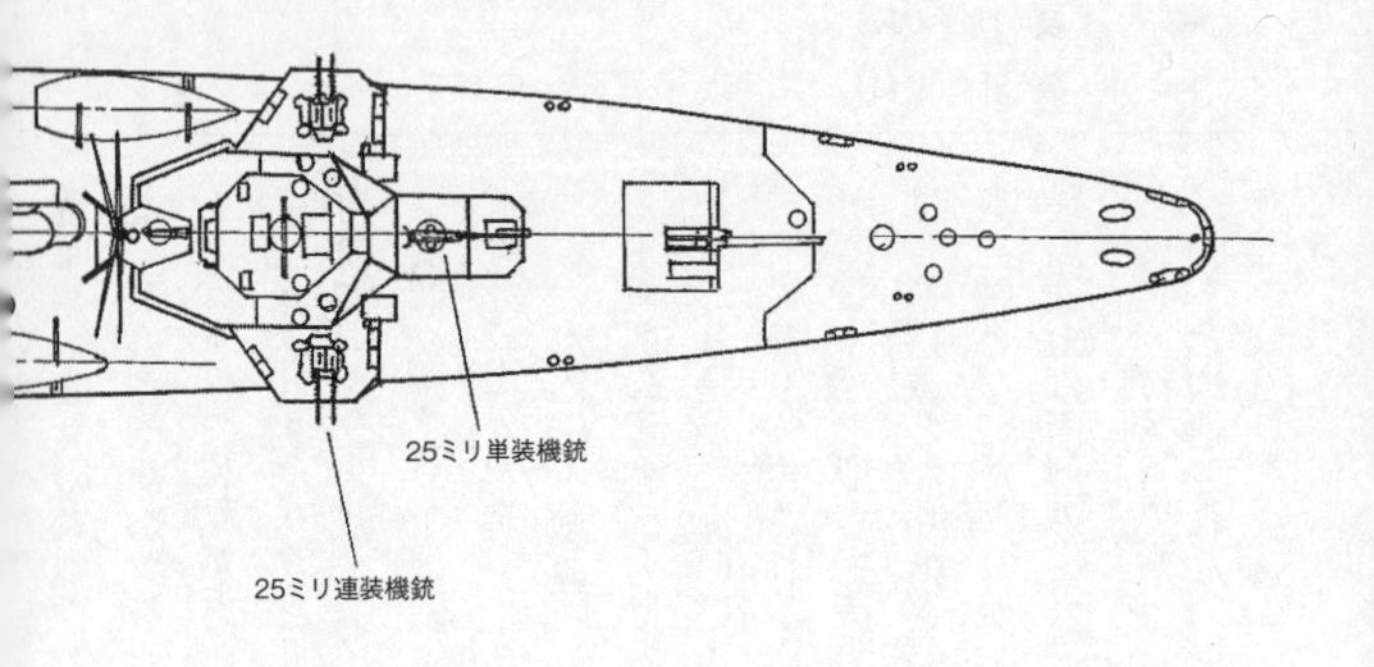
25ミリ単装機銃
25ミリ連装機銃

第12図　丁型海防艦(竣工時)

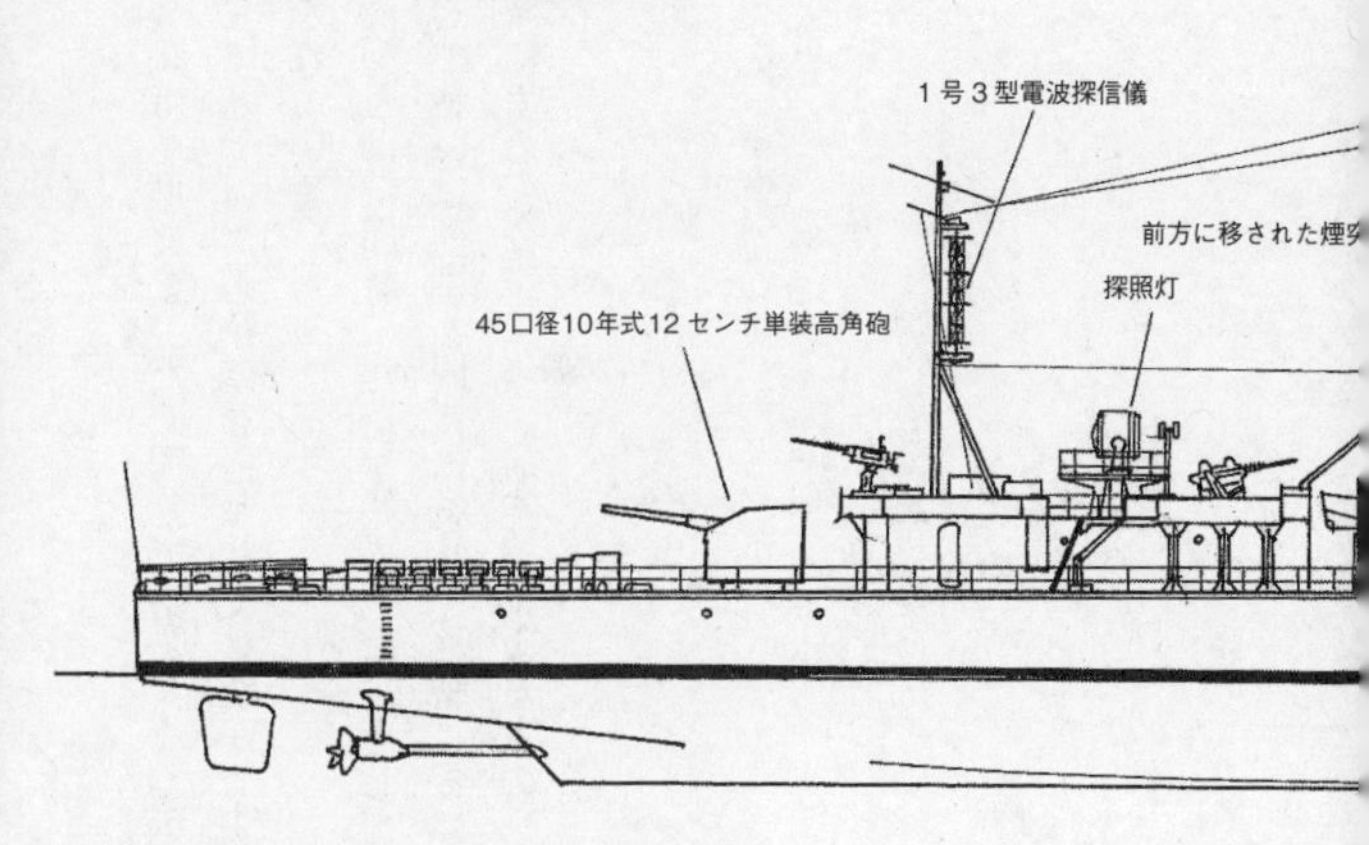

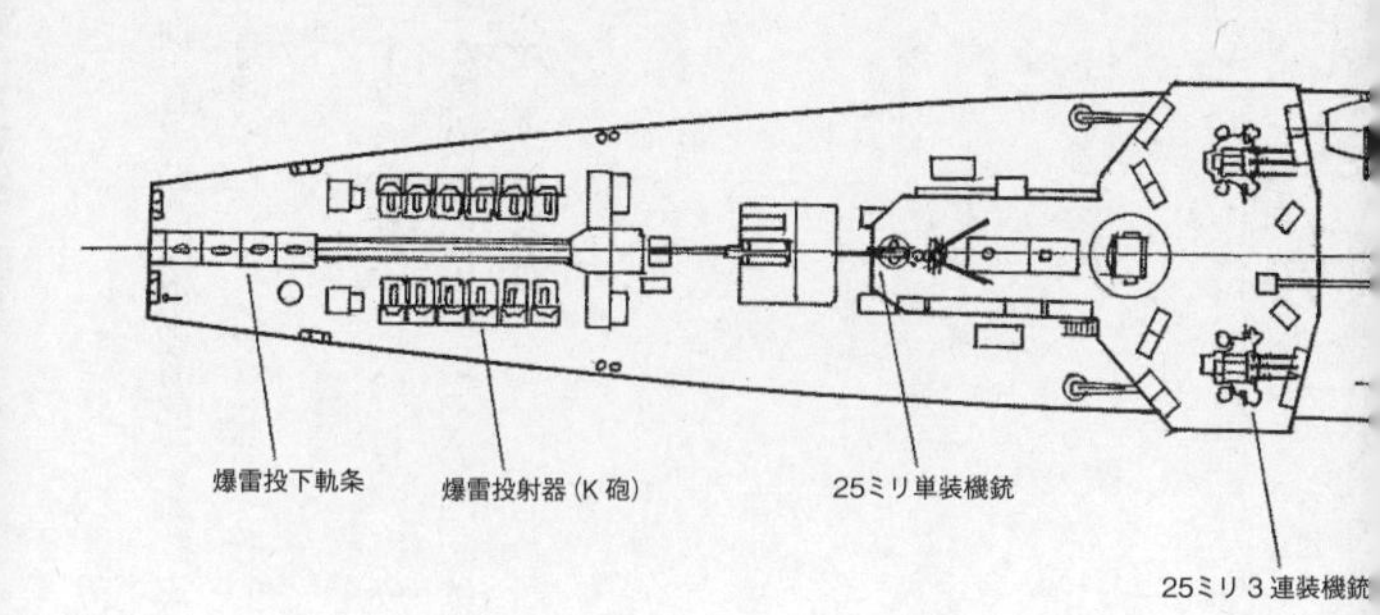

丁型の兵装は丁型とまったく同じである。なお丙型も丁型も当初は艦橋前部に前投式爆雷の代用として八センチ迫撃砲を搭載していたが、実用上は意味がない兵器として、その後すべて撤去されている。

丁型は丙型とほぼ同時に建造が始まった。そして昭和二十年八月までに六三隻が完成しているが、その戦いは丙型と同様に厳しく終戦までに二五隻が戦没している。その内訳は敵潜水艦の雷撃によるもの一二隻、航空機によるもの一三隻に達している。

第三章　海防艦の構造

「占守」型海防艦を建造した理由は、日本の北洋漁業の操業保護を含めた北洋警備専用の艦の整備にあった。そのために新しく海防艦として建造されるのは、それまで運用されていた旧式艦とは一線を画する近代的装備を持つ艦として建造されるものであった。

この時点では海軍艦政本部としても、「占守」型海防艦が将来的に船団護衛用の艦艇として最適の特性を持つ艦としての意識は、まったく持っていなかったはずである。

「占守」型海防艦の設計を始めるに際し、海軍は設計担当の新設された三菱造船社の艦船設計部に対し、本艦設計の趣旨を十分に伝えていたであろうが、結果的には艦艇として必要以上に凝った構造にする必要はないという趣旨が、十分に伝えられていなかった気配があった。その結果、三菱造船社の艦船設計部が完成させた図面は、高品質の商船の設計に慣れた三菱社としては北洋の警備行動に十分すぎるほどの、高品質（高級仕上げ）の図面として仕上がっていた。それは設計が完了した海防艦（「占守」型）の中央断面構造を見ただけでも歴然としていた。

その最大の特徴は、海面が結氷する際に船の側面が受ける氷圧に堪え得るように、また北洋の荒天に堪え得るように、船体断面は近代的艦船には珍しいタンブルフォームを採用していたことである。中膨れの曲面構造のタンブルフォームは構造的にも複雑化し、建造の手間がかかるものである。また氷海の航行に対し船体側面の強度を増すために、吃水面の舷側には小型艦艇では通常使用しない厚板（一二ミリ鋼鈑）が使われることになっていた。

これらの構造や設計手法は北洋で活動する艦艇の強度や安定性を保つためには十分に過ぎ、本艦の本来の運用目的には十分適うもので、海軍はこれを是として建造されることになった。

しかし「占守」型海防艦を船団護衛用の艦艇として量産を図る計画が実現したとき、この凝った設計が仇となり、以後の改良に際しても様々な困難に直面することになった。

「占守」型海防艦を護衛艦として量産化を図ろうとしたとき、本艦より工作を多少なりとも簡易化した艦として建造されたのが「択捉」型であった。その後さらなる量産に応えるべく「占守」型の基本設計の簡素化を図ろうとしたが、要求がその改設計の時間を許さなかった。そして完成したのが「御蔵」型であった。「御蔵」型の改設計に際して実行されたことは基本船体の構造の多少の簡素化と、上甲板上の甲板室の分割配置、そして兵装の強化にともなう艦尾の一メートル延長、および船体外板厚の統一（六〜一〇ミリ）であった。これらの改良により確かに工作工数は減少したが、建造期間の劇的な短縮を期待することはとうてい無理であった。つまり「択捉」型も「御蔵」型も当座の間に合わせの改造を行なったに過ぎない艦であったのだ。

海軍の護衛艦艇（海防艦）の建造計画は昭和十七年九月に至り、さらなる変更が行なわれた。すでに策定されていた第五次艦艇建造計画が大幅に改定され、改第五次艦艇建造計画が提示された。この中には新たな海防艦の増備が含まれていた。この増備計画は当時の商船（輸送船）の損害の急速な増加に対する対策で、そこでは海防艦建造期間のより大幅な短縮が求められていたのだ。

この海防艦の量産化に対処するために、「占守」型に対する徹底した構造の簡素化（建造の容易化）を求め、「御蔵」型をさらに改設計し完成させたのが「鵜来」型であった。しかし「鵜来」型の改設計の時点でも、より急速建造に適した海防艦の建造計画はまだ生まれていなかった。

「占守」型と同一船体構造を持つ「御蔵」型と、改設計され改良型海防艦となった「鵜来」型との最も大きな相違点は、基本船体の構造の違いにあった。

太平洋戦争勃発の以前より、日本の造船業界では戦時体制に向けて各種商船の規格化を図り、造船に際してもその規格化された商船の効率よい建造を積極的に推進する方向性を示し、具体的に規格化された各種商船の設計図面も完了していた（第一次戦時標準船建造計画）。ただこれら企画化された商船に欠けていたことは、建造期間を短期間に収めるという船舶の量産化に対する配慮であった。

しかし一旦戦端が開かれ商船の損害が増加するにしたがい、とくに昭和十七年後半からの商船の損害の度合いはごく近い将来に対しても憂慮すべきものと考えられ、ここで既存の規格化された商船の建造時間のさらなる短縮が急務となり、新しい戦時標準船建造計画（第二次戦時標準船建造計画）が策定され、急速建造対象の商船が選定され設計図面の作成が急がれた。

この第二次戦時標準船建造計画の中に、小型貨物船（2E型：二〇〇〇総トン級）があった。この貨物船の建造線図は極端なまでに急速建造を目的とした構造になっていた。例えば船体断面における肋材はすべて直線配置とし、さらに舷側や船底や船首部分の工作も平面加工を多用し、工作が複雑な曲面加工を極力排除するものであった。

「鵜来」型海防艦ではこの2E型貨物船の線図を多用した建造図面として仕上がり、建造が開始されたのである。このとき使用される各種鋼材も2E型貨物船の建造に使用する各種鋼材がそのまま使用されることになった。

このような設計の「鵜来」型海防艦の際立った特徴が角張った船体に仕上がっていることである。例えば上甲板は一直線の仕上がりで船首楼に直線シーアが付けられていること。舷側は「御蔵」型までのタンブルフォームは廃され垂直仕上げになっていること。艦首は平面

第13図　丙・丁型海防艦と2E型戦時急造貨物船の船体断面比較図

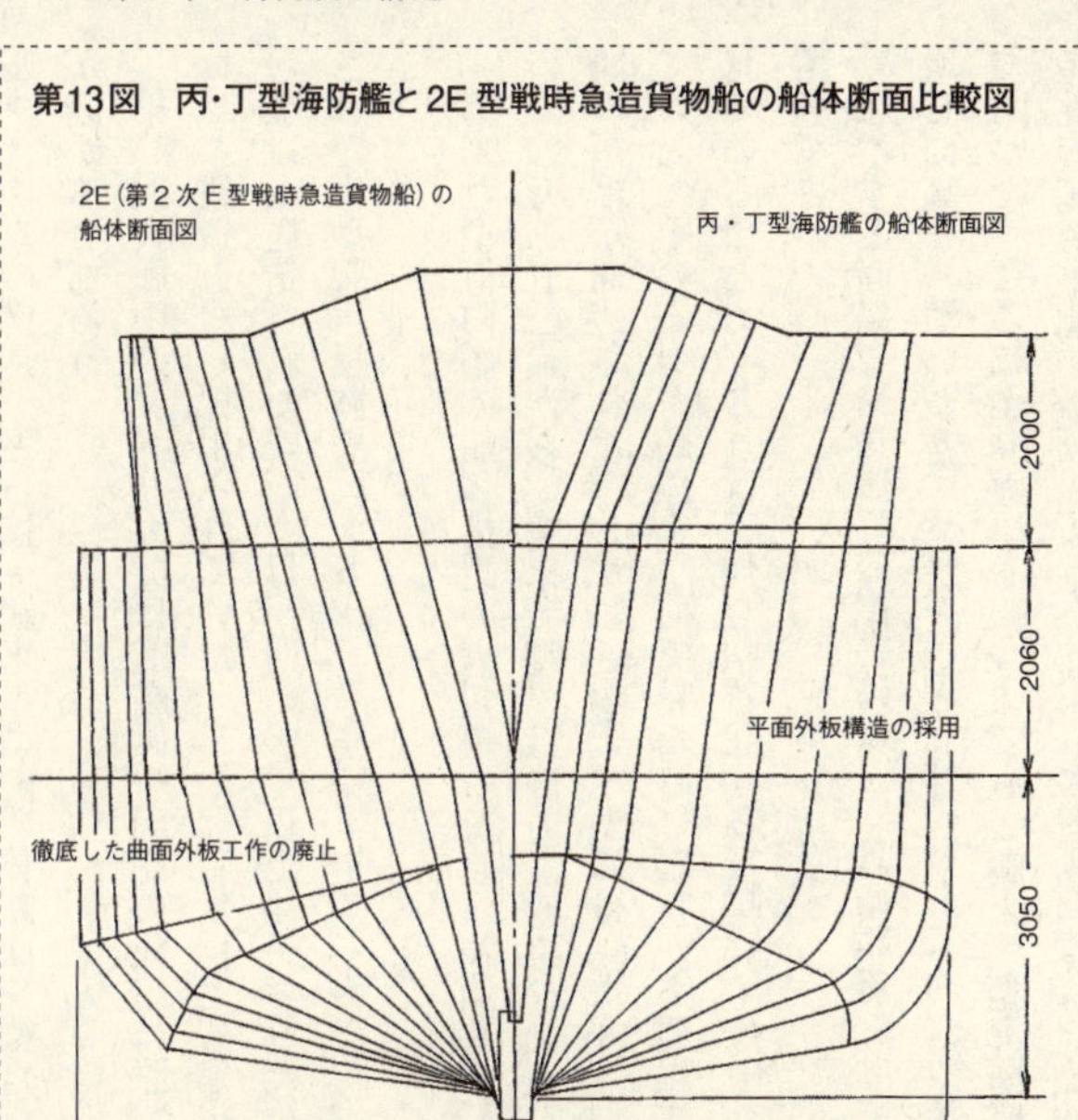

仕上げのフレア構造になっていること、等々である。

また建造に際しても、全面的な直線・平面加工の採用にともない電気溶接工法を多用したブロック建造方式が一部に採用され、「御蔵」型よりも建造期間の短縮が図られた。しかしそれでも期待される建造期間三〜四ヵ月という大幅な短縮には至らなかった。

別図に「占守」型と「御蔵」型および「鵜来」型の船体断面や艦首部分の断面図を示すが、「占守」型の船体断面がいかに緻密で頑丈な構造となっていたか、またタンブルフォームの構造、さらに「鵜来」型の船体断面や艦首付近の構造がいかに簡素化されたかが分かるであろう。

第二次大戦中のアメリカでは、艦艇や商船の建造に際し、早くから電気溶接を多用したブロック建造方式が採用されていた。二七〇〇隻以上も建造されたリバティー型貨物船、一〇〇隻以上建造された護衛空母、四〇〇隻以上建造された護衛駆逐艦、一〇〇〇隻以上も建造された大型戦車揚陸艦（LST）などは、いずれもブロック建造方式が多用されて建造されていた。

「鵜来」型海防艦の船体構造の大規模な改良（簡素化）により、その建造工数は「占守」型の一〇万二五〇〇から「鵜来」型では四万二〇〇〇（後には三万）と半減以下になり建造期間の短縮が期待された。しかし「鵜来」型には「占守」型の船体の基本構造が各所に残されていた。その一つが船体を平面で見た時に艦首から艦尾まで舷側に緩やかな曲面構造が残されていることで、これは工作を複雑化する要因にもなり、さらなる大幅な改設計が望まれるものであった。

急増する商船（輸送船）の損害に対し、護衛艦艇としての海防艦の充足に対する要求は日増しに高まっていたが、「鵜来」型の建造にしてもとうてい要求を満たす急速建造は不可能であった。ここに至り海軍もいつまでも「鵜来」型海防艦の建造を推進するのではなく、量産性の極めて高い海防艦を別途設計し、早急に建造を開始する計画に踏み切ったのである

（ただし建造準備に入っている既存の海防艦の建造は継続する）。

しかし海軍としては、この緊急の時に新しい護衛艦艇の設計をする時間的余裕はまったくないために、新たに設計する護衛艦はそれまでの海防艦の形態や性能、そして兵装などを踏襲することに決め、その対象を「鵜来」型海防艦に求めたのであった。

ただここで問題が生じた。それは搭載する主機関である。「鵜来」型まで採用されていたディーゼル機関は、今後大量建造が予定される海防艦のために、さらなる増産を期待することは極めて困難な状態であった。このために新たな主機関を選定する必要に迫られたのである。

海軍艦政本部が新たに選定した主機関は、最大出力九五〇馬力（艦本式二三号乙八型）のディーゼル機関で、出力は「鵜来」型まで採用されていた主機関に対し最大出力で四五パーセントも非力となった。そこでこの機関を二基装備とすることに決めたが、このディーゼル機関も供給能力に不安があった。そこで海軍はその対策として、船型は同一であるが最大出力二五〇〇馬力の蒸気タービン機関（艦本式改A型）一基装備の艦も併行建造することに決めた。

新たに設計される海防艦は主機関の低馬力にともない、船型も「鵜来」型に比較し小型化され、基準排水量は「鵜来」型より二〇〇トン少ない七四五トンになり、全長も六七・五メートルと一〇メートル短くなっている。

しかし船体の基本形状は「鵜来」型とほぼ同一とするが、船体の構造は2E型貨物船の設計手法をより大幅に取り入れ、構造と工作の簡易化・簡素化を図ったものにした。13図に丙型・丁型の船体断面図を示すが、その形状は2E型貨物船の断面形状とほぼ同じになっている。

このために船体はさらに平面で角型の印象を受けるものとなった。船首楼の外板は平鋼鈑の繋ぎ合わせによるナックル構造となり、艦首先端部は平鋼鈑の円形加工によるファッションプレートとなっている。また「鵜来」型と同じく艦尾は垂直カット仕上げのトランサム構造となっていた。そして当然のことながらシーアとキャンバーは全廃されていた。

この徹底して曲線部分を排除した角型構造の船体は、電気溶接工法を多用したブロック建造方式を採用するには最適であった。そしてその結果、新型海防艦は船体の小型化も相まって建造期間の大幅な短縮や使用鋼材の低減にも寄与することになったのである。

第四章　海防艦の主機関

「占守」型海防艦の建造計画に際して、その主要検討課題となった項目の一つに、採用する主機関の選定があった。本型式の艦艇は任務の上から長期間の連続航海がともなう。しかし一方では高速力が要求されないために、燃料消費量の少ない機関が好ましく、最終的に選定されたのはディーゼル機関であった。

日本海軍は潜水艦の主機関としてディーゼル機関を採用して以来、より燃焼効率の良い高出力のディーゼル機関の開発に努力してきた。そして昭和八年（一九三三年）に実用化された艦本式二二号一〇型ディーゼル機関は、最大軸馬力二一〇〇馬力という優れた性能の機関であった。本機関はその優秀性から当時建造が始まっていたイ号潜水艦や各種艦艇の主機関として好評を博することになった。

新たに建造される海防艦の主機関には、当然ながらこの機関が主機関として選定された。

この艦本式二二号一〇型ディーゼル機関は、一〇気筒（気筒直径四三〇ミリ）、最大軸馬力二一〇〇馬力で、新海防艦には本機関二基が搭載されることになった。そして本機関を搭載した「占守」型海防艦の最高速力は一九・七ノット、航続距離は一六ノットで八〇〇〇カイリ（約一万四八〇〇キロ）を可能にするものとした。

「占守」型以降、「択捉」「御蔵」「鵜来」各型のすべてが本機関を主機関としている。海防艦（護衛艦）にディーゼル機関を採用した理由は、燃料消費量に優れ長距離航海が可能なこと、船団護衛に際し対潜戦闘時における艦の急加速や急減速などの即応性に優れていることがある。ただしディーゼル機関は工作面でみると工作が複雑で、当時としては決して大量生産に適した機関ではなかった。事実「占守」型が出現した昭和十五年当時の艦本式二二号一〇型ディーゼル機関の生産量は月産六～七基で、「占守」型海防艦に本機関を優先的に供給したとしても年間の最大建造量は、主機関の供給量が足かせとなり三〇隻を超えることは困難と判断せざるを得ないのである。実際に本ディーゼル機関の最大生産量は昭和十八年から十九年にかけての月産一〇基が限界であった。

この海防艦に最適な艦本式二二号一〇型ディーゼル機関の供給能力の不足は、「鵜来」型海防艦に続く次なる新規設計の海防艦の建造計画が具体化した時点で再び問題化した。本ディーゼル機関の供給力不足に対する解決策は既述のとおり、主機関にディーゼル機関と蒸気タービン機関の二種類を採用することで解決したが、そのためにディーゼル機関を装備した新型海防艦を丙型、蒸気タービン機関を装備した新型海防艦は丁型と呼ばれることになった。

ただ問題は丙型に装備される艦本式二三号乙八型ディーゼル機関も、当時同時に大量建造されていた駆潜艇の主機関に採用されており、新たな供給力の不足が生まれる可能性は残されていた。一方この蒸気タービン機関も、当時大量建造が始まっていた第二次戦時設計型の貨物船の主機関として採用されていたために、供給力の心配はあった。

この搭載が予定されていた蒸気タービン機関は、第二次戦時急造建造型の大型貨物船（六八〇〇総トン級）に搭載が予定されている二五型三衝程式蒸気タービン機関で、最大軸馬力は二五〇〇馬力を発揮した。そしてボイラーには艦本式ホ号重油専燃式缶二基が搭載されることになった。

このために丁型海防艦の推進器は一軸推進となった。そして丁型では機関とボイラーの双方を直列に配置するために、機関室の長さが丙型に比較し二メートル延長する必要があり、丁型の全長は丙型よりも二メートル長くなっていた。

丁型の主機関一基（最大出力二五〇〇馬力）の最大出力は、ディーゼル機関二基（最大出力：二基合計一九〇〇馬力）装備の丙型より大きいために、最高速力も丙型の一六・五ノットに対し一七・五ノットと優速となっていたが、「鵜来」型までの海防艦よりは低速になっている。しかしこれは船団護衛という用途上からさほど大きな問題にはならなかった（戦闘記録では、戦争末期に浮上した敵潜水艦との砲撃戦に際し、全速力で敗走する敵潜水艦を追跡できなかったという稀な事例は存在した)。

しかし蒸気タービン機関の基本的な問題である燃料消費効率の悪さから、同じ一四ノット航行に際しての航続力は、ディーゼル機関装備の丙型の最大六五〇〇カイリ(約一万二〇〇〇キロ)に対し、四五〇〇カイリ(八三〇〇キロ)と大幅な低下となった。

丙型の最終的な建造(完成)数が五四隻であるのに対し、丁型の最終建造(完成)数は六三隻に達している。ここにも二種類の機関の供給能力の差が出ている。

第五章　海防艦の兵装

爆雷兵器

海防艦の任務は船団護衛にあった。そして船団護衛の中でも最重点の任務は敵潜水艦の攻撃から船団を守ることである。つまり海防艦の主力兵器は対潜水艦攻撃用の爆雷装置（爆雷投下装置と爆雷投射装置）にある。

爆雷は「魚雷・機雷・爆雷」の水雷三兵器の中で最も遅く開発された兵器で、出現は第一次大戦の最中であった。しかしその活躍期間は水雷三兵器の中で最も短く、最も活躍したときが第二次大戦中で、現在では対潜魚雷がこれに代わり、まったく衰退した兵器となっている。

爆雷兵器は第一次世界大戦中の一九一五年（大正四年）にイギリス海軍で、潜水艦攻撃用の兵器として開発され採用された兵器である。第一次大戦中も大西洋や地中海方面ではドイツ潜水艦の攻撃から輸送船団を守るために、護衛艦艇（主に駆逐艦）に爆雷が搭載され、爆雷投下台から投下され対潜攻撃に使われた。

日本海軍も地中海での連合軍の輸送船団を護衛することを目的に、駆逐艦を主体とする第二特務艦隊が編成され同海域に派遣されているが、このときイギリス海軍より爆雷を供与され対潜攻撃に用いた。

日本海軍は第一次大戦末期の大正七年（一九一八年）に、イギリス海軍から供与された爆雷を参考にしてその試作に成功している。このときの試作爆雷は全重量わずかに一五キロという小型のもので、起爆装置は時限式で作動するようになっていた。

第一次大戦当時、イギリス海軍が使用していた爆雷の外形は、直径五〇センチ、長さ八〇センチ、内部に五〇キロの炸薬を内蔵したドラム缶形のもので、起爆装置は水圧で作動するようになっていた。

このドラム缶形の爆雷はその後世界的に共通の形状となり、第二次大戦の後半まで世界の海軍で使われた。しかしドラム缶形状の爆雷は、沈下に際して安定した降下ができないこと（ユラユラとした軌跡を描いて沈下する）や沈下速度が遅いことから、第二次大戦中頃から沈下軌跡が安定し沈下速度が速い爆弾型の爆雷が一般的に用いられるようになった。日本海軍でも昭和十八年に正式採用された爆弾型の三式爆雷が戦争後半からの主力爆雷として使われている。

第二次大戦中頃まで日本を含めた各国海軍で使われていた爆雷の威力はほぼ同じで、爆発点から半径一五〜二五メートル以内で強い衝撃力を発揮するもので、この衝撃力で潜航中の潜水艦の外板を破壊しようとするものであった。ただ爆雷の沈下速度や護衛艦艇の爆雷投下時の速力との兼ね合いもあり、爆発力の強化は爆雷を投下した艦艇に被害を与える可能性も高くなり限界があった。この問題を解決する策の一つが、一隻あたりの護衛艦艇の搭載する爆雷数および投射装置の増加であった。

日本海軍の爆雷

日本海軍が実用化した最初の爆雷は、大正十年（一九二一年）に試作に成功し、後に正式採用された八八式爆雷である。その後改良が続けられ太平洋戦争勃発当時に使われていた主力爆雷は、昭和十年（一九三五年）に正式採用された九五式爆雷であった。爆雷はさらに改良され、昭和十七年には九五式爆雷を改良した二式爆雷が実用化されているが、本爆雷は直径四五センチ、全長七七・五センチ、炸薬量一〇〇キロ、重量一六〇キロというも

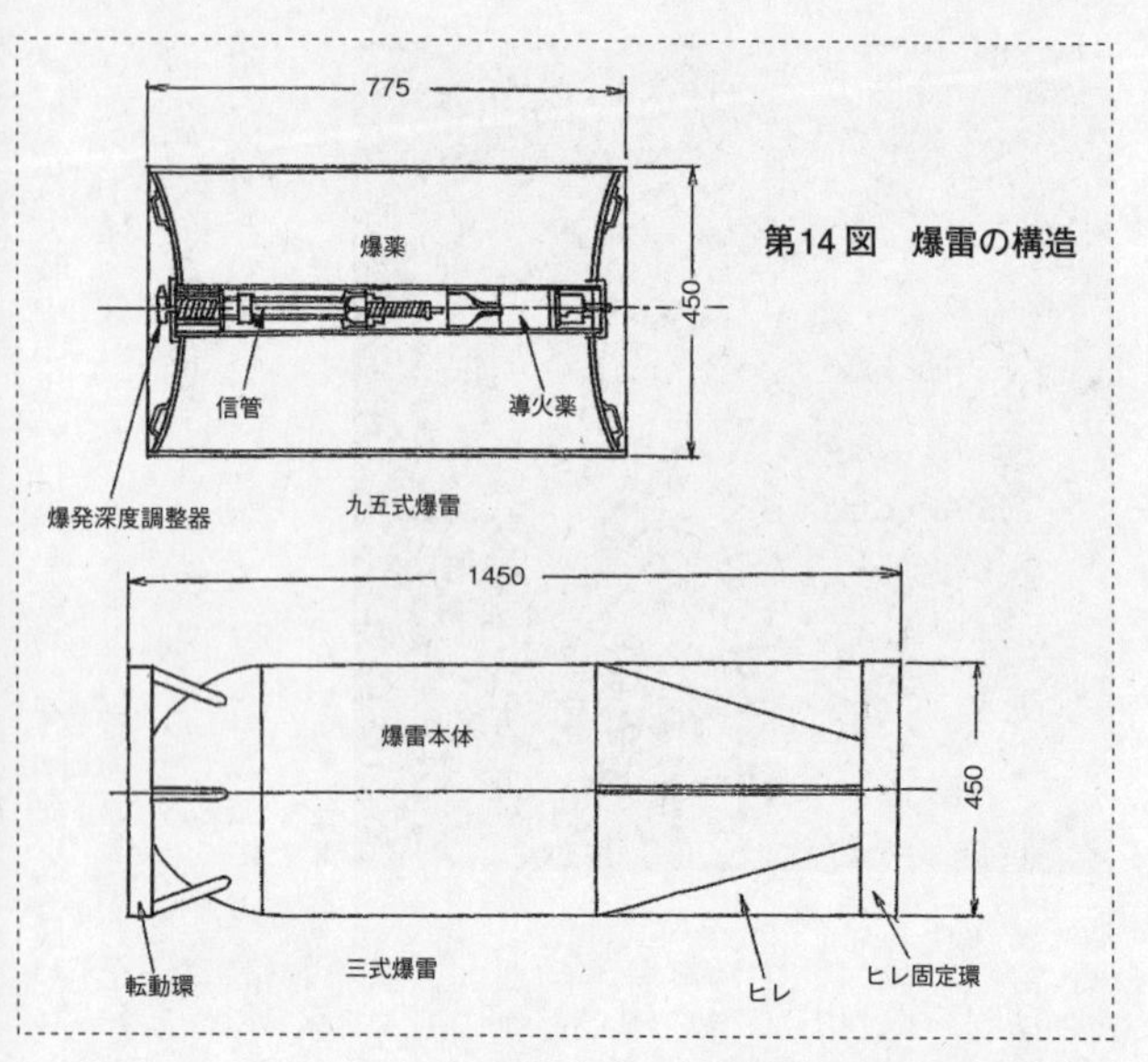

第14図　爆雷の構造

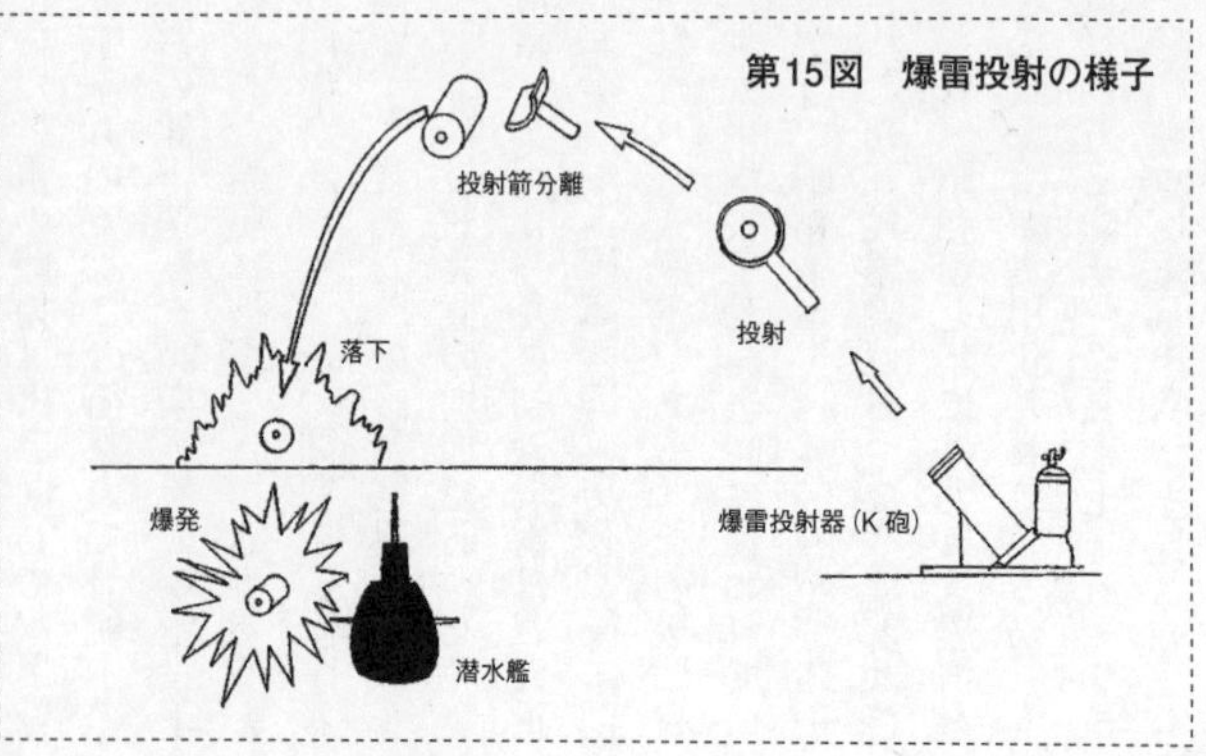

第15図　爆雷投射の様子

のであった。

ただこのドラム缶形状の爆雷の沈下速度は秒速二メートルと遅く、潜水艦制圧の上では欠点となった。これを改善するために、昭和十八年に爆弾型の三式爆雷が開発され直ちに量産が開始された。

三式爆雷の沈下速度は従来型の二倍以上で秒速五メートルに達し、水中で移動する敵潜水艦に対しても十分に対応できるものとなった。本爆雷は総重量一六〇キロで一〇〇キロの炸薬が内蔵され、爆発時の有効爆圧範囲は半径五〇メートルに向上していた。そして本爆雷は昭和十九年初頭から量産が開始され、海防艦の主力爆雷として使われることになった。

爆雷は第一次大戦当時は艦艇の艦尾から人力で海面に投下される方式が一般的であったが、一九二〇年代に入りイギリス海軍で爆雷投射器が開発され、以後各国海軍で同様な装置の開発が進められ、第二次大戦勃発当時には両舷投射型（その形状から通称Y砲と呼ばれる）と、片舷に向けて投射される片舷投射型（その形状から通称K砲と呼ばれる）が使われていた。投射は爆薬の爆発力で行なわれ投射距離は片舷式の方が勝っていた。

日本海軍が太平洋戦争中に使用していた爆雷投射器は、当初は昭和九年に正式採用された両舷投射式の九四式爆雷投射器で、その後昭和十八年になり片舷投射式の三式爆雷投射器が採用され、「鵜来」型や丙型・丁型海防艦の主力爆雷投射器として使われた。

ここで爆雷の投射方法について若干の説明を加える。爆雷は直径三〇センチほどの短胴式

第16図　両舷式爆雷投射器（Y砲）

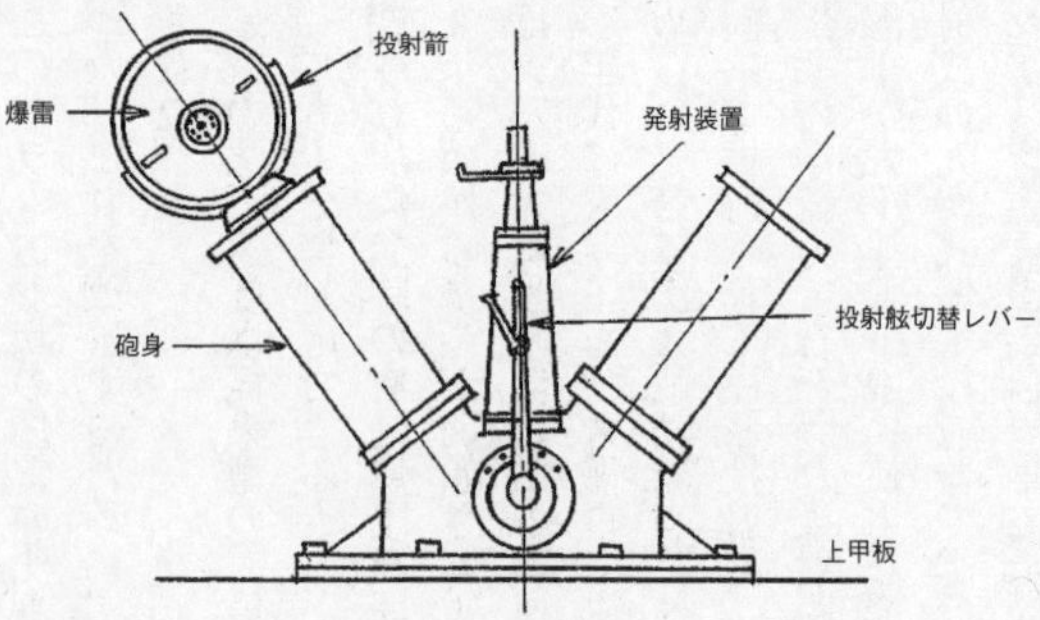

（全長一メートル前後）の砲身に爆雷を乗せる投射箭を差し込み、投射箭の上部に取り付けられた受け皿に爆雷を乗せ、砲身基部に装塡した薬莢を爆発させ、その爆圧で投射箭ごと爆雷を投射するのである。投射距離の調整は装塡する薬莢の強弱で変える。

両舷式投射器で両舷同時に投射した場合の爆雷の最大投射距離は、九四式投射装置では約七五メートルで、本器を片舷のみに投射した場合の最大投射距離は約一〇〇メートルとなっていた。一方、片舷式投射器の最大投射距離は一四〇メートルほどであった。

なお三式爆雷投射器は艦尾甲板に半埋込式に装備されたが、これは投射砲身の甲板上の高さを低く抑え、爆雷の装塡を容易にすることを可能にした。

爆雷投射器が出現する前までは、爆雷は第一次大戦時と同じく艦尾両舷側に装備された爆雷投下台に搭載され、爆雷を投下するときにはこの投下台を空

第17図　片舷式爆雷投射器（K砲）

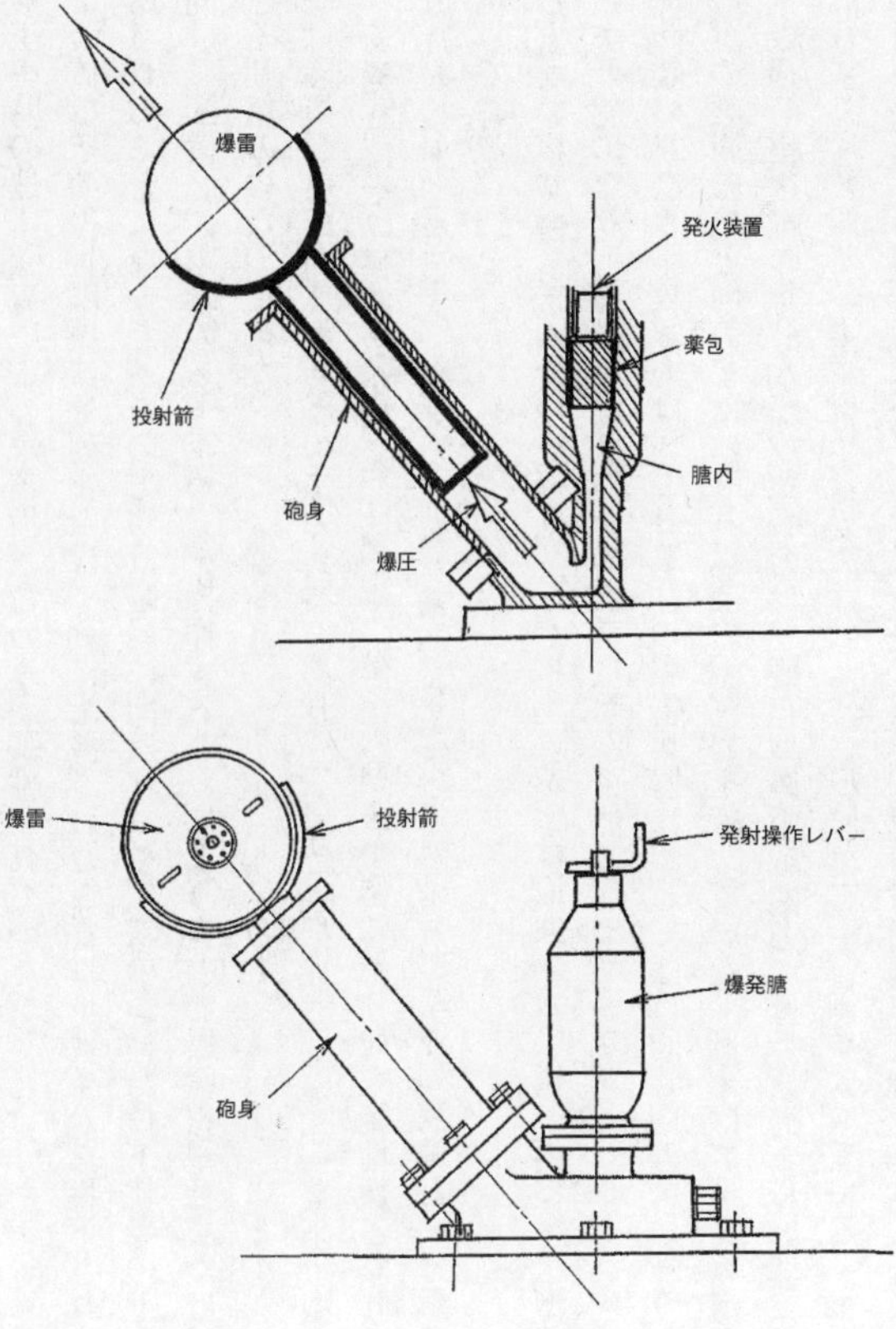

気圧や水圧などで作動させ、舷側から爆雷を海面に投下する方式が採用されていた。「占守」型の竣工当時の爆雷装置はこの爆雷投下台のみが装備されていた。

爆雷投下装置はその後、艦尾に一列または二列に配置された爆雷投下軌条から投下される方式が多用されることになった。この方法は艦尾に向けてやや傾斜のついた投下軌条の上に爆雷を横向けに配置し、末端のストッパーを操作することにより自力で爆雷を単独または連続投下できる仕組みになっていた。

爆雷兵装は護衛艦艇である海防艦の主力兵器であり、「占守」「択捉」「御蔵」「鵜来」型と進化してゆく過程でその搭載数が増え、「鵜来」型や丙型・丁型に至り最大装備数となり、一隻あたり片舷投射器を最大一六基（片舷八基）、また投下軌条も二基並列装備という重武装艦も出現している。

これにともない搭載爆雷量も次第に増加し、「鵜来」型では最大一六〇個、丙型・丁型でも一二〇個が可能になり、執拗な繰り返しの爆雷攻撃が可能になっている。

日本の海防艦の対潜水艦攻撃力は、こと既存の爆雷兵器に関しては、同時期のアメリカやイギリス海軍の護衛艦艇と同等またはそれ以上の戦闘力を持っていた。例えばアメリカ海軍のバトラー級護衛駆逐艦の対潜水艦攻撃戦力は、既存型爆雷戦闘力では片舷爆雷投射器（K砲）が合計八基（片舷四基）、爆雷投下軌条二基、爆雷搭載量一〇〇個となっている。また同じくイギリス海軍のリバー級フリゲートでは、片舷用爆雷投射器（K砲）四基（片舷二

第18図　鵜来型海防艦の爆雷投射・投下器配置図
（片舷用爆雷投射器配置の場合）

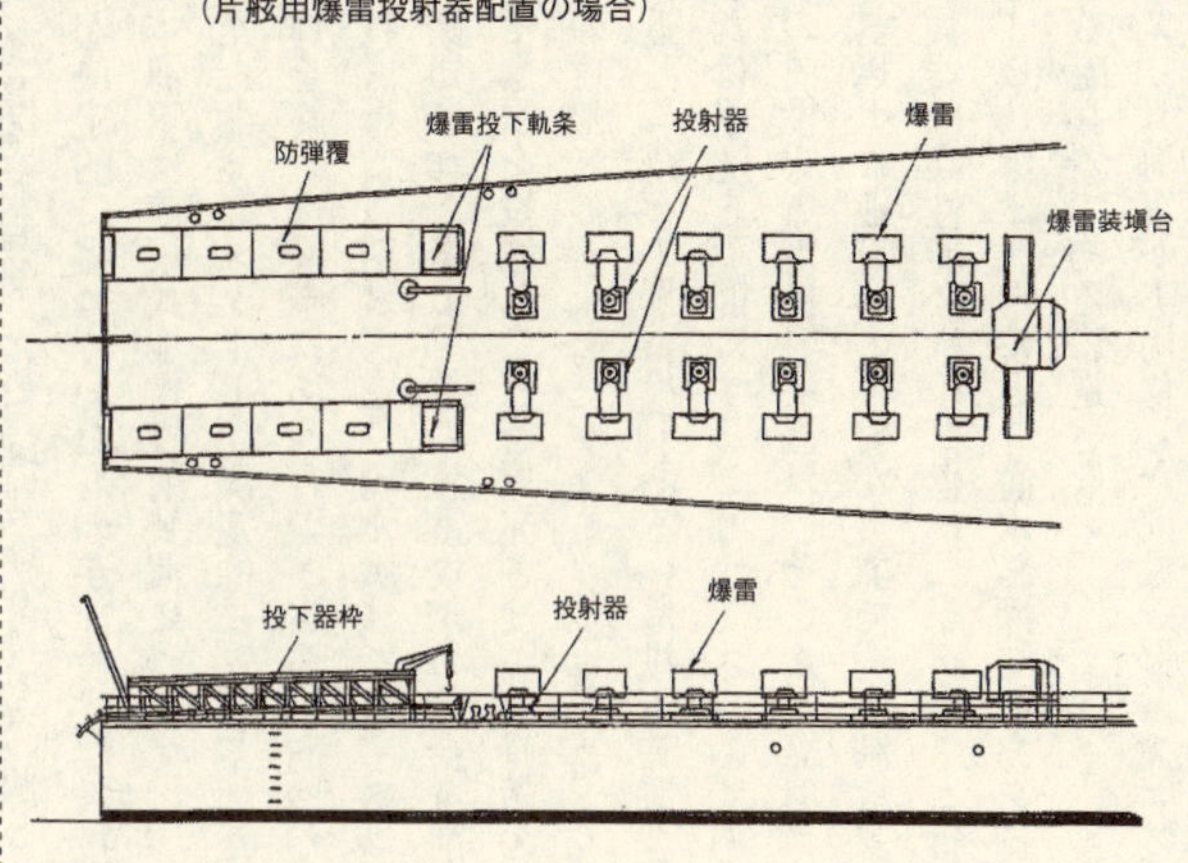

第19図　爆雷投下軌条

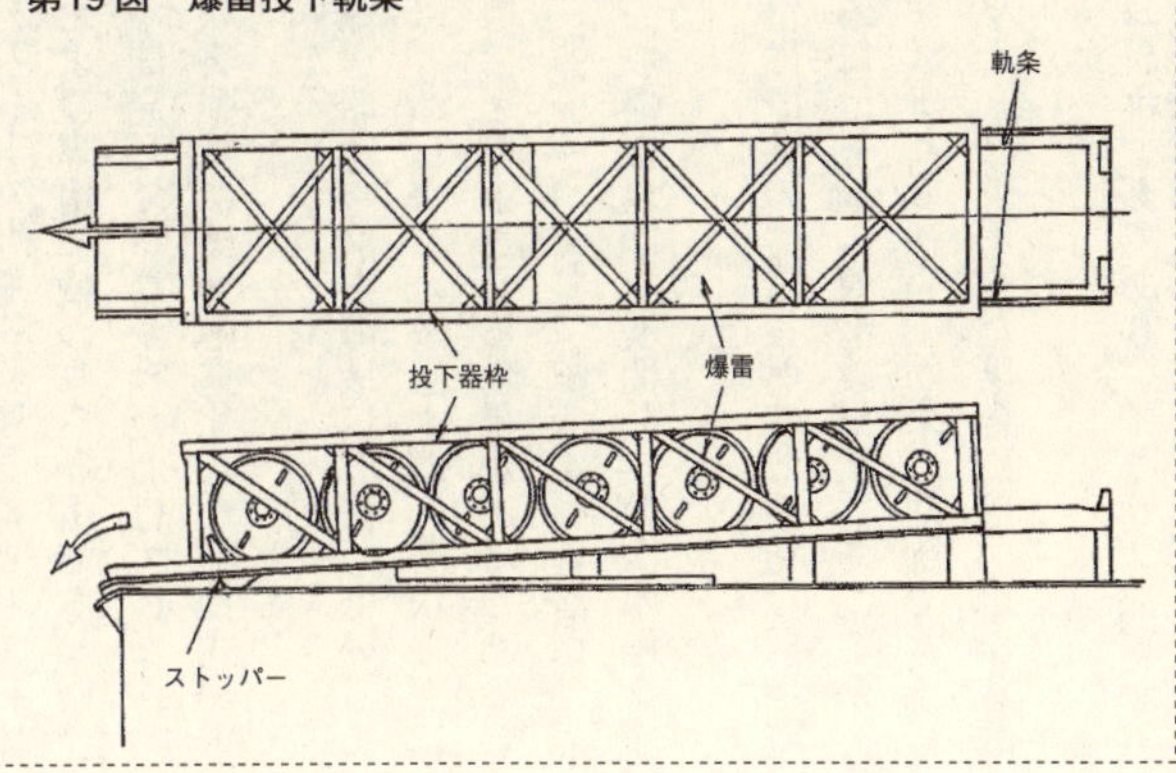

基）、爆雷投下軌条二基、搭載爆雷量七〇個となっていた。しかし爆雷攻撃兵器として日本海軍が決定的に劣っていたものが前投式爆雷投射装置および専用に使われる爆雷であった。

日本海軍は前投式爆雷投射装置については、まったく開発していなかったわけではなかった。ただ開発のスタートが決定的に遅れていたことで、終戦時には一応進化した前投式爆雷の試作を終えた段階にあったのが実情であった。

前投式爆雷投射装置を使った戦法では、敵潜水艦が輸送船団の前方海域に潜伏していることが探知された際に、敵の魚雷攻撃の機会を削ぐために、あらかじめ敵潜水艦の潜伏地点に向けて爆雷を投射しこれを爆発させ、一旦敵の攻撃の機会を停止させる効果がある（あるいはこの攻撃で敵潜水艦にダメージを与えることも可能になる）。そして敵潜水艦の潜伏地点に接近し、既存の爆雷投射あるいは投下装置を使い激しい爆雷攻撃を展開し、敵潜水艦を撃破または撃沈を可能にすることができるのである。

この前投式爆雷投射装置は、そこから発射される爆雷は既存の爆雷投射装置から投射される爆雷以上に遠方への投射が可能で、先制攻撃を加えるには最適の対潜攻撃兵器であるが、この兵器は高性能な水中探信儀（ソナー）と併用して使うことで初めて効果が期待できるもので、ピンポイントに近い潜水艦探知能力を持たないソナーと併用した場合には、単なる潜水艦威嚇兵器であるに過ぎない。

アメリカ海軍が実用化した前投式爆雷投射装置がヘッジホッグであり、イギリス海軍が実

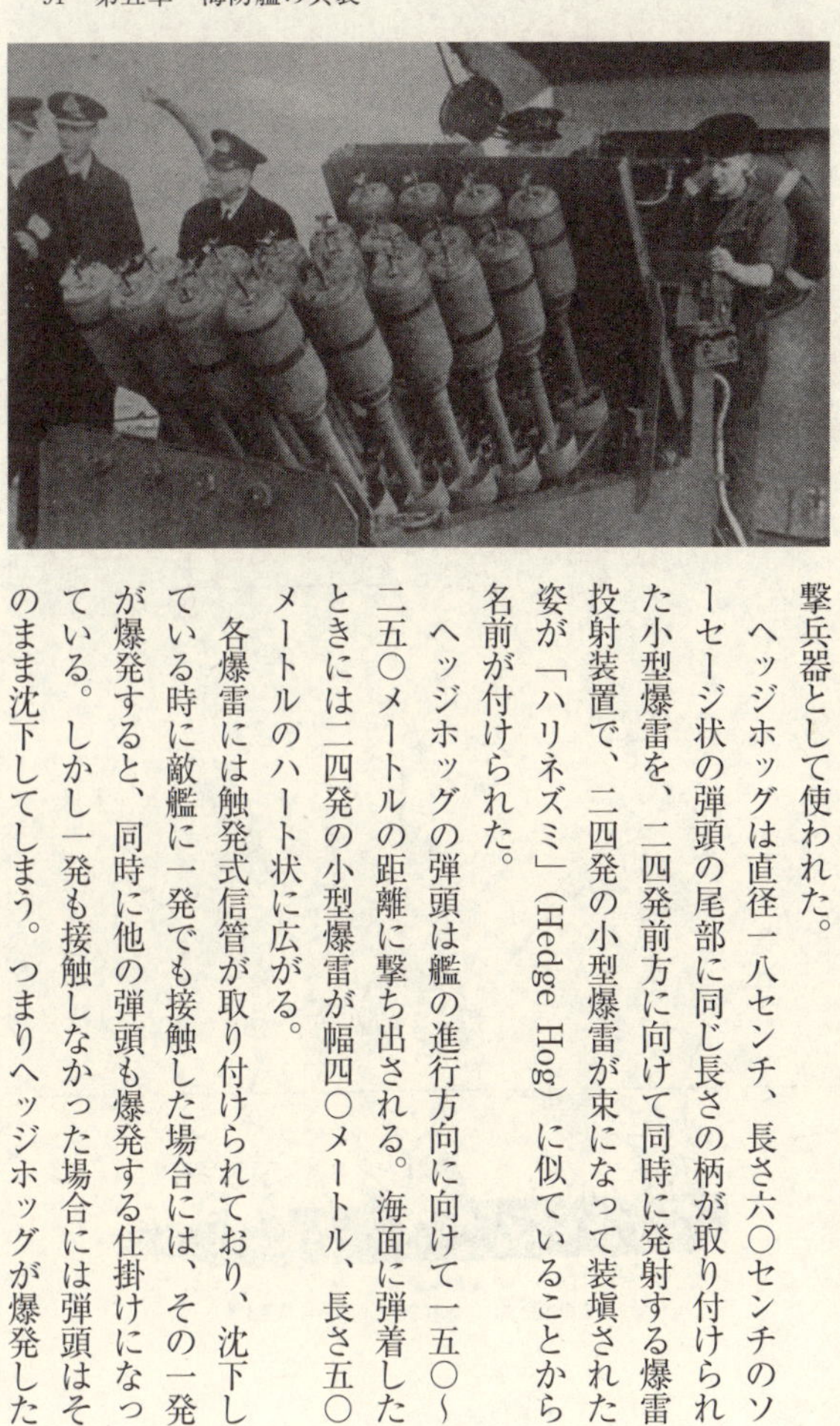

ヘッジホッグ

用化した装置がスキッドで、それぞれ効果的な潜水艦攻撃兵器として使われた。

ヘッジホッグは直径一八センチ、長さ六〇センチのソーセージ状の弾頭の尾部に同じ長さの柄が取り付けられた小型爆雷を、二四発前方に向けて同時に発射する爆雷投射装置で、二四発の小型爆雷が束になって装塡された姿が「ハリネズミ」(Hedge Hog) に似ていることから名前が付けられた。

ヘッジホッグの弾頭は艦の進行方向に向けて一五〇〜二五〇メートルの距離に撃ち出される。海面に弾着したときには二四発の小型爆雷が幅四〇メートル、長さ五〇メートルのハート状に広がる。

各爆雷には触発式信管が取り付けられており、沈下している時に敵艦に一発でも接触した場合には、その一発が爆発すると、同時に他の弾頭も爆発する仕掛けになっている。しかし一発も接触しなかった場合には弾頭はそのまま沈下してしまう。つまりヘッジホッグが爆発した

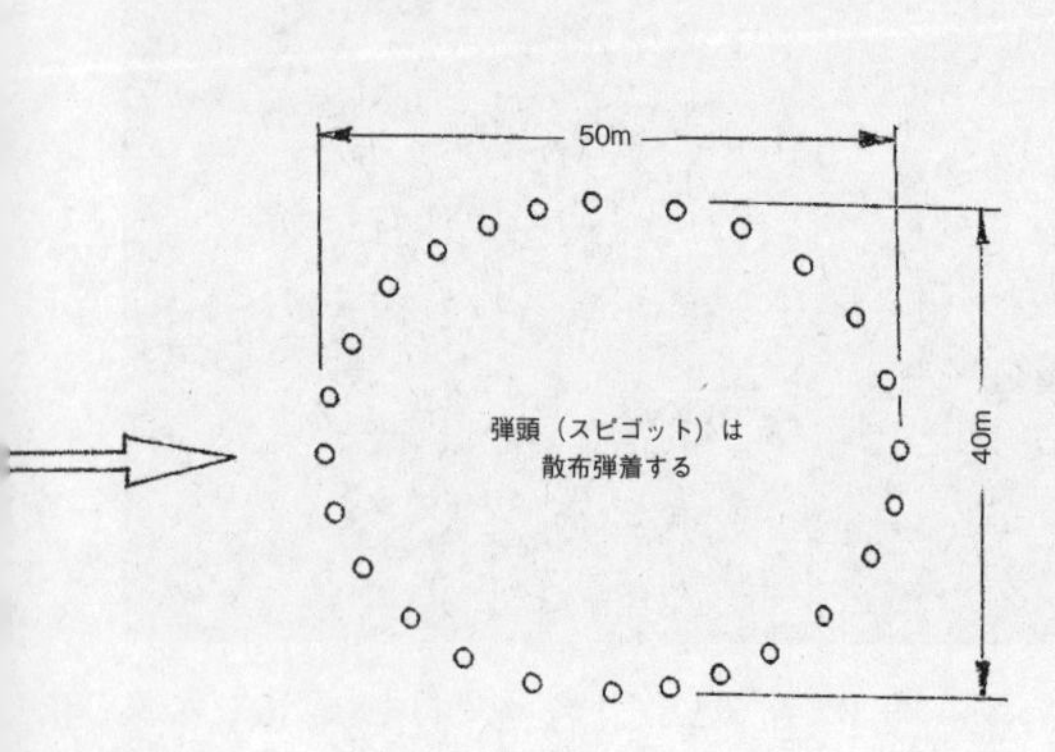
50m
40m
弾頭（スピゴット）は
散布弾着する

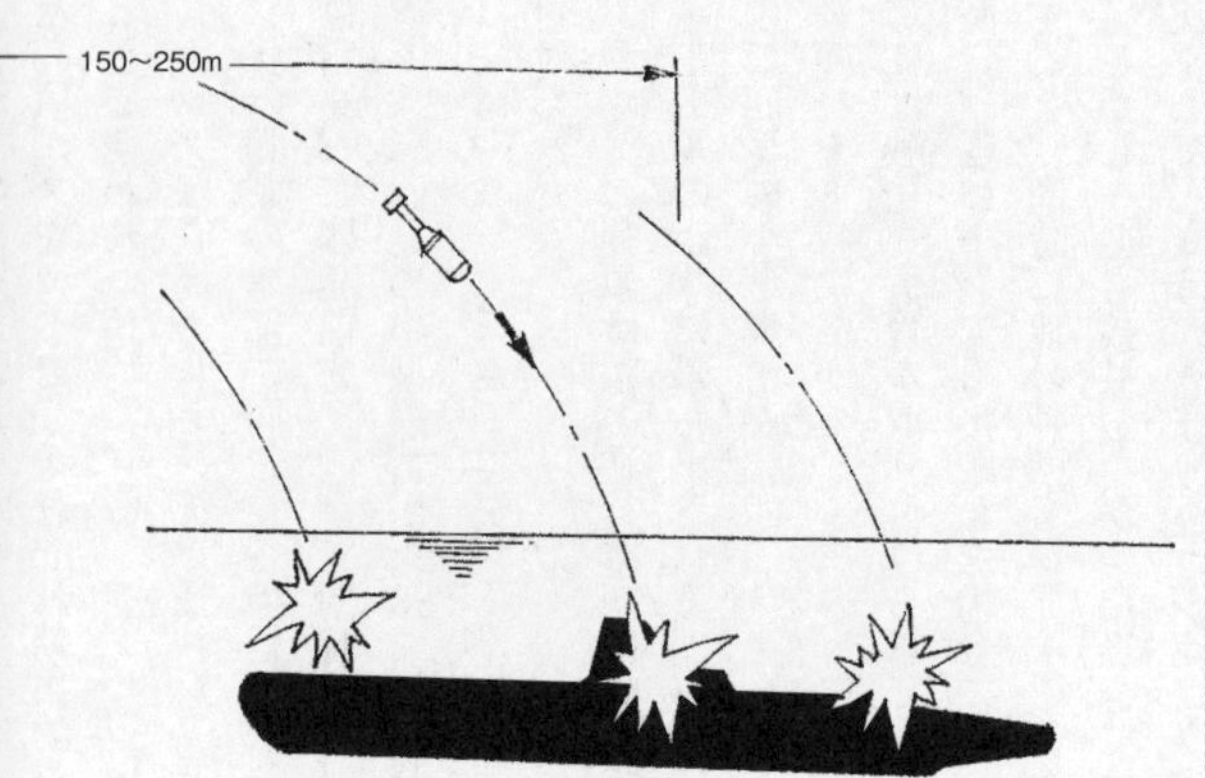
150〜250m
敵潜水艦
（1発でも命中爆発すれば他の23発も同時に爆発する）

第20図　ヘッジホッグ構造及び機能図

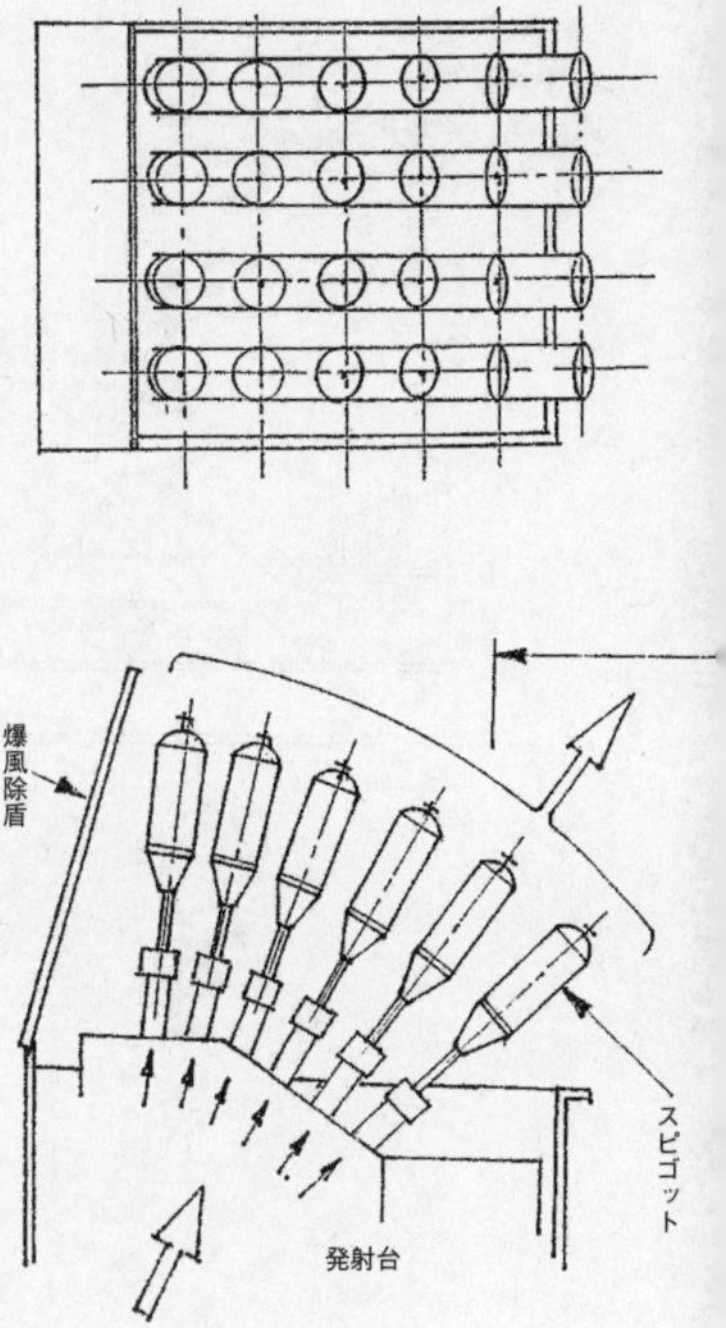

ことはその弾着地点直下に敵潜水艦が潜伏していることを証明するもので、後続の攻撃が効率よく展開されることになるのである。

一方スキッドは、直径三〇センチ、長さ七〇センチの細長い爆弾上の爆雷で、三連装の専用の発射装置から同時に前方に向けてこの小型爆雷を撃ち出す。三個の爆雷は艦の前方二五〇メートルから三五〇メートルの海面に、一辺が四〇メートルの三角形状に散開して弾着する。弾頭には時限信管が取り付けられており、沈下中に所定の深度で同時に爆発するが、一

第21図　スキッド構造及び機能図

有効射程　250～350m
爆雷重量　200kg
口　　径　300㎜
炸 薬 量　94kg
信　　管　時限信管

スキッド爆雷
砲身（3門）

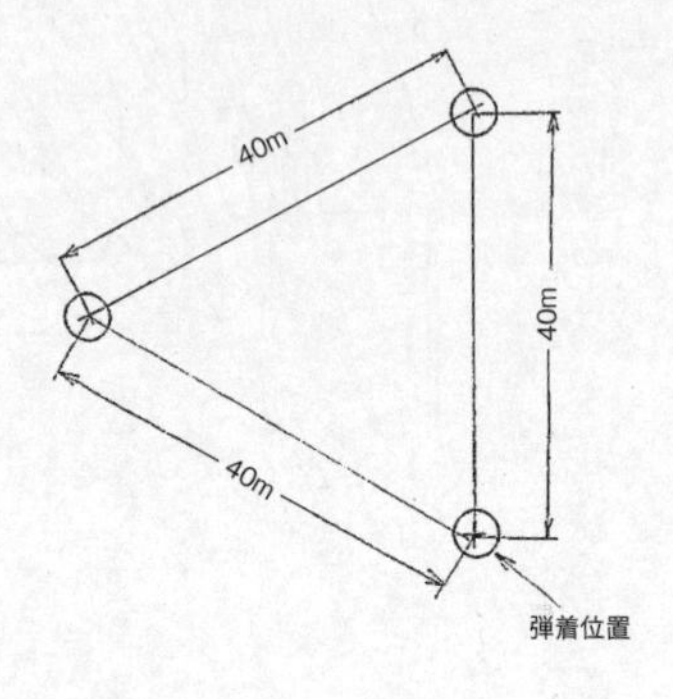

発の弾頭の爆発による効果的衝撃圧は爆発点を中心に七メートルの範囲となる。スキッドは護衛艦の艦首甲板に一基から複数基装備される。そしてこの兵器も高性能なソナーとの併用で使われるのである。

日本海軍は終戦まで実用的な前投式爆雷投射装置は開発できなかった。できなかったということは前投式爆雷発射装置の開発に着手した時点が遅すぎたということである。

日本海軍は前投式爆雷投射装置の間に合わせ兵器として、海軍陸戦隊用に大正十年に正式採用した十年式八センチ迫撃砲を護衛艦艇の艦首に装備していた。しかしヘッジホッグの一発の弾頭よりも小さな弾丸の水中爆発力に、敵潜水艦の舷側鋼鈑を破壊する能力などなく、水中爆発音による単なる威嚇兵器以外の何物でもなく、ほとんど実戦では使われなかったようである。

ただ日本海軍は昭和十九年に至り前投式爆雷投射装置の開発が精力的に進められており、昭和二十年に試作装置が完成し試験が始められているが、実用化には至らなかった。この前投式本爆雷装置の概要は次のとおりである。

本兵器の仮称は「十五センチ対潜噴進砲」と呼ばれた。この兵器の爆雷本体は直径一五センチ、長さ八六センチの細長い砲弾で、弾頭には一〇キロの炸薬が内蔵され、その後方の筒の中には推進用の炸薬が内蔵されている（砲弾の総重量は三六キロ）。ロケット推進による本爆雷の最大射程は二四〇〇メートルとなっていた。終戦時には九連装（三列三段）の発射装置も開発されていたようであるが、未完で終わっている。

いずれにしても前投式爆雷投射兵器は、敵潜水艦の潜伏位置をピンポイントに近い正確さで探知できる優れた性能の水中探信儀（ソナー）の存在がなければ、効果的な攻撃はできない。日本海軍が戦争後半に実用した三式水中探信儀は、同時期にアメリカとイギリスの護衛艦で使用していたソナーに比較し探知精度は格段に劣っており、対潜水艦攻撃に際しては爆雷兵装の強化を図っても、攻撃成果を確実に期待することには無理があった。

砲熕兵装

海防艦の砲熕兵装は「占守」型から丙型・丁型に至るまで一貫して一二センチ砲と二五ミリ機銃に終始している。ただ「占守」型と「択捉」型に搭載された一二センチ主砲は、当初の海防艦の任務の上から高角砲ではなく、対水上艦艇攻撃用の四五口径三年式一二センチ砲が搭載されていた。この砲は水雷艇や掃海艇、あるいは旧式駆逐艦に搭載されていた主砲と同じで、高射機能は持っていなかった。

海防艦が船団護衛艦艇として運用された結果、対空戦闘力の強化が指摘され、「御蔵」型からは主砲が四五口径十年式一二センチ高角砲に換装された。この高角砲は当時の日本海軍の一部の主力艦（「赤城」「古鷹」型等）の高角砲として搭載されていた砲であった。そして「占守」型と「択捉」型の一二センチ単装砲三門の搭載から、同じ三門でも艦首に単装砲一

（上）十年式一二センチ高角砲
（下）九六式25ミリ機銃

門、艦尾に連装砲一基の搭載に変更されている。なお艦が小型化したことにより丙型と丁型では艦首と艦尾に単装各一門となっている。

一方、海防艦の砲熕兵装で飛躍的に強化されたのが機銃であった。「占守」型では当初九六式二五ミリ連装機銃二基（合計四梃）であったものが、「占守」型の発展型である「鵜来」型では二五ミリ三連装機銃五基、単装機銃一梃（合計一六梃）に強化されている。しかも昭和十九年後半からは艦の各所にさらに数梃の二五ミリ機銃が配置され、その総数は二〇梃を越えていたとされている。

装備されたこの九六式二五ミリ機銃は昭和十一年に海軍に正式採用された対空機銃で、戦争の終結時点まで海軍艦艇の基幹機銃として使用された。

本機銃の発射速度は最大毎分二五〇発（一秒あたり約四発発射）とされているが、実用上は毎分一三〇発（一秒あたり約二発）程度であった。また有効射程は理論上は三〇〇〇メートルとされているが、一〇〇〇メートルが実用実効射程とされていた。

（注）日本海軍では機関砲という用語は使わず、相当する砲熕兵装はすべて機銃と呼んだ。本機銃の装弾は弾丸一五発入りの箱型弾倉で行なわれた。弾倉の装塡は銃尾の上方から差し込まれ行なわれるが、連続射撃では七～八秒毎に弾倉の装塡の繰り返しとなり、重量二キログラムの弾倉は装塡手に重労働を強いることになった。ただ攻撃してくる敵機一機に対する連続射撃時間は一〇秒以内が通常であり、長い時間の射撃は銃身の過熱

をまねくことになり、短く効率の良い断続的な射撃を行なうことが機銃射撃の要領でもあった。

電波兵器

太平洋戦争中の日本の兵器の中でも最も弱点を抱えたものが電波兵器、つまり電波探信儀（レーダー）と水中探信儀（ソナー）であった。これら兵器は同時期の連合軍側の同兵器の水準に及ばず、とくに海防艦の最重点の行動である潜伏潜水艦の探知には決定的な弱点として現われることになった。

日本の電波兵器に関わる技術開発の遅れは、日本のエレクトロニクス技術の基礎研究および開発研究、さらに精巧な部品加工技術の立ち遅れが大きく原因していたが、もう一つの開発の遅れは、陸海軍ともに電波兵器という直接の攻撃兵器でない兵器、つまり最新兵器に対する軍部の認識の欠如があったことを否定することはできない。

日本の電波探信儀（レーダー）の本格的な研究は昭和十年（一九三五年）と、イギリスやドイツに比べ多少の遅れはあった。そして昭和十四年に至り初めて航空機に対して発射した連続電波の反射波の受信に成功し、日本のレーダー開発の第一歩を記録した。

しかしイギリスはこの年には早くも実用的なレーダーの開発に成功しており、翌一九四〇年（昭和十五年）には実戦用の兵器として配備を開始している。そして同年八月から十一月まで展開された大英帝国の戦い「バトル・オブ・ブリテン」では、イギリス本島の東部から東南部にかけて対空レーダー網を張り巡らし、ドイツ空軍機の来襲を的確に探知し、効果的な防空体制を整えることに成功し、優位な航空戦を展開してイギリスを勝利に導いている。

レーダーの開発には高度なエレクトロニクス技術や関連材料を含めた製造技術の醸成が欠かせない。しかし昭和十年代初めころの日本のアナログ・エレクトロニクス技術の基盤はまだ脆弱であり、レーダーやソナーの基本的装備部品である真空管やブラウン管の製造技術自体がまだ十分な発達を遂げている状態ではなかった。そして当時の陸海軍の電波兵器に対する理解度の低さは、これら新技術・新兵器の開発の遅れに一役買っていたのであった。

しかしイギリスがレーダーを防空システムの基幹兵器として応用し、画期的な効果を上げたという事実は、日本の軍部の電波兵器に対する無理解さを覚醒させる効果はあった。

この中で海軍はいち早く電波探信儀（レーダーの日本軍呼称）の研究に着手し、実戦で使用可能な電波探信儀と水中探信儀（ソナーの日本軍呼称）の開発を急いだ。

そして昭和十六年（一九四一年）に、その後の日本海軍の艦載電波探信儀の基本となった二号一型（二一型）、二号二型（二二型）、一号三型（一三型）等の電波探信儀の開発に成功し、実用化がすすめられた。

この中で一号三型と二号一型は対空探索用として、また二号二型は対水上探索用として昭和十八年頃から主要艦艇や海防艦などに順次取り付けられている。しかし日本のこれらレー

鵜来型屋久。前檣に2号2型電探、後檣に1号3型電探を装備

ダーには決定的な欠点があった。

レーダーの探索能力と探索精度（敵艦艇や航空機までの正確な距離や高度の探知、またその正確な数および照準位置の探知能力）は、発信される電波の周波数と波長で決まるのである。日本海軍が実用化したこれら電波探信儀の発信電波の出力と周波数は、二二型の場合は最大二キロワットで、二・五ギガヘルツ（ギガサイクル）、波長は一〇センチであった。

また対空用の一三型で、最大一〇キロワットで、一五〇メガヘルツ（メガサイクル）、波長は二〇〇センチであった。

この出力の電波探信儀による探知能力は、対水上用の二二型で最大一〇〇キロ、対空用の一三型で最大三五キロであった。

しかしその探知精度は二二型の場合は最大探知距離では、敵艦隊を個別の艦として区別することは難しく、集合としての区分のみが可能であった。一方、一三型も同じで最大探知距離では敵機を編隊としては確認できるが、個別の機体としての確認は困難であった。

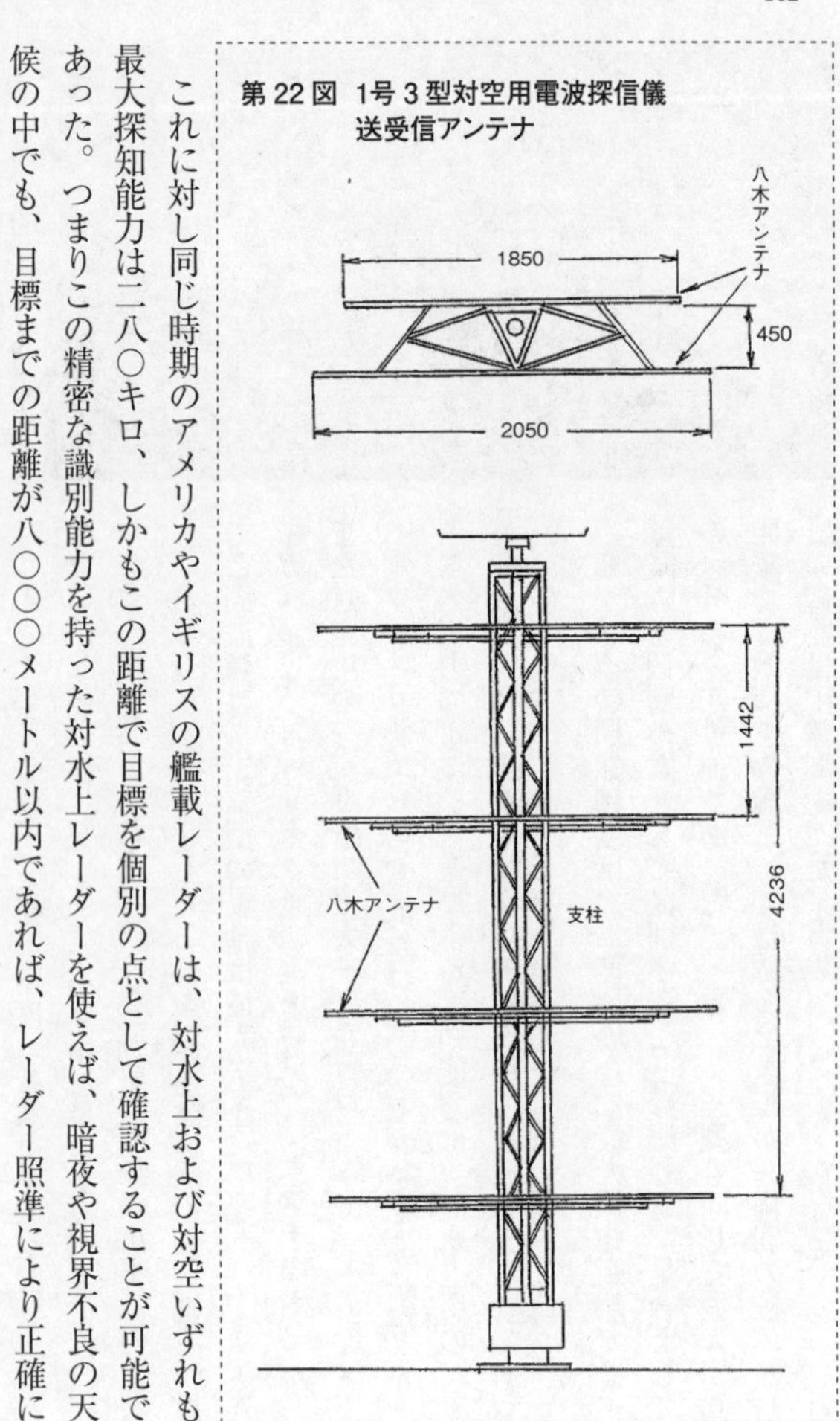

第22図　1号3型対空用電波探信儀送受信アンテナ

これに対し同じ時期のアメリカやイギリスの艦載レーダーは、対水上および対空いずれも最大探知能力は二八〇キロ、しかもこの距離で目標を個別の点として確認することが可能であった。つまりこの精密な識別能力を持った対水上レーダーを使えば、暗夜や視界不良の天候の中でも、目標までの距離が八〇〇〇メートル以内であれば、レーダー照準により正確に敵艦のピンポイント射撃が可能になるのである。

一九四四年十月のレイテ沖海戦の一環として展開されたスリガオ海峡の夜戦において、アメリカ戦艦隊は日本の西村艦隊の二隻の戦艦に対し、ピンポイントのレーダー射撃に成功しているのである。

また後述するが、中国沿岸では船団護衛中の海防艦が敵重爆撃機により夜間爆撃を受け命中弾を受けているが、これも爆撃機に搭載されたレーダーを使った精密照準によるものであ

第23図　2号1型対空用電波探信儀送受信アンテナ

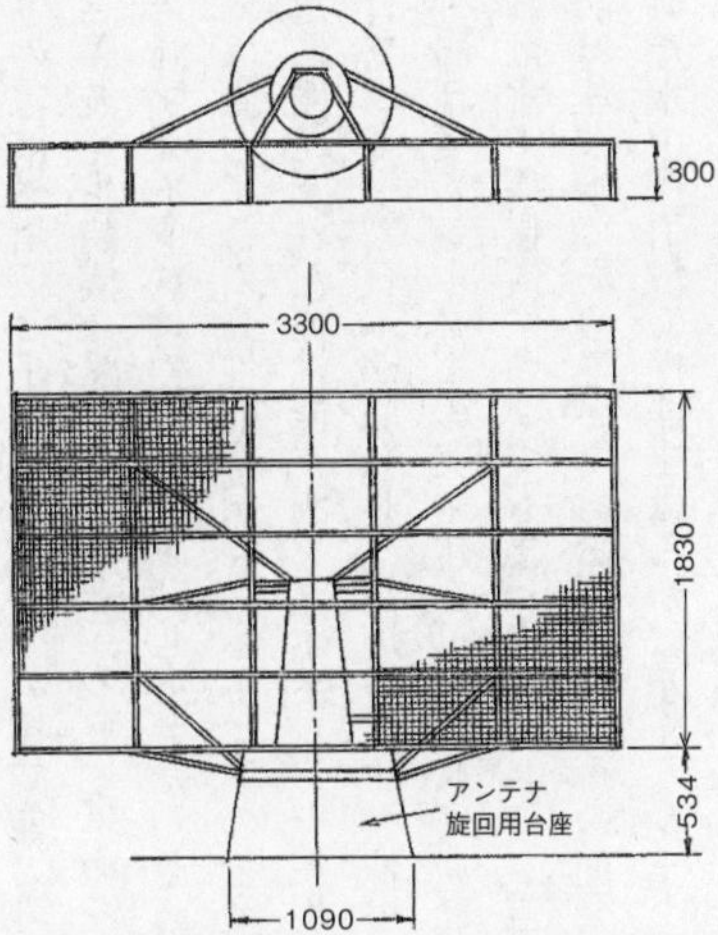

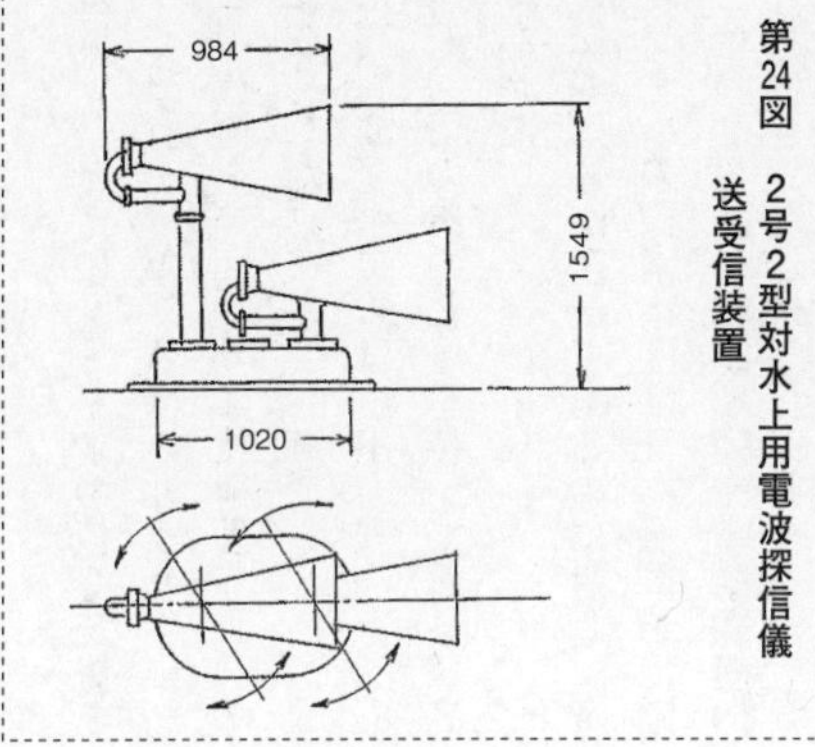

第24図　2号2型対水上用電波探信儀送受信装置

った。

日本の電波探信儀と米英のレーダーの探知能力の格差は、ひとえにレーダーの核心装置である高周波発生装置（マグネトロン）の違いにあったのである。イギリスは一九三九年に高性能空洞マグネトロンの開発に成功していた。そしてこの技術をアメリカに技術供与し、アメリカは直ちにこの高性能空洞マグネトロンの量産化に成功した。

新たに開発された高性能空洞マグネトロンを使用した高周波発生装置は、出力五〇〜三〇〇キロワットと、日本が開発した高周波発生装置の五〜三〇倍の出力強度を持っており、高性能・高精度のレーダーの実用化を可能にしていたのであった。

これは水中探信儀においてもまったく同じで、電波の伝導媒体が空気であるのに対し、音波の伝導体が水である違いである。米英海軍の開発したソナーの探索精度は日本海軍が装備していた水中探信儀の性能をはるかに超え、レーダーと合わせ日本の輸送船団や護衛艦艇の追跡に大いに効果を発揮していたのであった。

ここで日本海軍が実用していた潜水艦探知装置について若干の説明をくわえておきたい。日本海軍は潜航中の敵潜水艦の探索用の兵器として、昭和八年に九三式水中聴音器を開発し実用化した。

この装置は水中で発生する音源（潜水艦であれば機関が発生する騒音や推進器が回転する音等）を探知する能力があり、潜航中の潜水艦の存在を探知することが可能である。ただ音源の方向や漠然とした音源までの距離を知ることはできたが、音源までの正確な距離や方向を探知することは不可能であった。水中聴音器は「ある方向に潜水艦が潜んでいることが確認できる」だけの装置であった。

一方水中探信儀も水中聴音器とほぼ同時に開発が進められていたのである。そして同じく昭和八年に九三式水中探信儀が実用兵器として一部の艦艇に搭載されていたが、その探知精度にはばらつきが多く、実用兵器としては多くの問題を残すものであり、事実積極的に使われる兵器ではなかった。例えば目標までの距離が一二〇〇メートルの場合、その探知誤差はプラスマイナス一〇〇メートルで、方向の精度は左右八〇メートルとなり正確な爆雷攻撃を行なうことは不可能であった。

その後昭和十八年に開発された三式水中電波探信儀では、装備する艦の速力を一二ノットに抑えれば、探知精度は距離一〇〇〇メートルでの誤差は約五〇メートル、方向誤差も約五〇メートルまでになった。しかし米英海軍のソナーのピンポイントの測定精度に到達することはできなかった。

測定精度の誤差はその後の敵潜水艦の移動により、より大きな誤差を生じるもので、正確な爆雷攻撃を展開することには様々な困難が生じたのである。日本海軍の水中探信儀に関しては、多分にこの装置を操作する操作員の錬度も影響し、艦ごとに探知精度に大きな誤差が生じていたのは否めない事実であったのである。

海防艦 艦名一覧

占守型	占守　国後　八丈　石垣
択捉型	択捉　松輪　佐渡　隠岐　六連　壱岐　対馬　若宮　平戸 福江　天草　満珠　干珠　笠戸
御蔵型	御蔵　三宅　淡路　能美　倉橋　屋代　千振　草垣
鵜来型	日振　大東　昭南　久米　生名　四阪　崎戸　目斗　波太 鵜来　沖縄　奄美　粟国　新南　屋久　竹生　神津　保高 伊唐　生野　稲木　羽節　男鹿　金輪　宇久　高根　久賀 志賀　伊王
丙　型	1～89号までの奇数番号、及び95、97、105、107、205、207、213、215、217、219、221、223、225、227
丁　型	2～84号までの偶数番号（但し70、80は欠番）、及び102～204号までの偶数番号(但し108、110、114、120、122、128、136、140、146、148、152、162～184、188は欠番)

第六章　海防艦の建造

太平洋戦争中の日本海軍で護衛艦と呼べる唯一の艦艇は海防艦であった。しかしこの海防艦の建造、さらにはその必要性に対する日本海軍の姿勢は、戦争勃発時点でもまだ緩慢であった。

その背景には、日本海軍の戦闘力は世界でも最優秀という自負の念がいつしか醸成され、日本海軍の制海権内であれば日本の輸送船あるいは輸送船団は大きな護衛力がなくとも安全に航行できる、という自信が生まれてしまったのであった。

そして護衛艦艇は戦力的には二次的あるいは三次的な艦艇であり、主力艦艇の整備こそ第一義であるとする思考が圧倒的で、戦争勃発の時点でも護衛艦艇の整備・増備はないがしろにされる傾向が強かったのである。

太平洋戦争勃発時点での日本の商船隊の船腹はイギリスとアメリカに次ぎ世界第三位の位

置にあった。ところが戦争が勃発するとその数ヵ月間における商船の損失の実態は、予断を許さないものであることが分かった。しかしその間の日本軍の戦域の急速な拡大と海軍戦力による連勝の構図は、いつしか船団護衛の重要性を希薄にする気配を生んでおり、戦争勃発を前にして計画された、昭和十六年度戦時艦艇急造計画の中で策定された海防艦三〇隻の建造量だけで、護衛艦は十分と判断される結果となった。

しかもこの三〇隻の護衛艦艇も、「占守」型を基本とした艦で十分に南方作戦に対応できると判断され、その後「択捉」型と「御蔵」型として送り出されることになったのである。しかしその建造の実態は極めて緩慢であった。「択捉」型の第一艦が完成したのは昭和十八年三月で、「御蔵」型の最終艦が完成したのは昭和二十年四月であった（昭和十八年度完成予定一五隻、昭和十九年度完成予定一一隻、昭和二十年度完成予定四隻）。

その後昭和十七年六月に新たに計画された第五次戦時建艦計画の改定案により、海防艦三四隻の建造が追加された。しかしこの建造計画も第一艦の完成が昭和二十年度、最終艦の完成がじつに昭和二十四年度という、まったく現実を把握していない極めて悠長なものであった。

つまり海軍は相変わらず船団護衛という任務を軽視し、敵国の海軍戦闘力を過小に評価していたと考えるべきなのである。勿論この評価の裏には、昭和十七年内の輸送船の損失の実態が決して無視できるものではないと判断はしたが、日本海軍はとくに敵潜水艦戦力を過小日本商船（輸送船）の損害が、商船の戦時急速建造により十分に補える範囲、とする海軍としての安易な予測があったことも事実であった。

しかし米海軍は日本側の予測を大きく覆し、潜水艦の大量建造を実行し魚雷の改良を精力的に実施し、潜水艦作戦の方向性を定め、短時間の間に潜水艦戦力を飛躍的に増強させていたのであった。

昭和十八年に入る頃から日本の輸送船、とくに南方資源輸送を行なう輸送船、それらの敵潜水艦の攻撃による損害が急増を始めるのである。日本の戦時工業力の維持には極めて深刻な事態となったのである。

ここに至り海軍軍令部は昭和十八年四月に、昭和十八年度戦時艦艇建造補充計画の中で、船団護衛用の海防艦の建造をにわかに急がせることを決定したのだ。

その内訳は昭和十八年度中に一一四隻、昭和十九年度中に一八六隻の合計三〇〇隻という数字であった。その後この建造計画は昭和十九年度中に一八八隻、昭和二十年度中に一三〇隻へと増加している。これら建造計画の中身は、「択捉」「御蔵」「鵜来」、丙、丁各型の海防艦の混在で進められることになっていたと考えられるのである。

これらの建造計画は当時の日本の各造船所の建造能力や、日本国内の艦艇建造用の各種鋼材の充足度、あるいは建造を担当する各造船所の作業員の熟練度など、直接建造量や建造期間を左右する要因などは考慮の外に置かれ検討されているだけに、当時の実態を考えればとうてい実現不可能な数字になっていることは一目瞭然であったのだ。

しかし一隻でも多くの護衛艦艇（海防艦）の建造が早急な要求となっているのは事実なのである。およそ量産には向かない「占守」型海防艦の、より短時間で建造しようとする努力は「択捉」「御蔵」「鵜来」型と実行はされていた。しかしそれは本来が大量建造に向かない艦艇の単なる小手先の改良によるもので、より急速建造に向く護衛艦艇の設計は別途進めなければならないのであった。

海軍がその打開策として打ち出した護衛艦艇（海防艦）が丙型と丁型であることはすでに紹介したが、緊急を要する時期にはこの二種類の艦艇の建造を急がせることが最善の策であり、実行せざるを得なかったのだ。

丙型および丁型海防艦の建造には、全面的なブロック建造方式という日本では未経験であった建造様式が採用され、より短時間での建造に期待がかけられた。

このブロック建造方式は熟練した電気溶接技術、充足された使用鋼材の供給、工作に必要かつ十分な作業員の確保がなければ不可能なのである。しかし海防艦の大量建造計画が実行に移される以前に、日本の各造船所では各規模の商船（貨物船、油槽船、

合計
39
33
13
11
11
10
10
6
6
5
5
5
4
4
3
3
3
171

第２表　海防艦建造造船所と建造隻数

	占守型	択捉型	御蔵型	鵜来型	丙　型	丁　型
日本鋼管(鶴見)	1	2	5	4	27	
三菱造船(長崎)			3			30
日立造船桜島		4		9		
浦賀船渠		4		7		
三井造船(玉野)	2	4		5		
三菱造船(神戸)					10	
播磨造船						10
日本海船渠					6	
横須賀工廠						6
石川島造船所						5
川崎重工業(神戸)						5
佐世保工廠	1			4		
川崎重工業(泉)						4
新潟鉄工所					4	
藤永田造船所						3
浪速船渠					3	
舞鶴工廠					3	
合　　計	4	14	8	29	53	63

鉱物運搬船等）の急速建造が、第二次戦時標準船建造計画に基づき開始されていた。海防艦の大量建造はこの最中で展開されたものであり、海防艦のある程度の大量建造は可能にしたのである。

　海防艦の建造は全国一九の造船所で行なわれ合計一七一隻が完成したが、その中の二分の一に相当する八五隻が、三菱造船長崎造船所、日本鋼管鶴見造船所、日立造船桜島造船所で完成している。また建造期間も丙型および丁型ではしだいに短縮され、それまでの甲型や乙型に比較し格段に早まり、多くは三〜四ヵ月の建造期間で完成している。

この中でもとくに三菱造船長崎造船所の建造期間には驚異的な記録も生まれ、海防艦八二号（丁型）、八四号（丁型）、一九六号（丁型）では建造期間八〇〜九〇日で、一九八号（丁型）では、じつに七五日という最短建造期間記録を樹立している。第2表に海防艦建造造船所とその建造実績を示す。

なお海防艦の年度別完成数は次のとおりである。

昭和十五〜十六年度	四隻
昭和十七年度	〇隻
昭和十八年度	一四隻
昭和十九年度	一〇〇隻
昭和二十年度	五三隻
合計	一七一隻

これ以外にも建造途中で終戦により未完成に終わった艦が二四隻存在する。結局海防艦の戦時建造は、昭和十八年度建造計画の三〇〇隻に対し、その充足率は五七パーセントであり、日本の当時の造船能力の限界を示す数字となった。

ドイツ潜水艦の猛攻の前に日本を大きく上まわる輸送船を失ったイギリスでは、第二次大戦勃発当時のイギリス海軍の保有する護衛艦艇はわずかで、その多くは旧式駆逐艦などであり、絶対的な護衛艦艇不足を補うために遠洋トロール漁船や延縄漁船多数を徴用し、これらに対潜兵器を搭載し護衛艦艇として船団護衛に運用したのであった。

しかしイギリス海軍のこの護衛艦艇の絶対的な不足に対するその後の対処は早かった。

近・中距離護衛用のコルベット、より大型の航洋護衛艦艇のスループやフリゲート、さらにより強力な戦闘力を備えた護衛駆逐艦など合計六〇九隻（コルベット二三二隻、スループ六九隻、フリゲート二〇〇隻、護衛駆逐艦一〇八隻）を建造し、商船隊の危機を救ったのであった。

イギリス海軍の対応の素早さは、日本海軍の比ではなかったのだ。

第3表に海防艦の年度別完成数（型別）を示す。これを見ると日本の輸送船の損害が最も激しかった昭和十九年度でも、海防艦の完成数は一〇〇隻である。この数は海軍が必要と認識した護衛艦の最低限の保有量の三分の一にしか達していなかった。

第3表　海防艦型別・年度別完成数

	16年	17年	18年	19年	20年	合計
占守型	4	0	0	0	0	4
択捉型	0	0	12	2	0	14
御蔵型	0	0	2	6	0	8
鵜来型	0	0	0	14	15	29
丙　型	0	0	0	35	18	53
丁　型	0	0	0	43	20	63
合　計	4	0	14	100	53	171

第七章　海防艦の戦歴

日本海軍の海上護衛に対する姿勢

太平洋戦争が勃発した時、日本海軍には船団護衛ということに対する認識はまだ十分に醸成していなかった。侵攻する陸軍部隊を搭載した多数の輸送船団の護衛は海軍の任務ではあったが、それは対潜水艦というよりも対水上艦艇に対する防御が主となり、護衛艦艇も少数の軽巡洋艦あるいは駆逐艦に限定されていた。

開戦後の輸送船の損害は決して少なくはなかった。そしてその量は海軍が当初想定していた値よりも大きかったことは事実である。この状況に海軍は昭和十七年四月に至り連合艦隊の組織中に第一海上護衛隊と第二海上護衛隊を編成することで対応した。これら両隊には少数の旧式駆逐艦や掃海艇、あるいは駆潜艇等の小艦艇が配置された。しかしその戦力は輸送船団の強力な護衛隊とするには微力に過ぎた。この二つの海上護衛隊は当然ながら連合艦隊の命令系統の下に置かれることになっていた。

この二つの海上護衛隊の任務であるが、第一海上護衛隊は日本本土と東南アジア方面とをつなぐ海上輸送ルートを往復する、各種輸送船および各種輸送船団の護衛を担当する。また第二海上護衛隊は日本本土と内南洋・ソロモン諸島・ニューギニア方面を結ぶ海上輸送ルートを往復する、各種輸送船および各種輸送船団の護衛を担当するものであった。

太平洋戦争勃発の時点での日本海軍の海上護衛に対する考え方は、大正十年（一九二一年）に開催されたワシントン海軍軍縮会議に備え、日本政府が設けた「軍縮制限委員会」が答申した内容にすべてが集約されていた。その内容とは「日本海軍の艦艇の戦力は、アジア大陸沿海を含む台湾海峡以北、日本までの海域の海上交通を維持するに必要な海軍力を維持することにある」とするものであった。

この考えによれば海上護衛という立場では「台湾海峡以北の限定された海域での海上交通路の確保」だけを考えており、その他の海域での海上交通路の確保の必要性は考えていなかった、ということになるのである。

さらにこの答申では「現状においては、防備隊の艦艇は特殊なものを除き艦齢を超過した艦を持ってこれに充当する」としており、海上交通路の確保に対応する用途の新たな艦艇の建造、つまり海上護衛に必要な護衛艦艇の建造はまったく考えていなかったことになる。

その結果は、太平洋戦争に突入し海防艦が海上護衛専用の護衛艦として建造されるまで、日本海軍には護衛艦という艦種は存在しなかったことを示し、当面必要とされる船団護衛の任務には、様々な種類の小型艦艇がこれを担当することが予想された。

つまり昭和十七年の前半頃までは、海軍部内にも民需および軍需関連輸送船の運用のためには多くの護衛艦艇が必要である、という概念がまったく欠落していたことになるのである。それがために、「占守」型以降に護衛専用の艦艇として建造された「択捉」型や「御蔵」型、さらには「鵜来」型に至るまでの海防艦の建造にも、緊急性という認識が欠如していたと言わざるを得ないのであった。

一方海軍としても、輸送船および輸送船団にとっての最大の脅威である、敵潜水艦の近い将来における戦力のあり方・見通しに対し、大きな欠落と油断が存在していたことを否定することはできないのである。

その結果は、戦争も半ばになる昭和十八年時点でも、護衛艦艇の主力ともなるべき海防艦がわずかに一八隻しか存在しなかった、という事態を招くことになったのであった。

日本海軍は第一次大戦のときに巡洋艦を母艦とする十数隻の駆逐艦と輸送船で第二特務艦隊を編成し地中海に送り込み、連合軍の輸送船団をドイツ海軍の潜水艦の攻撃から守るべく大きな働きをした。この功績は連合軍側からも大きな評価を受けた。

日本海軍はこの戦闘で海上護衛の重要性を学び、海上護衛戦に関わる多くのノウハウを得ることになった。そしてこの結果は時の第二特務艦隊司令長官より海軍省に対し「海上輸送とその保全に関わる利害」として、詳細な報告書が提出されている。

この報告書の中では、海上護衛戦に関わるノウハウとして、
イ、船団の陣形のあり方。
ロ、敵潜水艦に対する見張りのあり方。
ハ、敵潜水艦の発見の方法。
ニ、敵潜水艦発見後の船団の指揮方法。
ホ、敵潜水艦の攻撃方法。
へ、被害を受けた輸送船の救助方法。

など、実戦で学んだ多くの教訓とノウハウが明記されていた。

この報告書の内容のほとんどは第二次大戦時においても活用できる事項ばかりなのである。

しかしこの報告書は以来二〇年間、その存在すら忘れ去られていたのであった。つまり輸送船団の航行に際しての敵潜水艦の攻撃の恐ろしさ、さらには輸送船団を守り抜くという海軍の責任すら忘れ去っていたのである。そしていつの間にか日本海軍の戦力と存在は、敵艦隊との決戦に備えるものであり、これに決定的に勝利することが日本海軍の存在意義であるという、海軍のもう一つの重要な責任である自国商船隊の安全と保護が忘れ去られてしまっていたのであった。

日本海軍が海上輸送の重要性とその保護の必要性に目覚めたのは、輸送船の損害が激増を

始めた昭和十八年中頃である。このときになり日本海軍は遅ればせながら、海上護衛を専門とする、連合艦隊とは独立した指揮・命令系統にある海上護衛総司令部（海上護衛総隊と呼ばれる場合が多い）の設立の検討を始め、昭和十八年十一月に同司令部が設立され運用されることになった。まさに遅きに失するスタートであった。

新組織の海上護衛総司令部は、それまで連合艦隊の指揮系統下にあった第一海上護衛隊と第二海上護衛隊を組織の主体とし、それに海上哨戒を専門とする二つの海軍航空隊を新設し組織下に置き、さらに客船を改造した四隻の小型特設航空母艦（大鷹、雲鷹、神鷹、海鷹）を船団護衛用の航空母艦として戦力強化を図った。

この特設航空母艦に搭載する航空機は、新たに設けられた航空隊の一つが保有する航空機を搭載し、船団上空海域の対潜哨戒を展開することになっていた。

海上護衛の主力は第一および第二海上護衛隊に属する各種艦艇で行なわれるが、これ以外にも日本沿岸や近海の海上護衛には、組織内に組み入れられた各鎮守府や警備府の警備隊配置の警備艦艇がその任務にあたることになっていた。

しかし設立当初の海上護衛総司令部の主要護衛戦力は、相変わらず雑多な小型艦艇の集合体であった。創設当時のその内訳は、旧式駆逐艦一五隻、海防艦（甲・乙型）一八隻、水雷艇七隻、駆潜艇一三隻、哨戒艇四隻、特設砲艦（武装化した徴用商船）四隻、特設掃海艇・駆潜艇等（武装化した徴用商船）三八隻、特設航空母艦四隻の合計一〇三隻であった。

しかしこの中で長距離航海が可能であった護衛艦艇はその半数に過ぎなかったのである。同じ時期のイギリス海軍では、船団護衛用の艦艇を四〇〇隻以上も保有していたのである。

なお海上護衛総司令部に配置された二つの航空隊について若干の説明をくわえておきたい。この二つの海軍航空隊は第九〇一および第九三一航空隊で、海上護衛総司令部の創設と同時に新規に開隊された。

第九〇一航空隊は特設航空母艦に搭載する対潜哨戒機で編成された航空隊で、航空機の定数は四八機でこれを四グループに分け各航空母艦に搭載し、船団上空の対潜哨戒をその任務とするものであった。使用された機体は旧式化していた九七式艦上攻撃機で、各航空母艦に一二機ずつ搭載され、各機対潜爆弾あるいは爆雷を搭載し哨戒任務にあたるのである。

一方、第九三一航空隊は陸上基地に配置された対潜哨戒機を運用し、海上輸送ルートの対潜哨戒を行なうことを任務とした航空隊であった。使用される航空機は大型飛行艇、陸上攻撃機、水上偵察機、哨戒機（新鋭哨戒機の東海）、旧式艦上攻撃機等で、配置基地は本土、サイパン、沖縄、台湾等であった。配置定数は大型飛行艇や陸上攻撃機は各二四機であったが、広大な海域の哨戒を任務とするにはあまりにも機数が少なすぎた。

しかしこの海上護衛総司令部も昭和十九年に入り、急速に展開されたソロモン諸島、ニューギニア、さらには内南洋海域に対する米軍の強力な反攻作戦の中、第二海上護衛隊の任務が消滅し、新たに日本本土と台湾、さらに日本本土の太平洋沿岸海域を航行する輸送船の護衛の強化のために、第三および第四海上護衛隊が組織された。

昭和十九年になり、急造されだした海防艦の大半は東南アジアルートのシーレーン確保のため、また船団護衛のために第一海上護衛隊に編入されている。そして日本とフィリピン方面への兵力輸送のための輸送船団、さらにボルネオやシンガポール方面からの石油や鉱石資源を輸送する輸送船団の護衛に積極的に投入された。

しかし昭和二十年に入り日本と東南アジア間の海上輸送ルートが事実上途絶するにともない、海上護衛総司令部の任務は日本沿岸および日本と朝鮮半島東岸間の海上ルートの確保に専念することになった。

このために残存する海防艦は呉鎮守府防備隊、舞鶴鎮守府防備隊、佐世保鎮守府防備隊、そして大湊警備府警備隊等に配置され、担当海域の海上護衛と対潜作戦に従事することになり終戦を迎えることになった。

いずれにしても海上護衛用の海防艦の量産は余りにも遅すぎて、そして少なすぎた。

海上護衛戦の実態

その1：船団護衛時の海防艦の役割
日本海軍最初の正規海防艦である「占守」型海防艦は、すべて太平洋戦争勃発時までに完成していた。そして、その二番艦から四番艦までの三隻は当初の本艦の任務どおり、北洋海域の警備についた。しかし一番艦の「占守」だけは、なぜか北方警備には配置されず、完成後直ちに第二遣支艦隊に編入され中国沿岸、仏印方面の海域での哨戒活動についた。そして太平洋戦争開戦時は南遣艦隊に編入されており、マレー半島やスマトラ島などへの上陸作戦輸送船団の護衛艦として投入された。

「占守」の南方作戦への投入は結果的には、以後建造された各型式の海防艦の船体構造、艦内設備、装備等の改良に向けての大きな試金石になったものと考えられるのである。そして海防艦の任務が、輸送船および輸送船団を敵の潜水艦攻撃や航空機攻撃から守ることを決定づけることになったものと考えられるのである。

昭和十六年七月の時点で提示された緊急戦時艦艇建造計画の中で、「占守」型海防艦を将来の護衛艦艇として大量建造することに決定した裏には、船団護衛用に適した艦艇が「占守」型海防艦以外に見つからなかったという事情があったことは容易に考えられ、そのために海軍は「占守」を開戦当初から船団護衛に運用し、その性能と実態を実地にテストしようとした意図もうかがい知ることができるのである。

さてここで日本の輸送船団の航法について少し説明をくわえたい。日本は日清・日露の両戦争において初めて軍隊を船舶で輸送するという経験をした。またその後、上海事変や日中戦争により朝鮮半島や中国大陸への軍隊輸送を経験したが、これらの輸送は、太平洋戦争における南方戦域への軍隊輸送とは規模が格段に小さく、またその輸送距離は短く、さらに輸送船あるいは輸送船団に対する敵の攻撃も、日露戦争の一時期のロシア極東艦隊の攻撃を警戒した以外には、無いに等しかった。

そのために輸送船や輸送船団には特段に護衛艦艇を随伴させるということも稀で、軍隊輸送は通常の輸送任務といえるものであった。しかし太平洋戦争になると輸送船および輸送船団に関する考えは大きく異なることになった。軍が計画する攻略戦域ははるか遠隔の地であり、輸送する軍隊の規模は格段に大きく、したがって輸送船団の規模もさらに大きくなる。そして途中の海域での敵海軍艦艇の待ち伏せ攻撃を十分に警戒する必要もあり、遠距離の輸送船団を送り出すことは容易なことではなくなるのである。

太平洋戦争勃発直後（昭和十六年十二月から十七年二月）に実施された上陸作戦時の輸送船団の規模の例を示すと次のようになる（但し一部は数次にわたるものもある）。

フィリピン・リンガエン湾上陸作戦　参加輸送船　八四隻
ジャワ島クラガン上陸作戦　参加輸送船　四三隻
ジャワ島バンタム湾上陸作戦　参加輸送船　四七隻
フィリピン・ダバオ上陸作戦　参加輸送船　一八隻
ラバウル上陸作戦　参加輸送船　一二隻

これらの大規模輸送船団の派遣に際しては、当然船団護衛の必要があり、それは海軍の艦艇に頼ることになる。しかし当時の海軍はこれら大規模船団の護衛に関しては経験もなく、

一列航行で進む日本の輸送船団

また敵情も定かでなく、一方ではこれらの大船団を送り込む時点での敵側の対応が、絶対的に多くの危険をはらんだ状況でもなかったと予想されたために、船団護衛に送り出された艦艇も軽巡洋艦、駆逐艦、水雷艇など少数であった。

この状況の中で海防艦「占守」が攻略軍の船団の護衛艦艇として加わったことには、本艦種の艦艇の護衛艦艇としての適性を推し量る試金石になったことは十分に頷けることなのである。

日本海軍が当初考えていた輸送船団の航行方法は、基本的には各輸送船の一列または二列縦隊による運航であった。

この場合の護衛艦艇の配置は、船団の側面からの攻撃に対処できる守備方法としての、船団側面（両側面）への護衛艦艇の配置であった。この配置は敵水上艦艇や潜水艦に対する対処方法である。

海軍が船団の一列または二列航行に固守した理由は、もし船団が敵艦艇（水上艦艇または潜水艦）の攻撃を受けた場合には、各艦艇は直ちに退避行動をとる必要がある。船団が一列または二列であれば各輸送船の退避行動に際しての操船は、他船との衝突の危険の機会も少なく操船面では安全である。しかしもし船団が多列による航行を行なっていれば、集団となっている船団各船の退避行動は輸送船間での衝突の危険性を激増させることになるのである。

このために日本の輸送船団の航行は一列または二列航行が一般的だったのである。

敵潜水艦による輸送船の損害が激増し始めた昭和十九年八月以降でも、日本の輸送船団は最大でも三列航行で、多くは二列航行であった。その理由は船団の規模が次第に小さくなり四列や五列にする必要がなかったことも挙げられる。

船団を少数列で航行させるべきか、あるいは多列で航行すべきかには、攻守双方に利害が存

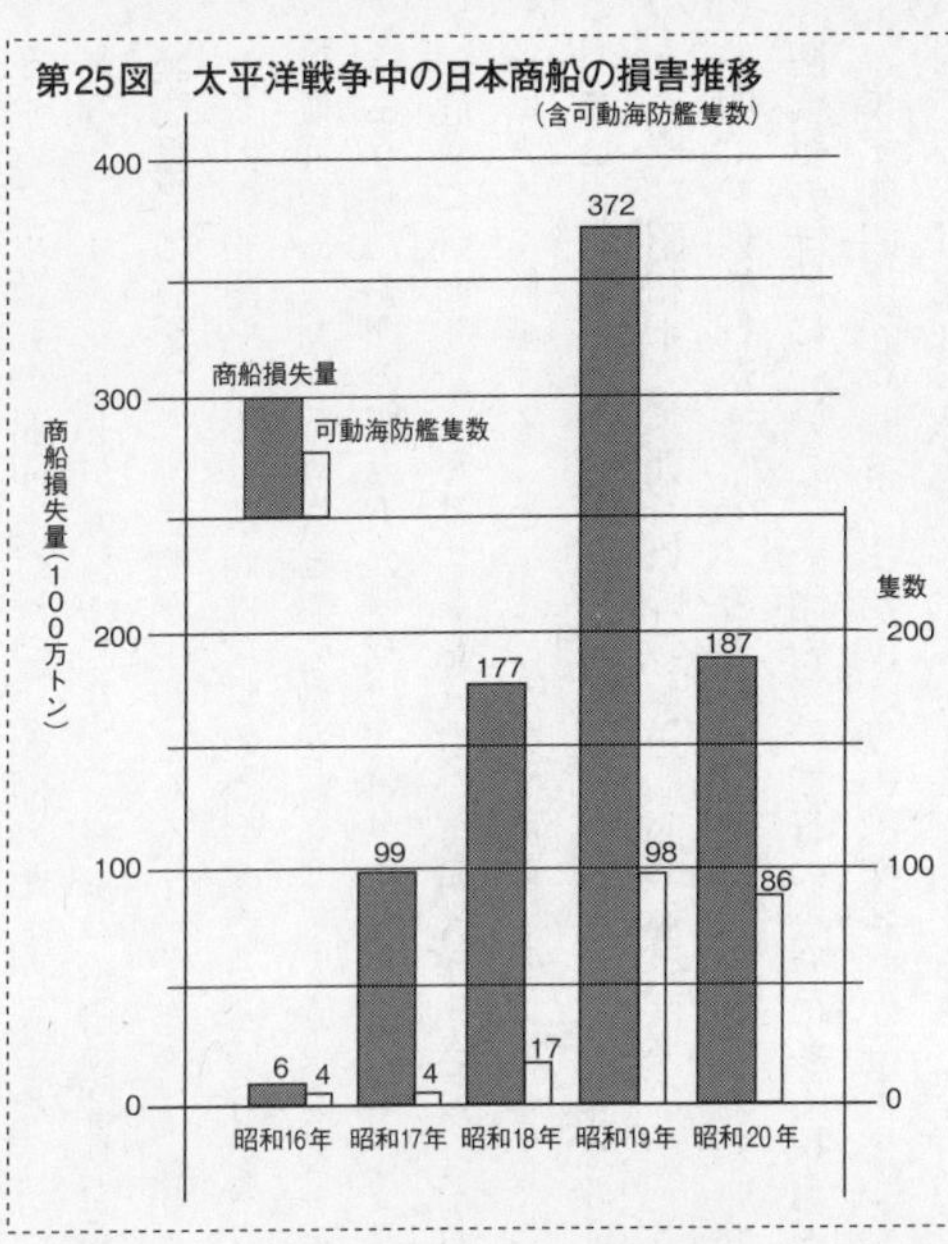

在する。少数列の船団航行は勢い船団の距離が長くなる。つまり攻撃側には攻撃の機会が増えるというメリットが現われてくる。一方の船団側は側面からの敵攻撃に対する守備から、護衛艦艇の数を増やす必要が生じてくる。

多列の船団航行では敵側は攻撃の機会が減るというデメリットにつながり、一方の船団側は側面攻撃に対する護衛艦艇の数を減らすことができる、というメリットが現われてくる。こうした船団の組み方の研究は、第二次大戦中にドイツ潜水艦の猛攻の前に商船隊の壊滅の危機に直面したイギリス海軍において解答が出され、それを実行することにより船団の損害は大きく低減することになったのである。本件については後述する。

ここで、第二次大戦後半で多く実行された日本の輸送船団の運航方法について説明をくわえよう。昭和十九年九月以降の輸送船団の規模は一〇～一五隻前後の船団が多い。この場合船団は二列航行が通常で、ときには三列航行も行なっていた。これらの船団航行の場合の護衛艦艇の位置について、船団の二列航行の場合に多く採用されていた事例を次に説明する。

まず船団に先行して一または二隻の護衛艦艇が配置につく。これは主に船団の前方に潜伏している可能性のある敵潜水艦を先に探知することを目的としたものである。次に船団の両側に離れて二隻程度の護衛艦艇を配置につける。これは船団に対する横方向からの敵潜水艦からの攻撃に備えるものである。そして最後に船団の後方に一または二隻の護衛艦艇を配置する手法である。この方法では護衛艦艇の数は六～八隻となる。しかし護衛艦艇の絶対的な

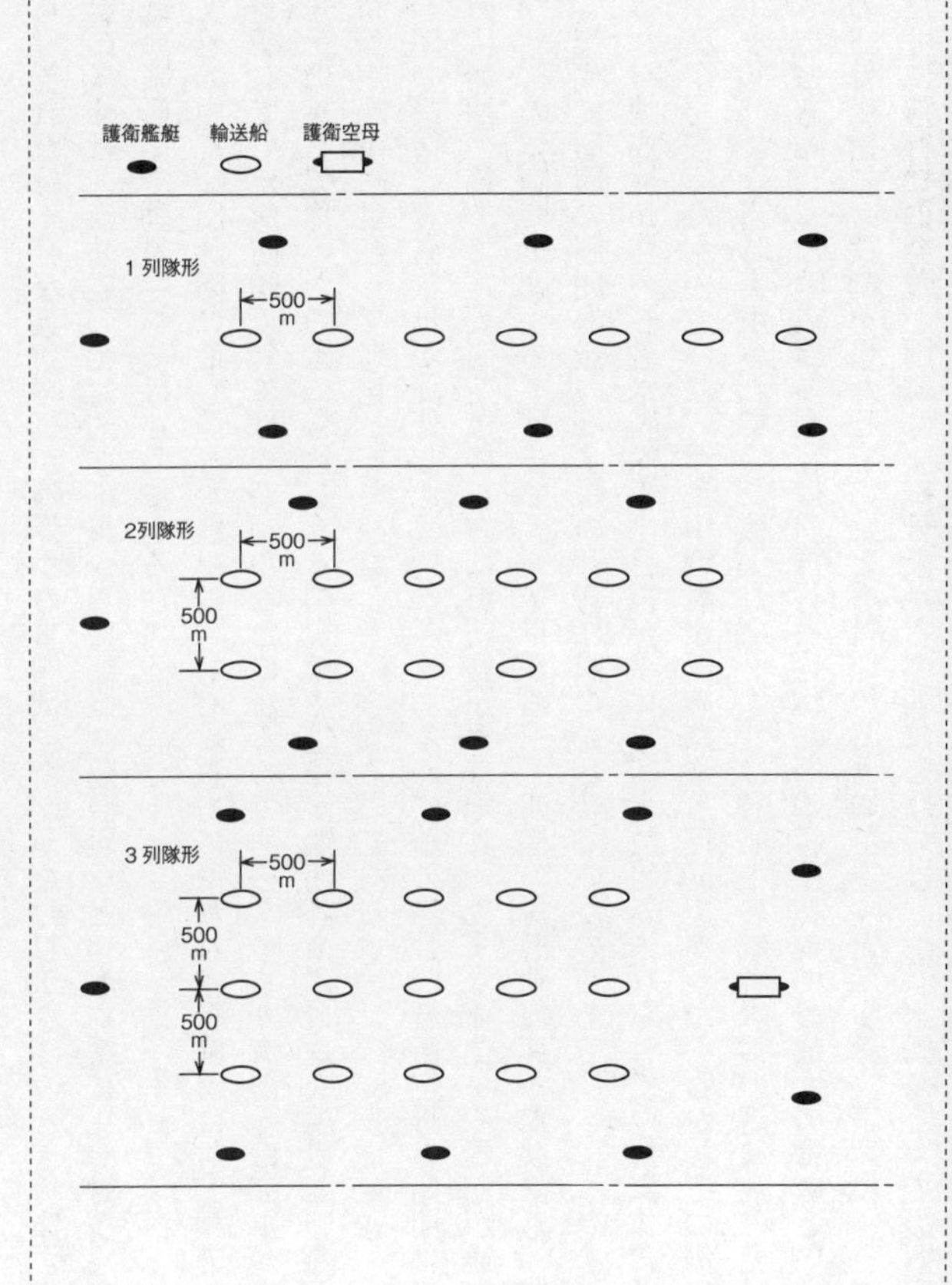
第26図　日本の船団編成と護衛の基本隊形
護衛艦艇
輸送船
護衛空母
1 列隊形
500 m
2列隊形
500 m
500 m
3 列隊形
500 m
500 m
500 m

不足から、これだけ十分な護衛艦艇が随伴する事例は少なかった。しかもこのとき随伴する護衛艦艇の多くは、海防艦の絶対的な不足から掃海艇や駆潜艇など、海防艦に比べ対潜攻撃能力の低い艦艇まで動員されていたのである。

海軍艦艇の中で船団護衛に最も適した艦艇は、対潜攻撃力に優れ対空戦闘力に対し相応の武装を搭載していた海防艦以外にはなかったことになるのである。つまり海防艦は海軍が当初「占守」に対して抱いた考えに合致し、その規模や性能が船団護衛に最適な艦艇と判断され、いつしか護衛艦艇として進化していったと考えられるのである。

なお船団の護衛に護衛空母が随伴した事例が多々あるが、この場合、護衛空母の船団に対する位置は船団の後方で、護衛空母の左右に海防艦がそれぞれ一隻ずつ随伴することが通常であった。この体制で早朝から夕刻まで護衛空母から三〜四機の対潜哨戒機が飛び立ち、切れ目なく交代で船団の周囲海域の潜水艦の存在に眼を光らせていたのである。

ただこれら哨戒機からの敵潜水艦探索は目視が主体で、少数組み入れられていた機体には機上レーダーを備えたものもあり、浮上中の潜水艦の探索も可能であった。しかしその例は極めて少なく、また当時実用されていた機上レーダーでは潜航中の敵潜水艦の潜望鏡の発見を行なうことも難しく、哨戒機の存在は、飛行機自体が潜水艦にとっての最大の脅威という意味での、警戒信号の役割を果たしていたとも言い得るものであった。

それだけに飛行機の発着が困難になる日没から翌朝にかけては、敵潜水艦にとって護衛空母は単に輸送船と同様の立場となり、容易に攻撃を受けることになったのである。その好例は護衛空母「大鷹」や「神鷹」の撃沈がいずれも夜間であったことで証明されるのである。

昭和十九年九月以降、海防艦が続々と完成し次第に護衛艦艇の主力として活躍し始め、船団の護衛艦艇のすべてが海防艦となる事例も決して少なくはなかった。しかし海防艦が護衛艦艇の主力となったからといって船団の損害が絶対的に減少するわけではなく、船団の中の輸送船が攻撃される前に海防艦が敵潜水艦の雷撃で撃沈され、混乱を来したという例は少なからず存在した。

船団を守るべき海防艦が先制攻撃で失われる原因は、海防艦自体が事前に敵潜水艦の存在を的確に把握していなかった場合が多いのである。つまり潜航または浮上している敵潜水艦を事前に探知する能力が海防艦には備わっていなかったということである。その原因はやはり当時海防艦に搭載されていた電波探信儀（レーダー）や水中探信儀（ソナー）の、絶対的な性能の遅れにあったといっても過言ではあるまい。

日本の護衛艦艇の代表である各型式の海防艦は、同規模の米英の護衛艦艇に対し性能的にも武装の面でも決して劣るものではなく、むしろ同規模の護衛艦艇よりも強力な武装が施されていた。しかし最大の弱点は搭載されている電波兵器の性能に大きな落差が存在したことを否定することはできない。

ここで、大西洋で展開された連合軍（主にイギリス）の船団について若干の説明をくわえ

大船団を編成する連合軍輸送船

ておきたい。

大西洋におけるドイツ潜水艦（Uボート＝Unter See Boot の意味）と連合軍側（イギリス主体）輸送船団の間で展開された戦闘は激烈であった。この戦いは別称「大西洋の戦い」とも評される。

大戦の前半（一九四二年）までの両者の戦いは、連合軍側の護衛艦艇の絶対的な不足や潜水艦に対する攻撃力の不足、さらにドイツ潜水艦隊が編み出した巧妙なウルフ・パック戦法（狼群戦法）により、輸送船団の損害は容易ならざる事態にまで達していた。

しかし一九四三年中頃をピークに輸送船団の損害は急減を始め、以後は低レベルの損害を維持することになった。この損害急減の原因は急速量産による護衛艦艇の充足、対潜兵器の進化、ソナーおよび関連装備の急速な進化、船団の編成方法の確立、通信網の充実によるドイツ潜水艦のピンポイントでの存在位置の確認が可能になったこと、対潜水艦攻撃用の護衛空母の有効な運用などが挙げられる。

第27図　大西洋戦域における大船団の基本隊形

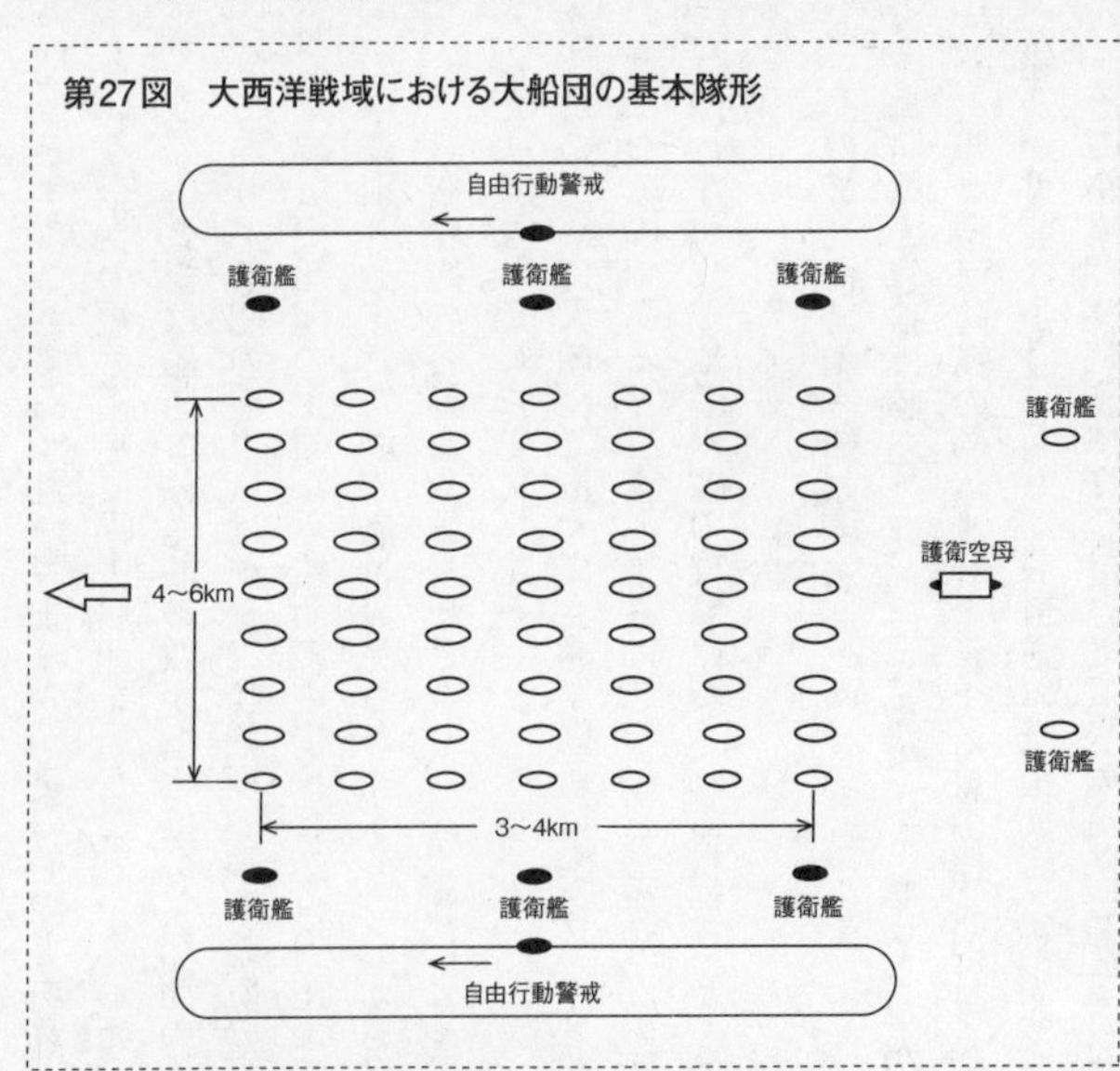

ここで言うところの船団の編成方法の確立とは次のような方法である。大西洋海域における連合軍側の船団航行は、当初の数隻あるいは十数隻という小規模単位ではなく、しだいに巨大化し五〇〜六〇隻という大船団での航行を行なうようになった。この方法の採用には「大船団の編成隊形を工夫することが敵潜水艦の襲撃の回避につながる。この隊形を組むことにより護衛艦艇の数を減らし効率の良い護衛が可能になる」という答えを、過去の船団護衛の実態を統計学的に分析することにより得たからである。

この大船団の編成隊形とは、縦長船団ではなく極端な「幅広隊形の船団」とすることであった。つまり六〇隻の船団であれば、横一〇または一二列、縦五〜六隻という全長の短い極端に幅広船団を組むことであった。

この方式では船団の輸送船の数が増えても、船団の横方向の護衛艦艇の数は三隻程度で十分であり、船団の前方には一〜二隻程度の護衛艦艇の配置ですむのである。敵潜水艦にとっては幅広の船団の正面から船団の中に飛び込み自由な雷撃が可能でありそうだが、一旦船団の中に取り込まれた潜水艦は発見されやすく、しかも各輸送船からの爆雷攻撃に曝されやすく、護衛艦艇の容易な攻撃対象となり、潜水艦にとっては大船団の中は「罠」の中に飛び込んだような状態になるのである。

このために大船団であっても護衛艦艇の数は六〜八隻ですむというメリットが生まれることになるのである。日本海軍では二〇〜三〇隻程度の船団の場合でもつねに縦長船団での航行が行なわれ、敵潜水艦の攻撃に曝される機会は必然的に多くなっていたのである。

その2：海防艦乗組員の実態

海防艦の建造は昭和十九年に入る頃から遅まきながらしだいに加速されだした。これは「占守」型海防艦の船体設計に対する思い切った改良と、「占守」型が母体ではあるが急速建造が可能なように新しく設計された海防艦（丙型・丁型）の建造の促進のためであった。

その結果、終戦までに合計一七一隻の海防艦が就役することになった。しかしこの急速に建造される海防艦の乗組員を充足させることは容易な作業ではないのである。士官だけでも少なくとも二〇〇〇名以上の乗組員の育成・養成が必要になるのである。しかも短時間で仕上げなければならない。

これら乗組員の中でも、とくに艦長や機関長、あるいは航海担当士官や機関士官の充足は容易ではない。この急速な乗組員の補充先を限られた数の正規の海軍士官に求めることは至難である。そこで海軍が実施したのがこれら士官の供給源として航海実務の経験豊富な海軍予備士官の採用であった。海軍が求めた予備士官とは、予備士官制度の中にある当時の高等商船学校や水産学校出身者の予備士官を、艦長や機関長あるいは乗り組み士官とすることであった。彼らはそれぞれの学校を卒業後は大型商船や大型漁船の船長や航海士、あるいは機関長や機関士として経験を積んでおり、その海上経験はあるいは正規の海軍士官以上のベテランでもあったのである。

彼らは在学時代にすでに少なくとも半年間の海軍軍事訓練を受けており、艦艇勤務に対してもまったくの素人ではなかったのだ。

初期の海防艦の艦長や航海士官あるいは機関長や機関士には正規の海軍将校が配置されていたが、量産化された海防艦の艦長や機関長をはじめとする乗り組み士官のほとんどは、このような予備士官で構成されていたのが実態であったのだ。つまり海防艦の戦闘の責任のほとんどすべてはこれら海軍予備士官に負っていたのであった。

一方、兵器や通信を担当する専任担当者にはそれぞれの技術や取りあつかいに精通した、ベテランの正規准士官が配置されるのが一般的であった。また大半を占める一般乗組員もその多くは召集された一般人を速成訓練し、乗組員として採用し、戦闘航海の中でさらなる訓練を行なったのであった。

海防艦の乗組員の総数は、その型式によりまた建造後追加された兵装などにより変動があったが、概略の海防艦乗組員の数は次のとおりである。

「占守」型　定員一四七名（実質二〇〇名）
「択捉」型　定員一四七名（〃一九〇名）
「御蔵」型　定員一五〇名（〃一八〇名）
「鵜来」型　定員一五〇名（〃一八〇名）
丙　型　定員一二五名（〃一七〇名）
丁　型　定員一四一名（〃一七〇名）

「択捉」「御蔵」「鵜来」型では最大二三〇名、また丙型・丁型では一九〇名という実例もあるが、これらは建造後新たに増備された電波兵器、機銃や爆雷投射装置に必要な要員によるものであった。なお海防艦の士官は一二〜一四名で艦長は海軍少佐（実際には海軍予備少佐＝その大半は召集前は大型商船の船長や航海長勤務者）で、当初の艦長は海軍中佐であったが、海防艦が軍艦籍から外れることにより以後は海軍少佐がその任務についた。

その3：海防艦の戦果

最初の正規海防艦の第一艦「占守」の初めての船団護衛任務は、太平洋戦争勃発時点のタイ国シンゴラへの陸軍部隊輸送（平和的上陸）のための輸送船の護衛であった。その後昭和十八年五月に「択捉」型が就役し船団護衛に加わるまで、船団護衛に投入された海防艦は「占守」一艦であった。「択捉」型と「御蔵」型が完成するにともない、海防艦は逐次第一および第二海上護衛隊に編入され、同隊に所属する掃海艇や駆潜艇あるいは特設砲艦と組み船団護衛に加わった。

海防艦による船団護衛が本格化するのは、昭和十九年に入り、「鵜来」型や丙型と丁型が続々と完成してからである。

海防艦が護衛に加わった船団の輸送船の合計は、昭和十八年七月以降昭和二十年一月までに六〇〇隻を越えている。そしてこの輸送の間に失われた輸送船の数は七〇隻（約三五万総トン）に達していた。しかしこの場合の船団護衛はすべて掃海艇や駆潜艇あるいは水雷艇との混成で行なわれており、海防艦のみで船団護衛が行なわれるのは昭和十九年も後半になってからであった。

この場合の輸送船団は最大でも二〇隻程度の船団で、多くは二〜四隻ほどのごく小規模な船団が多かった。またこの船団航行の際に護衛艦艇に海防艦が存在しながらも、敵潜水艦の集中攻撃で全滅することがあった。

昭和十九年十二月十日にシンガポールを出発し日本へ向かった一〇隻の輸送船から成る船団（ヒ八六船団）は、六隻の護衛艦艇（軽巡洋艦一隻、海防艦五隻）で護衛されていながら、途中インドシナ半島沖を航行中に敵航空機の集中攻撃を受け船団は全滅、護衛艦艇も軽巡洋艦一隻、海防艦二隻を失うという事態を招いている。

一方、海防艦による戦果は不明確な点はあるが、個々の海防艦の戦闘記録と米海軍の太平洋戦域での潜水艦の喪失・損害記録を照合すると、次のような戦果が生じていたことがわかる。

イ、明らかに海防艦の攻撃で撃沈されたと思われる潜水艦　六隻

ロ、明らかに海防艦の攻撃で重大な損傷を受けた潜水艦　七隻

（これらの中には損傷の程度が大きく廃艦になった艦も含まれる）

海防艦の戦闘記録の中には爆雷攻撃の結果、撃沈の可能性「大」として撃沈あつかいで記録されているものが多いが、これらの潜水艦のほとんどは船体に損傷は受けながらもその後作戦を続行し、無事に基地に帰還している艦が多く見受けられる。ただ中には無事に基地に帰還はできたが、損傷の程度が大きく、修理しても再就役不可能として廃艦にされる事例も

存在した。これは実質上の撃沈に相当する。

海防艦の対潜水艦戦闘記録の中には特筆すべき事例がある。昭和十九年八月二十四日、海防艦二二号（丁型）と駆潜艇一〇二号は、大型輸送船一隻を護衛してマニラ湾の西方海上を北に向けて航行中であった。

このとき付近の海域で作戦中であった米潜水艦ハーダーがこの小船団を発見した。潜水艦はそのままこの輸送船団の追跡を続け、雷撃可能位置に達した地点で輸送船に向けて魚雷を発射した。輸送船は接近する二本の魚雷を素早く発見し回避行動をとり、かろうじて魚雷をかわすことに成功した。

その直後、海防艦二二号は敵潜水艦の潜望鏡を発見し、付近海域に対し激しい爆雷攻撃を仕掛けた。このとき海防艦側は搭載していた新型の三式水中探信儀で敵潜水艦の位置を確実に確認していたのだ。この事実は海防艦の多くの戦闘記録からもこれは極めて稀な例である。

そして海防艦二二号はピンポイントで潜航中の敵潜水艦を探知しながら、繰り返し爆雷攻撃を仕掛けた。その直後から攻撃海域からは大量の燃料重油が海面に浮かび、それに続いて船体が大きく破壊したことを示す巨大な気泡が湧き出てきたのだ。そしてさらに潜水艦の艦内の様々な破片と思われる物体が海面に浮かび上がってきた。これは明らかに敵潜水艦が「浮上不可能なほどに破壊された」ことを意味するもので、海防艦二二号は「敵潜水艦一隻撃沈」を報告したのだ。

戦後、米海軍は同日、同じ海域での潜水艦ハーダーの喪失の原因について調査した結果、その原因が明らかに海防艦二二号の攻撃であると断定したのであった。

当時の日本海軍の艦載電波探信儀や水中探信儀に共通していたことであるが、これらすべての装置が誰にでも容易に操作でき、使いこなせる機材ではなく、機材ごとに取りあつかいには操作担当者の特有の技量が必要とされていたのである。つまりこれらの装置は、個々の艦の装置ごとにその操作担当者を熟練の域までの錬度に仕上げなければならないという難題が介在し、あまりの難しさから操作員の中には本装置に対する不信感を示す者もいたことは否定できないのである。つまり本装置の取りあつかいに対する練度向上の意気込みは、ひとえに艦長の本装置を信頼する姿勢にあったのである。

つまり海防艦の潜航潜水艦に対する攻撃精度も、個々の艦がこの操作の難しい水中探信儀をいかに使いこなしていたかによって左右されることになったのだ。

ハーダーの撃沈は海防艦二二号が装備した水中探信儀が、当初から潜航する敵潜水艦を的確に発見し攻撃した数少ない例といっても過言ではあるまい。

昭和十九年十月三十日、海軍第一補給部隊（特設給油艦一隻、海防艦三隻で編成）は、フィリピン沖海戦に参戦した後日本に向けて北上し、奄美大島近海を航行していた。このとき付近海域を哨戒中の一隻の米潜水艦（サーモン）がこの船団を発見し、油槽船に対し魚雷四本を発射した。このとき護衛中の海防艦の一隻は前述の海防艦二二号であった。本艦は敵潜水艦の潜望鏡を発見すると、直ちに他の二隻の海防艦に情報を伝え攻撃にうつった。

海防艦二二号は、このときも敵潜水艦の潜航位置を的確に把握し爆雷攻撃を仕掛けたのである。この攻撃で潜水艦サーモンは船体に大きなダメージを受け、潜航を続行することが不可能と判断した艦長は浮上を決意したのだ。

浮上しつつある敵潜水艦を発見した海防艦二二号は即座に二門の一二・七センチ砲で砲撃を開始、さらに二五ミリ機銃による射撃も開始したのだ。一方の潜水艦サーモン側は爆雷攻撃で搭載していた七センチ砲が破壊されていたために二〇ミリ機銃で応戦してきた。このとき海防艦は海面上に現われている面積が大きく、射撃の標的としては容易であったが、サーモンは船体がわずかに水面上に浮いた状態であったために砲撃の標的にはなり難かった。それでもサーモンは海面上に浮き出ている司令塔に無数の命中弾を受け、一方の海防艦は上部構造物に無数の二〇ミリ機銃弾が命中し、乗組員多数に死傷者が出たのであった。

当時、海上は雨天状態で視界は不良であった。潜水艦は急に雨脚が強くなり視界が悪化した隙を突き、針路を変え脱出を図った。結局、潜水艦サーモンは無事にサイパンの基地まで帰投することに成功し、応急修理の後アメリカ本国に帰還した。しかし損害の状況は厳しく、修理しても再度の就役は不可能として廃棄されることになった。

海防艦二二号は敵潜水艦一隻を確実に撃沈し、さらに一隻に撃沈に等しい戦果を挙げた。その上、戦後の日米の戦果照合の中でも他に一隻の潜水艦（グリーリング）に大損害を与え

ていたことが判明したのだ。海防艦二二号は日本の海防艦の中では特筆した功績の艦という
ことになり、その戦果はひとえに同艦の艦長の果敢な指導力と積極的な攻撃姿勢にあったと
いえるのである。
なお海防艦二二号は武運強く戦争を無事に生き延び、戦後は日本周辺の海域の掃海作業に
従事後、昭和二十二年五月にアメリカに賠償艦として引き渡した後、日本で解体された。

その4：海防艦の損害

六型式合計一七一隻就役した各型海防艦の損害状況は28図のとおりである。図に示される
とおり就役した艦の四三パーセントにあたる七四隻が失われ、終戦時に一一隻が大規模な損
傷状態にあり作戦投入不可能な状態であった。つまり完成した海防艦の半数に達する八五隻
が失われたことになったのである。
海防艦の任務は単独輸送船あるいは輸送船団の護衛であるが、この損失の実態からも護衛
任務がいかに厳しい状況にあったかがうかがわれるのである。
海防艦の最初の損失は「択捉」型の五番艦の「六連」で、昭和十八年九月二十日にトラッ
ク諸島沖で敵潜水艦の雷撃で撃沈され、作戦にほとんど寄与しない中での、就役後わずか一
ヵ月余での損失であった。昭和十八年は「択捉」型海防艦が徐々に就役を始めた年であり、
護衛艦艇としての海防艦の黎明期であった。

しかし昭和十九年五月以降、量産型海防艦が続々と完成するとともに、海防艦の損失も急増を始めるのである。この時期はフィリピンをはじめ南方戦線に、日本内地や満州あるいは中国戦線から輸送船で続々と陸軍増援部隊が送り込まれ出した時期であった。それにともない多数の輸送船団に対し、護衛としての海防艦がとくに必要となった時期でもあったのである。

これらの陸軍部隊の輸送船団は七〜一二隻の輸送船を、四〜六隻の護衛艦艇で援護する場合が大半であった。そして昭和十九年中頃までは護衛艦艇も船団護衛を任務とする海防艦の絶対的な不足から、対潜攻撃の戦闘力にはいささか弱体な駆潜艇や掃海艇、また時に

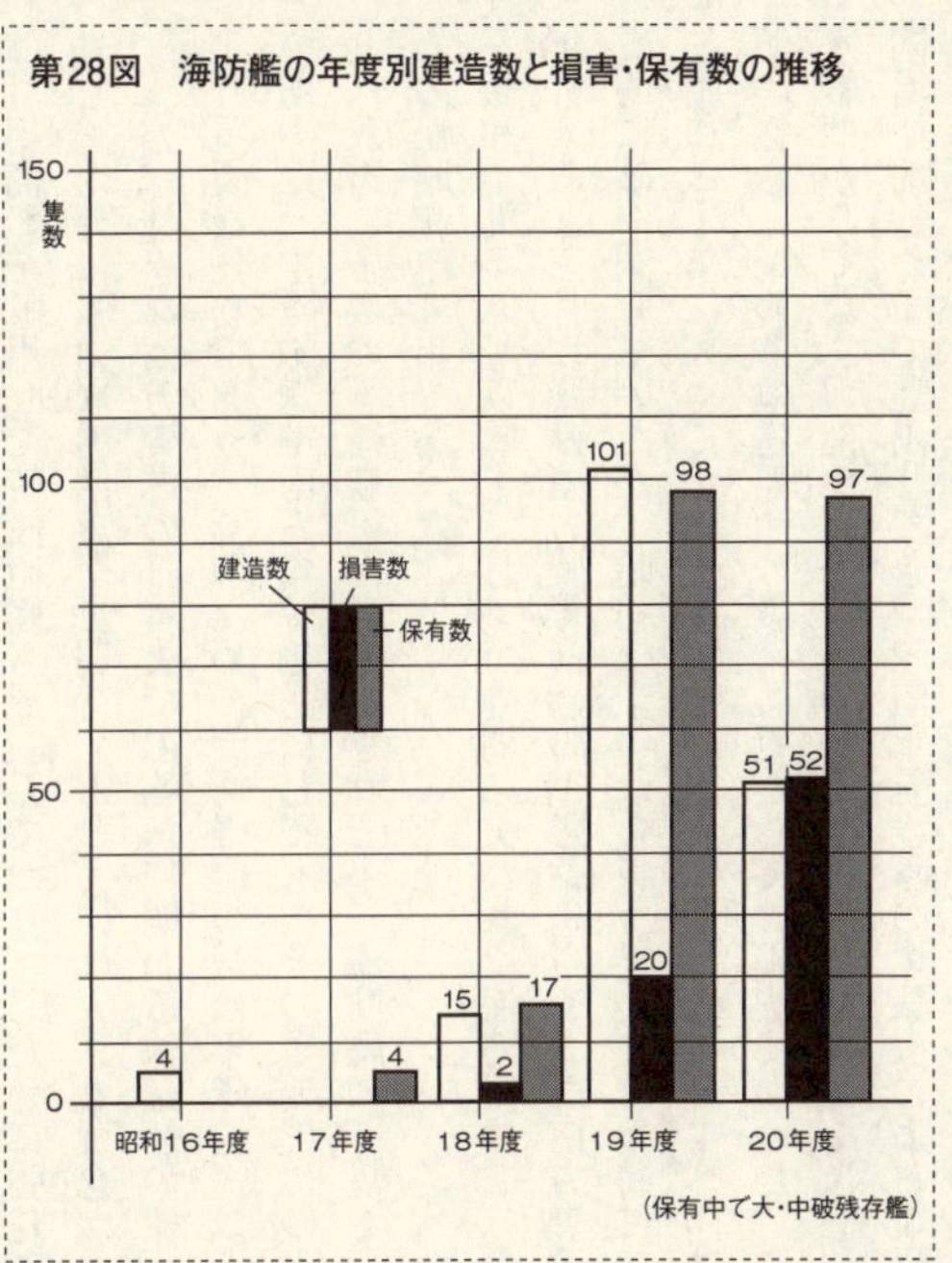

は徴用商船を転用した特設砲艦も混在しており、しだいに強化されてくる敵潜水艦の攻撃に対し、十分に強力な船団護衛を期待することには大きな疑念があった頃である。

一方、様々な南方資源の日本までの輸送に関わる輸送船の船団運行の護衛も、護衛艦艇のより重要な任務であり、そのための護衛艦艇の数は軍隊輸送以上に多くを必要とされるものであった。軍隊輸送や南方資源輸送にしても、その重要性に優劣をつけることは不可能であり、双方に多数の護衛艦艇が必要とされる中、海防艦の一隻でも多くの就役が期待されていたのが昭和十九年であった。

昭和十九年五月以降十二月までの間に失われた海防艦は二二隻であった。さらに昭和二十年に入ると三月以降は南方戦線向けの軍隊輸送も、また南方資源の日本へ向けての輸送も実質的には消滅していたが、昭和二十年から戦争終結までの間に五二隻の海防艦が失われた。

昭和二十年に入ってからの海防艦の損失の多くは、日本へ向けての石油を含む各種鉱物資源の輸送に携わる輸送船団の護衛艦艇としての損失であった。これら損失した護衛艦は敵潜水艦ばかりでなく、南シナ海にまで勢力を拡大した強力な米機動部隊の艦載機の攻撃や、中国沿岸部近くまで進出してきた米陸軍航空隊の爆撃機による攻撃によるものであった。この間に失われた海防艦の六隻は超低空で強襲して来た、米陸軍航空隊のノースアメリカンB25爆撃機によるものであることに驚かされる。

南方方面とのあらゆる輸送が途絶した昭和二十年四月以降、こんどは日本沿岸での海防艦の損害が激増する。その原因は本州沖の太平洋沿岸に遊弋する米英機動部隊の艦載機による激しい攻撃である。

このときの攻撃目標は日本沿岸の主要港湾や軍事基地および工業施設であるが、各港湾に退避中の海防艦の多くがこれらの航空攻撃で失われた。

これら海防艦が受けた一連の航空攻撃の中には珍しい事例もある。海防艦八二号（丁型）は昭和十九年十二月に完成し、以後海上護衛総隊の第一海上護衛艦隊の第一海防隊に編入し、台湾へ向かう輸送船団の護衛任務についていたが、昭和二十年五月以降は黄海方面での対潜哨戒任務にあたり、沖縄陥落後は佐世保を拠点とする第二海防隊に編入し、主に朝鮮半島東岸海域での対潜哨戒任務についた。

その最中の昭和二十年八月九日、突如、ソ連軍が満州に侵攻を開始した。この日ウラジオストック方面に基地を持つソ連空軍およびソ連海軍航空隊の爆撃機と雷撃機が、朝鮮東北岸の主要港である羅津および雄基に在泊する日本の多数の貨物船に超低空爆撃を仕掛けてきたのだ。この攻撃で両港に在泊中の穀物等を満載した多数の貨物船が撃沈破された。

翌八月十日、この襲撃の合間に数隻の貨物船が羅津港を脱出した。その最後の一隻である貨物船（大同海運、向日丸六七〇〇総トン）の護衛に海防艦八二号がついた。両艦船が羅津港の東南沖に達したのは同日の午後五時。このとき二〇機前後のソ連海軍極東航空隊の雷撃機（双発爆撃機イリューシンＩℓ‐４）が来襲、両艦船に魚雷攻撃を仕掛けてきた。貨物船

（向日丸）も海防艦八二号も攻撃をかわし、その間に超低空で襲ってくる敵機三機が海防艦の激しい機銃射撃により撃墜された。しかし一機が放った魚雷が海防艦八二号の艦尾付近に命中し爆発した。その直後、海防艦八二号は海面から姿を消したのであった。

貨物船は無事であったために直ちに海防艦の乗組員の救助にあたり、乗組員九三名を救助したが一一七名が犠牲となった。

海防艦としてソ連航空機に撃沈されたという極めて珍しい事例である。

第八章　海防艦の戦い

船団護衛と海防艦の戦い

その1：海防艦だけによる初めての船団護衛

昭和十九年三月一日当時の在籍海防艦は、「占守」型四隻、「択捉」型一三隻、「御蔵」型五隻、丙型二隻、丁型四隻の合計二八隻だけで、他の艦はまだ建造中または建造前の状況にあった。この中で「占守」型の三隻は北方警備の任務にあり、実際に護衛を担当できる海防艦は二五隻であった。

これら二五隻の海防艦はすべて海上護衛総司令部（海上護衛総隊）の第一海上護衛隊に所属し、東南アジア方面への軍隊輸送および同方面からの物資輸送船団の護衛を担当することになっていた。

この時点での海防艦の戦力は数的にもまだ弱体で、護衛艦艇の多くには旧式駆逐艦、駆潜艇、掃海艇などが混在した状況にあり、旧式駆逐艦や掃海艇あるいは駆潜艇に水中探信儀が搭載されている艦は少なく、潜航潜水艦の有無は水中聴音器に頼り、爆雷兵装も両舷投射型の爆雷投射器一基と数個の爆雷投下台を装備しているだけという状況であった。その中で海防艦の対潜攻撃能力は他の混成艦艇よりは確実に強力で、船団護衛の主力として海防艦に期待するところは大きかった。

昭和十九年三月十一日早朝、大型油槽船四隻、大型客船一隻、大型貨客船一隻、大型貨物船七隻の合計一三隻よりなる船団がシンガポールを出発し日本へ向かった。

この船団名は「ヒ四八」で、大型油槽船には重油とガソリンが合計五万トン積載され、貨物船や貨客船にはボーキサイトや錫やマンガンの鉱石やインゴット、さらに生ゴムなどの戦略物資五万トンが積み込まれていた。また客船や貨客船には日本に帰還する民間人、軍人、傷病軍人など多数が乗船していた。本船団は極めて重要な船団で、このために集められた護衛の艦艇は海防艦「占守」、「択捉」型の「択捉」と「壱岐」、および「御蔵」型の「三宅」の四隻であった。護衛艦のすべてが海防艦で占められた船団は本船団が初めてであった。

この船団名「ヒ四八」とは、日本とシンガポールの間を往復する船団名は「ヒ」で呼ばれ、その船団の順番が番号となるのである。そして奇数番号がシンガポール行きで、偶数番号が日本行きとなっていた。

（注）他に「ミ」船団という船団があるが、これはボルネオの石油基地〈産油地でもあ

る〉であるミリと日本との間を結ぶ船団につけられる船団名である。「ヒ」船団も「ミ」船団もその船団の構成の主体は油槽船および鉱物資源輸送貨物船で占められていた。

船団はシンガポールを出発後は途中で仏印のバンフォンと台湾の高雄に寄港する予定であった。輸送船団の航行はその船団を構成する船舶の中で最も航海速力が遅い船に速力を合わせて進むのが原則である。本船団の場合は比較的船齢の若い優秀な船がそろっていたが、それでもその中で最も航海速力の遅い貨物船に合わせ、速力は八ノット（時速約一五キロ）の低速であった。

この間に船団の中の一隻の貨物船が機関故障を起こし離脱することになった。また優秀貨物船の一隻である讃岐丸が雷撃を受けた。しかしこの魚雷は不発であった（触雷説もあり）。しかし命中の衝撃で吃水線下の外板に亀裂が生じ漏水が発生したために寄港地のバンフォンにこの二隻を置き、残る一一隻で船団は次の寄港地である台湾の高雄に向かった。

船団は南シナ海を中央突破し台湾に向かっていた。船団がバンフォンを出発した二日後の三月十七日、船団の先頭を航行中の海防艦「壱岐」の水中探信儀に潜航中の敵潜水艦の反応を確認し、船団は警戒を厳重にして航行を続けていた。そして海防艦「壱岐」は反応が確認された位置で爆雷攻撃を展開したのだ。このとき「壱岐」が正確に敵潜水艦の位置を探知し攻撃していたかは不明である。

しばらく攻撃した後、「壱岐」の水中探信儀から敵潜水艦の反応が消えたので、同艦は敵潜水艦一隻を撃沈したと戦闘記録に記している。しかし米海軍側の記録には同日同じ海域での潜水艦の損失の記録はない。海防艦の記録に多く見られる誤認の戦果報告である。

敵潜水艦を確実に撃沈した場合には、大量の燃料重油の海面への出現、艦の破壊を証明する大量の気泡の発生、艦内部品や乗組員の遺体の浮上、水中聴音器での船体破壊音の探知、そして水中探信儀の探知位置からの潜航潜水艦の反応の消滅など、決定的な証拠が発生するものである。しかし日本海軍の潜水艦撃沈確実という記録の中には、海面に重油が浮かび出したことで敵潜水艦の「撃沈確実」とする事例が多く存在する。この海防艦「壱岐」の場合も同じ状況と判断できるのである。

そしてバンフォンを出発三日後の三月十八日未明、船団の中の高速貨物船北陸丸（大阪商船社、八三五九総トン）が雷撃された。北陸丸の積荷はボーキサイト鉱石六七〇〇トン、重油六〇〇トンであった。魚雷は北陸丸の第一、第三、第四船倉左舷に命中し爆発、北陸丸はたちまち浮力を失い魚雷命中わずか数分で沈没し、乗組員、船舶砲兵隊員のほとんどは船と運命を共にした。

このとき護衛の海防艦のいずれもが敵潜水艦の潜伏を確認していなかった。日本の水中探信儀の性能の限界と同装置に対する操作の未熟さが生んだ悲劇であったのだ。

北陸丸が沈没した直後から護衛の各海防艦は、敵潜水艦の魚雷発射地点と推測した海域に対し激しい爆雷攻撃を加えた。しかしこのとき各海防艦は敵潜水艦の潜伏位置を正確に把握していなかったのだ。米海軍の潜水艦戦闘記録にもこの攻撃による損害の記録はない。

しかし半ばやみくもな爆雷攻撃ではあったが、その後この船団が敵潜水艦の攻撃を受けることはなく無事に日本に到着している。激しい爆雷攻撃が威嚇効果を生んだものとも想定できる結果ではあった。

その2：輸送船団ヒ七一と護衛海防艦の不甲斐ない戦い

船団の輸送船ばかりでなく、同時に複数の護衛海防艦が敵潜水艦の雷撃で撃沈された悲劇の船団が本船団である。

昭和十九年八月十日の早朝、九州北部の伊万里湾で編成を整えた二〇隻からなる船団が、伊万里湾を出発した。この船団はこの時期としては珍しい優秀な輸送船のみで編成された船団であった。その内訳は大型客船二隻、大型貨客船一隻、大型油槽船四隻、大型高速貨物船八隻、陸軍特殊輸送船三隻、海軍特務艦（給油艦と輸送艦）二隻であった。

この中の大型客船の一隻帝亜丸は、元フランスのMMラインの仏印航路用のアラミス（一万七五三七総トン）で、開戦時に日本側の手に入っていた船であった。また貨客船の一隻は阿波丸（日本郵船社、一万一二四九総トン）で、後に阿波丸事件を起こした建造二年の新造船であった。また三隻の陸軍特殊輸送船は陸軍所有の上陸用舟艇母船で、船内の巨大な格納庫と甲板上に合計四〇隻の上陸用舟艇（大発＝大発動艇）を搭載し、船内に二〇〇〇名以上の将兵を搭載できる優れた新造の輸送船であった。

この船団は最重要船団であるために護衛も強力で、海防艦五隻と駆逐艦二隻、そして護衛空母「大鷹」（客船改造特設空母）が随伴した。このとき護衛空母には九七式艦上攻撃機一二機が対潜哨戒機として搭載されていた。

このヒ七一船団は、シンガポールへ石油積み取りに向かう五隻の油槽船（大型油槽船四隻と海軍の大型高速給油艦）、およびフィリピンのマニラに向かう一五隻の輸送船の混合船団であった。

フィリピンに向かう船団の客船や貨客船そして貨物船には、フィリピン防衛にあたる主力兵力の一つ、第二十六師団の全将兵と一個旅団の合計二万三〇〇〇名の将兵およびその戦備品や糧秣が搭載されていた。

船団が伊万里湾を出発した日の午後、船団の一隻である陸軍特殊輸送船吉備津丸が機関に故障を起こし、長崎に引き返した（同輸送船には約二五〇〇名の陸軍将兵が乗っていた）。その後船団は一九隻で無事に東シナ海を縦断し、出発五日後の八月十五日に台湾海峡にある澎湖諸島の馬公に入港した。

ここで船団はシンガポールへ向かう大型油槽船四隻を分離し、残る一五隻でマニラに向かうことになった。

ただ情報によれば、航路途中の南シナ海北部とルソン海峡（バシー海峡、バブヤン海峡、バリンタン海峡の総称）方面には、敵潜水艦の盛んな活動が伝えられていたために、既存の二隻の駆逐艦、五隻の海防艦、一隻の護衛空母に加え駆逐艦一隻と海防艦四隻が加わることになった。一五隻の輸送船団に対し駆逐艦三隻、海防艦九隻、護衛空母一隻という、日本海軍の護衛艦艇随伴の最強記録を示すことになったのである。

マニラに向かう一五隻の船団は二列縦隊で進むことになった。そして二隻の駆逐艦が船団の先頭に位置し、船団の両側にはそれぞれ四隻の海防艦が配置され船団に対する横方向からの敵の攻撃に備え、船団の後尾には護衛空母とその護衛のために駆逐艦一隻と海防艦一隻が配備された。船団の護衛隊形としては一つの理想であるが、輸送船が二列になったために船団の長さは約三〇〇〇メートルと長いものになっており、敵潜水艦の標的にはなりやすい隊形ではあった。

このとき船団の護衛に随伴した海防艦は、「択捉」「松輪」「佐渡」「平戸」（以上「択捉」型）、「御蔵」「倉橋」（「御蔵」型）、「日振」「昭南」（以上「鵜来」型）、一一号（丙型）の九隻であった。

船団がルソン海峡の中間点である、バシー海峡の南端のバタン諸島のイトバヤト島の西約一〇〇キロに達した八月十八日の日出直前に、貨物船永洋丸に魚雷が命中した。しかし同船は沈没する心配がなかったために、駆逐艦一隻の護衛の下に台湾の高雄に引き返した。

夜明けとともに護衛空母「大鷹」からは対潜哨戒機が発艦し、船団周辺の対潜哨戒を開始した。この行動が功を奏し、十八日の日没まで船団を襲う敵潜水艦の影はなかった。この船団の各船は高速船で占められていたために船団の速力としては異例の一五ノット(時速二八キロ)という高速で海峡を横断し、十八日の日没時には船団は早くもルソン島の北西端のラオアグの沖合二五キロをマニラに向けて進んでいた。しかしこの頃から海上は荒天気味となり風波が増し、海上は時化模様になっていた。

この日、ルソン海峡南端からルソン島北西方面の海域では、日本の大型輸送船団の南下の情報を得て、四隻からなる米海軍潜水艦隊の狼群グループが哨戒活動中であった。この四隻はいずれもガトー級(量産型)潜水艦のレッドフィッシュ、ビクーダ、ブルーフィッシュ、スペードフィッシュであった。

四隻の潜水艦はすでに船団を捕捉し攻撃態勢にあったが、昼間は日本側の対潜哨戒機の上空哨戒が頻繁で攻撃は不可能であったために、夜になるのを待っていたのである。

十八日午後十時二十分、突如、護衛空母「大鷹」に二発の魚雷が命中した。一本目の魚雷は同艦の航空機用ガソリンタンクの付近、また二本目は同艦の燃料タンクの至近に命中して爆発した。魚雷二発の爆発で「大鷹」はたちまち炎上、被雷後わずか一八分で沈没した。

この船団の指揮官は船団の先頭に位置していた阿波丸に乗っていた。このときの船団の位置はマニラまでは約五〇〇キロと比較的近かった。このこともあり船団長は敵潜水艦のさらなる攻撃に対処するために、各船に対し「単独で高速を持ってマニラに向かえ」と命令を発した。

午後十一時十二分、単独航行中の大型客船帝亜丸に魚雷二発がたて続けに命中した。荒天

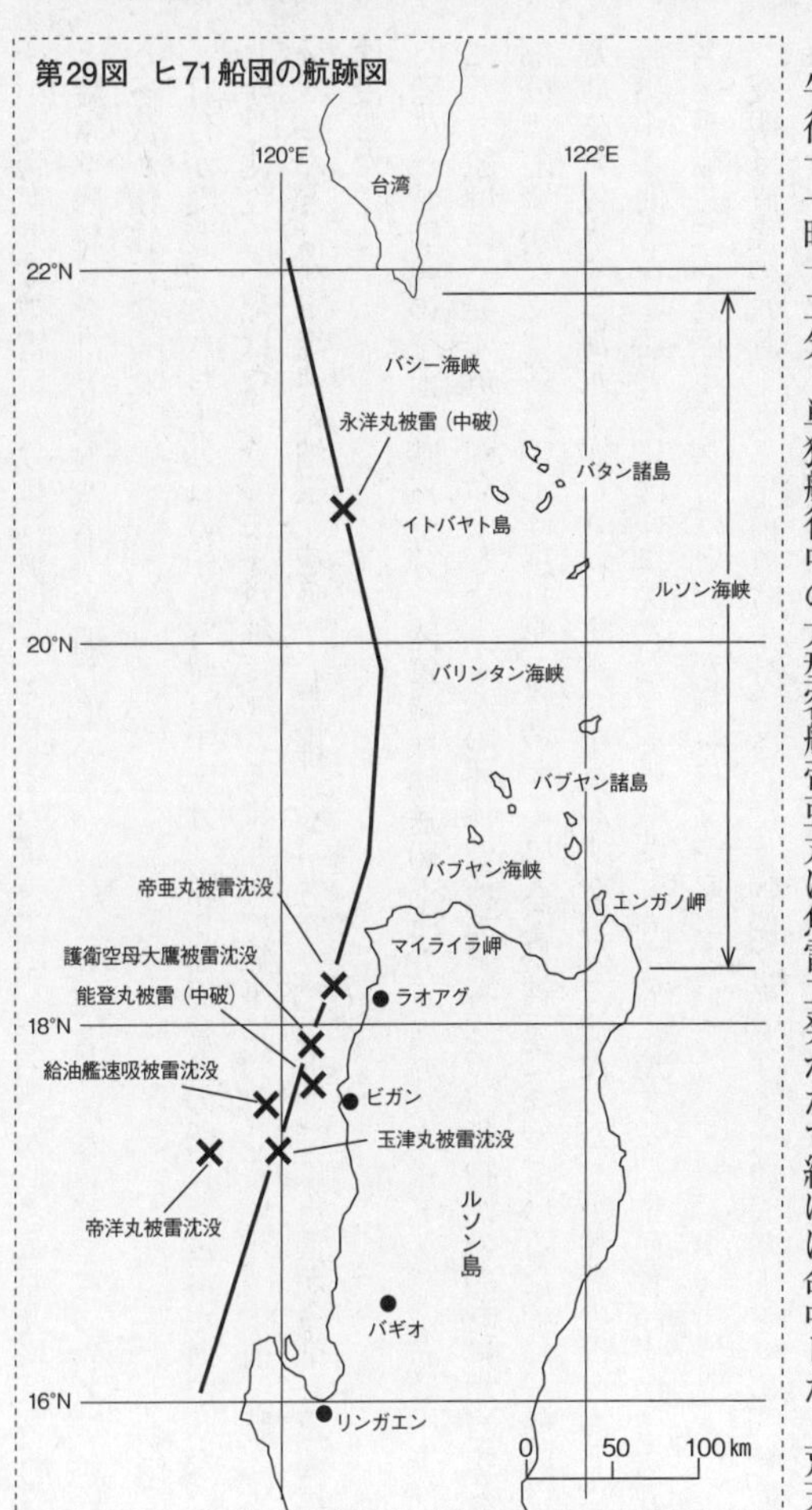

の中で帝亜丸は被雷二八分後に横倒しとなりそのまま沈没した。このとき帝亜丸には乗組員と陸軍部隊将兵合計五四七八名が乗船していたが、二六五四名（陸軍将兵二三二六名）という多数が犠牲になった。

日付が変わった八月十九日の午前零時三十二分、貨物船能登丸の船首に魚雷が命中した。しかし沈没の心配はなくそのまま単独でマニラに向かい無事に到着している。午前三時二十分、こんどは海軍高速給油艦「速吸」（基準排水量一万八三〇〇トン）に魚雷が命中し急速に沈没した。

その一時間後の午前四時三十分、陸軍特殊輸送船玉津丸（九五八九総トン）の右舷中央部にたて続けに二発の魚雷が命中した。本船の船体の構造は特殊で、貨物船の船倉に相当する部分は隔壁がなく、多数の上陸用舟艇を搭載する巨大な格納庫になっているために、船内はたちまち侵入する海水で満たされ、魚雷命中後わずか数分で沈没した。乗船者のほとんどは脱出する間もなく船と共に海底に沈んだ。その数四七五六名に達する。生存者わずかに六五名。乗船していた陸軍将兵のほとんどが犠牲になった。

夜明け直後の八月十九日午前五時十分、さらに貨物船帝洋丸（九八四五総トン）に三発の魚雷が命中し、たちまち沈没した。

この日の正午には撃沈をまぬかれた一一隻の輸送船のすべてがマニラ湾に集結することができた。かりに船団の各船の速力が遅く、通常の船団並みの速力で航行していたとすれば、さらに多くの犠牲が出ていた可能性があった。

ヒ七一船団の撃沈された輸送船に乗っていて犠牲になった兵力は、優に一個旅団に相当する戦力で、その後のフィリピン攻防戦に与える影響は大きかった。

問題はこの犠牲の間に護衛艦艇は何をしていたかである。船団の各輸送船が最大船速で航行を開始すれば、小型の海防艦は荒天の中で最大船速で航行しても追随すること自体が困難になる。また荒天の海上は波高が高く敵潜水艦が暗夜に浮上航行していても、電波探信儀の受信画面（ブラウン管画面）の映像は、波頭による反射波と浮上している潜水艦の区別が極めて困難になる。同時に水中探信儀の操作も困難になり、各海防艦は全速航行を続ける各輸送船の追随に精いっぱいで、船団護衛の任務を全うすることが不可能な状態であったといえるのである。

残る船団の各輸送船が無事にマニラ湾に到着した後、本護衛隊の護衛戦隊司令はこの船団の護衛にあたっていた三隻の海防艦（佐渡、松輪、日振）に対し、マニラ湾周辺の海域で遊弋中と判断される敵潜水艦の掃討のために出撃を命令した。

この船団を襲撃した四隻の敵潜水艦はすでにルソン海峡方面に移動していた。しかしマニラ湾沖合では三隻の潜水艦（ハーダー、ヘイク、ハッド）よりなる別の狼群が活動中であった。マニラ湾に向かう、あるいは出発する日本船団の攻撃に備えていたのであった。

そして八月二十二日、対潜哨戒中の三隻の海防艦は逆にたて続けに敵潜水艦の魚雷を受け、撃沈されてしまったのである。このとき海防艦「日振」と「佐渡」を撃沈したのは潜水艦ハッド、「松輪」を撃沈したのはハーダーであった。

なおこの潜水艦ハーダーは二日後の八月二十四日に海防艦二二号によりマニラ湾北方一五〇キロの地点で撃沈されたことは既述のとおりである。

ヒ七一船団の悲劇の原因は、日本海軍のなす術のない対潜戦闘の未熟さを露呈した好例といえよう。当時の日本海軍の脆弱な対潜戦闘の原因は、次の三つに絞ることができるのではなかろうか。

イ、潜水艦探知装置が未完成であったこと。水中探信儀（ソナー）およびその関連装置の開発に関わる基本技術が未完成で、先制攻撃に必要な正確な探知能力を発揮することが不可能で、つねに後手の防御を強いられていた。

ロ、潜水艦の攻撃に備えた、護衛艦を含めた損害を最小限にとどめる最適な船団の陣形についての研究が未発達であった。

ハ、航空機による対潜哨戒活動の完全な不足（攻撃行動が最重点に置かれ、後方支援に最も必要な哨戒活動に対する認識不足）。

その3：ヒ七二船団の悲劇（輸送船と護衛艦隊を襲った悲劇）

ヒ七二船団は日本が運航した数ある船団の中でも、護衛艦艇を含め最も悲劇的な結末を迎えた船団といえよう。

この船団は途中の洋上会合で他の船団の輸送船および護衛艦と合流し、合計九隻の輸送船と八隻の護衛艦艇で編成されていた（他に一隻の駆逐艦が随伴していたが、本艦は損傷しており、護衛艦の位置づけではなく、護衛される輸送船の位置づけにあった）。

しかし船団は途中四隻からなる敵潜水艦の狼群グループの攻撃と、中国大陸を基地とする米陸軍航空隊の爆撃機の攻撃を受け、輸送船三隻が撃沈され、五隻が大破し航行不能となり、日本にたどり着いた輸送船はわずか一隻、そして護衛艦も三隻を失うという悲劇に遭遇することになった。しかもこの船団の遭難の裏には遭難者に関わるもう一つの悲惨な出来事が付加されていたのであった。

本船団がシンガポールを出発したのは昭和十九年九月六日であった。このときの船団は輸送船六隻と護衛艦五隻で編成されていた。輸送船は大型客船二隻（勝鬨丸、楽洋丸）、高速大型貨物船二隻（浅香丸、南海丸）、中型油槽船二隻（瑞鳳丸、新潮丸）の六隻で、護衛艦には駆逐艦一隻（敷波）、海防艦四隻（平戸、御蔵、倉橋、一一号）が配置されていた。ただ護衛艦艇の中の駆逐艦「敷波」は損傷しており、本格的修理のために日本に帰投するという立場にあり、実際の護衛艦は四隻の海防艦のみで護衛戦隊の旗艦は海防艦「平戸」（「択捉」型）となっていた。

この船団の輸送船はいずれも航海速力一五ノット以上の比較的高速の船であったために、

船団の航行速力は一〇～一一ノット（時速約二〇キロ）の維持が可能で、航海日数を短縮するためにあえて敵潜水艦の跳梁の絶えない南シナ海を中央突破し、次の寄港地である台湾の高雄に向かう予定になっていた。

このときの船団の積荷はボーキサイト鉱石六五〇〇トン、重油二万二〇〇〇トン、ドラム缶入り航空機用ガソリン四〇〇〇本（約七二万リットル）であった。そして二隻の客船にはシンガポール近辺に在住していた邦人家族や日本に送り返す負傷将兵など約八五〇名、そしてシンガポールの捕虜収容所に収容されていた捕虜二二〇〇名が、日本本土の捕虜収容所に移送されるために乗船していた。

なお第二次大戦中、連合軍と枢軸軍の共通事項として、捕虜輸送中の輸送船には「捕虜輸送中」を明示する標識は付ける義務はなかった。したがってこの輸送船団で捕虜が乗船した勝鬨丸と楽洋丸には「捕虜輸送中」の標識は掲示されていなかった。

船団は途中、シンガポール北方二〇〇〇キロの南シナ海の海上で、マニラから日本に向かう三隻の輸送船（大型貨客船護国丸、高速大型貨物船香久丸、陸軍特殊輸送船吉備津丸）と三隻の護衛艦からなる輸送船団（マモ〇三船団）と合流し、輸送船九隻、護衛艦七隻の船団（船団名はヒ七二のまま）として航海を続けることになった。このとき新たに加わった護衛艦の海防艦は一〇号、一八号、二〇号（いずれも丁型）の三隻であった。

ヒ七二船団がシンガポールを出発した情報はすでに米軍側に探知されており、この内容はグアム島の太平洋艦隊潜水艦隊司令部に通報されていた。そして情報は直ちに当時南シナ海中部方面で哨戒作戦中の二隻からなる二つの狼群グループに連絡され、四隻に対し警戒厳重の命令が入っていた。

このとき活動中であった四隻の潜水艦はグローラー、シーライオン、プライス、パンパニトであった（注：グローラーは二ヵ月後、フィリピン海域で海防艦「千振」または一九号の爆雷攻撃で撃沈されている）。

九月十二日の未明（午前二時）、船団が中国海南島の東方五〇〇キロの海域を航行中、突然、船団の先頭を行く護衛海防艦隊の旗艦「平戸」に魚雷が命中し爆発した。激しい衝撃が収まったとき、すでに「平戸」の姿は海面から消えていた。乗組員全員が瞬時にして犠牲になった。

旗艦を失った護衛隊は混乱したが、全艦は直ちに船団周辺海域での潜水艦の探知に努めたが敵を正確に捕捉することはできなかった。そのため威嚇の爆雷攻撃を断続的に展開した。この間、輸送船団は航行を続けていた。

このとき手薄になった護衛艦艇の隙を突くように午前五時半に貨物船南海丸に二本の魚雷が命中した。この魚雷の爆発で南海丸に積み込まれていた四〇〇〇本の航空機用ガソリンドラム缶が一気に爆発、さらに船尾に搭載されていた爆雷も誘爆し、南海丸は燃えながら沈没した。

（上）勝関丸／P・ハリソン当時、（中）楽洋丸、（下）南海丸

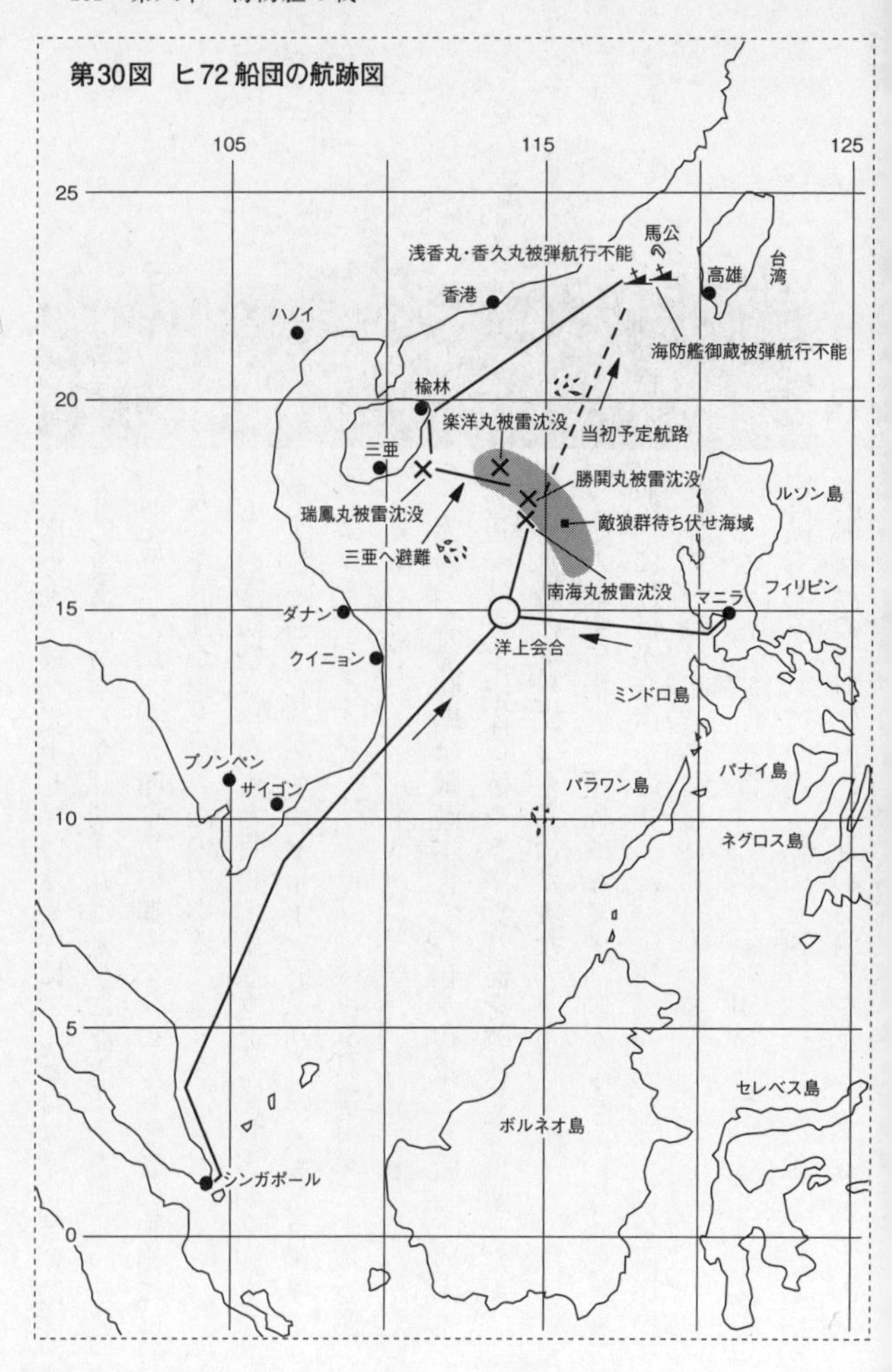

第30図　ヒ72船団の航跡図
105
115
125
25
20
15
10
5
0
馬公
浅香丸・香久丸被弾航行不能
台湾
高雄
香港
ハノイ
海防艦御蔵被弾航行不能
楡林
20
楽洋丸被雷沈没
当初予定航路
三亜
勝鬨丸被雷沈没
ルソン島
瑞鳳丸被雷沈没
敵狼群待ち伏せ海域
三亜へ避難
南海丸被雷沈没
フィリピン
ダナン
マニラ
洋上会合
クイニョン
ミンドロ島
プノンペン
パナイ島
サイゴン
パラワン島
ネグロス島
セレベス島
ボルネオ島
シンガポール

ガトー級潜水艦グローラー

南海丸が爆発炎上している最中にこんどは大型貨客船楽洋丸に魚雷が命中した。楽洋丸は完全に沈没するまでに一〇時間を要したが、その間多数の捕虜を含めた乗船者の脱出には大きな混乱が起きていたのである。

この海防艦「平戸」と貨物船南海丸そして貨客船楽洋丸を撃沈したのは二つの狼群グループの一つ(潜水艦グローラーおよびシーライオン)で、もう一隊は離れた海域で哨戒行動中であった。

護衛の各海防艦は敵潜水艦の存在が複数と判断し、盛んに周辺海域を水中探信儀や水中聴音器を駆使して捜索したが、敵潜水艦の発見には至らなかった。

その最中に損傷で積極的な対潜活動ができない駆逐艦「敷波」に魚雷が命中し爆発した。手負いの「敷波」は魚雷命中後わずかの時間で沈没した。

この事態に船団長は、これ以上船団を進めることは全滅の危険もあるとして急遽、船団を西五〇〇キロの地点にある中国海南島の三亜に向けて進める決定を下した。しかしこの決

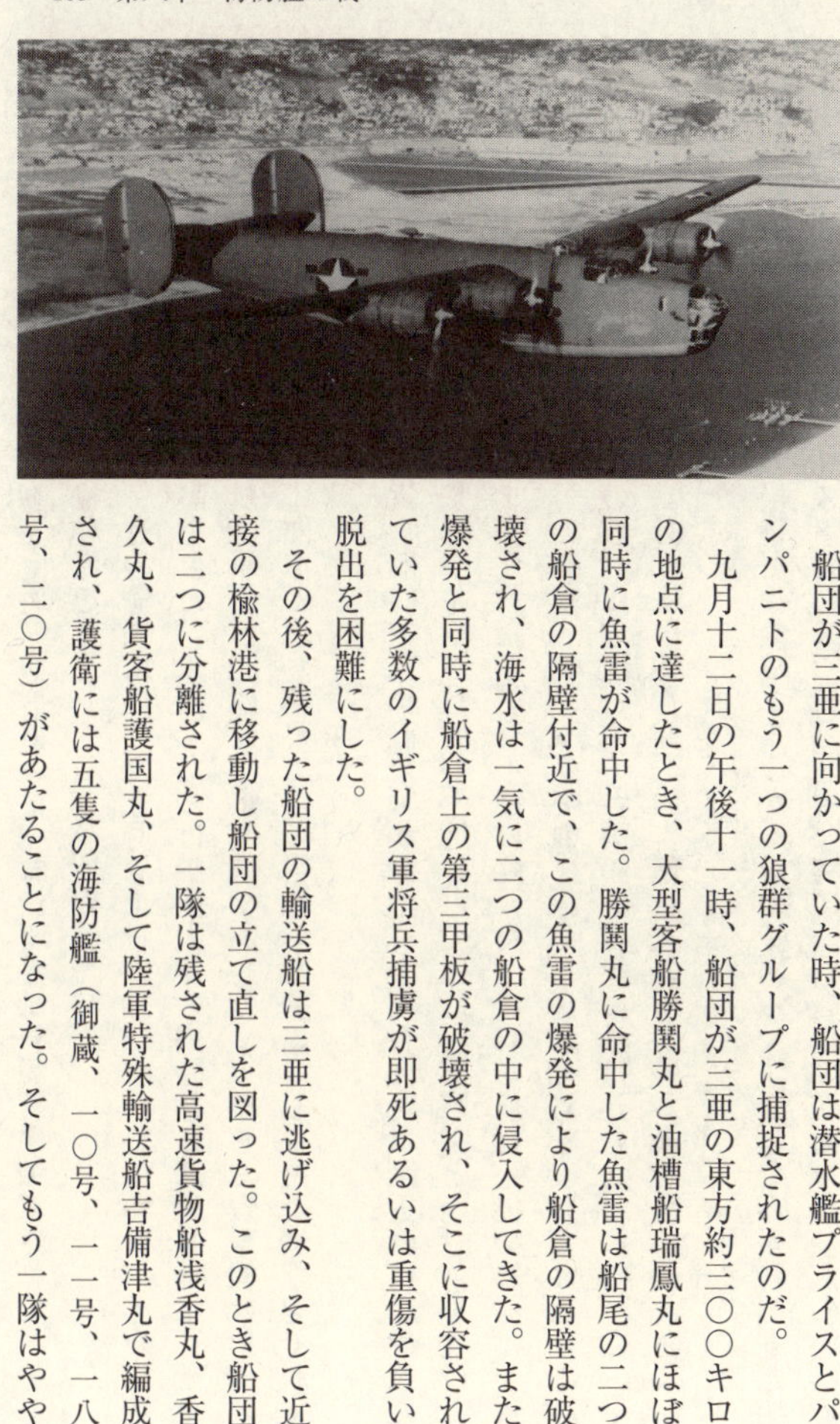

B24重爆撃機

定はさらなる船団の悲劇を生むことになったのだ。

船団が三亜に向かっていた時、船団は潜水艦プライスとパンパニトのもう一つの狼群グループに捕捉されたのだ。

九月十二日の午後十一時、船団が三亜の東方約三〇〇キロの地点に達したとき、大型客船勝鬨丸と油槽船瑞鳳丸にほぼ同時に魚雷が命中した。勝鬨丸に命中した魚雷は船尾の二つの船倉の隔壁付近で、この魚雷の爆発により船倉の隔壁は破壊され、海水は一気に二つの船倉の中に侵入してきた。また爆発と同時に船倉上の第三甲板が破壊され、そこに収容されていた多数のイギリス軍将兵捕虜が即死あるいは重傷を負い、脱出を困難にした。

その後、残った船団の輸送船は三亜に逃げ込み、そして近接の楡林港に移動し船団の立て直しを図った。このとき船団は二つに分離された。一隊は残された高速貨物船浅香丸、香久丸、貨客船護国丸、そして陸軍特殊輸送船吉備津丸で編成され、護衛には五隻の海防艦（御蔵、一〇号、一一号、一八号、二〇号）があたることになった。そしてもう一隊はやや低速の貨物船新潮丸と二隻の護衛艦艇（駆潜艇一隻、特設駆潜艇一隻）で編成された。そして二つの船団は九月十六日に楡林港を出発し、日本へ向かったのだ。

船団が台湾海峡の南入り口付近の海域に達した九月二十日から二十一日にかけての夜、船団は突然、敵航空機の攻撃に曝された。来襲したのは中国大陸の内陸部に基地を進出させていた、米陸軍航空隊の第一〇航空軍のB24四発重爆撃機であった。来襲した爆撃機は約二〇機で、各機は低空からレーダー照準と思われる方法で目標の艦船に対し正確な爆撃をくわえてきた。

この爆撃で貨客船護国丸と貨物船浅香丸に直撃弾が命中、また香久丸は至近弾に曝された。さらに海防艦「御蔵」にも直撃弾が命中し数発の至近弾も受けた。直撃弾と至近弾を受けた輸送船三隻と海防艦は沈没はまぬかれたが航行不能に陥った。これら航行不能の艦船は至近の澎湖諸島の馬公から駆けつけた艦艇により曳航され、同地で応急修理を受けることになった。もう一つの船団はその後の航行は危険として台湾の高雄港に逃げ込むことになった。そして第一の船団の残りの一隻である陸軍特殊輸送船吉備津丸のみが残る海防艦に援護され、門司にたどり着くことになった。

ヒ七二船団の悲劇は艦船の損害だけではすまなかったのである。沈没した客船勝鬨丸と楽洋丸に収容されていたイギリス軍将兵二二〇〇名中、実に一六二三名が命を失ったのである。この事実はその後も日本では公表されたことはなかった。しかしこのとき生き残っていた捕虜の中の一五二名は、漂流中をこの船団の攻撃に加わっていた米潜水艦シーライオンとパンパニトによって奇跡的に救助されたのであった。

このとき米潜水艦によって救助された捕虜たちの証言により、勝鬨丸と楽洋丸の沈没に際し、両船の乗組員や護衛兵が捕虜の脱出に対し不適切な行動をとったこと、さらに救助に現われた護衛艦の乗組員の救助作業が、捕虜たちの救助に極めて非協力的であったことが明るみに出され、戦後の軍事裁判で関係者に対する厳しい処断が下されるという、暗い影を落とすことになったのである。

なおヒ七二船団の護衛を担当した各海防艦は、事前に敵潜水艦の存在を探知していた形跡は戦闘記録からは確認できない。ただ輸送船が雷撃されてから急ぎ水中探信儀を駆使して敵潜水艦の潜伏所在の探知に努めてはいるが、その中で海防艦一一号が数度にわたり敵潜水艦の探知に成功している。しかし探知精度の誤差が大きく、発見個所に対する爆雷攻撃は行なっているが、明確な効果を証明するものはなかった。また、敵潜水艦の戦闘記録の中にも激しい爆雷攻撃はあったものの、いずれも的外れであったとされている。

一方この船団攻撃で特筆すべきことは、敵重爆撃機による夜間爆撃の命中精度の高さである。いずれも装備されたレーダー照準により命中弾あるいは至近弾を得たのであるが、これは当時のアメリカが使用していた照準用レーダーの測定精度の高さを証明するもので、視界不良あるいは暗夜でも目標に対し数十センチの誤差の照準が可能であったことを示すものなのである。

その4：ヒ八一船団の大損害（なす術のない護衛艦艇）

ヒ八一船団はフィリピン攻防戦に向けて、陸軍の最後の強力な部隊を送り込むための輸送船団であった。しかし船団は多くの援護艦艇に守られながら途中で主力輸送船が敵潜水艦の攻撃で失われ、それにともない兵力の半分が戦わずして失われるという悲劇に見舞われた輸送船団であった。そしてこのときも護衛艦艇は無力さを味わうことになったのである。

ヒ八一船団は昭和十九年十一月十四日早朝に、船団集結地である九州北部の伊万里湾を出発しマニラに向かった（船団の一部はシンガポール行きとなっていた）。

船団は兵員と装備を満載しマニラに向かう陸軍特殊輸送船四隻（神州丸、吉備津丸、あきつ丸、摩耶山丸）と高速貨物船聖川丸の五隻、そして途中で分離してシンガポールへ石油積み取りに向かう大型油槽船五隻（東亜丸、音羽山丸、橋立丸、みりい丸、ありた丸）の合計一〇隻で編成されていた。

この船団の護衛戦隊も強力で、駆逐艦一隻（樫）、海防艦七隻（択捉、対馬、大東、久米、昭南、九号、六一号）、および護衛空母一隻（神鷹）の九隻であった。

輸送船はいずれも航海速力一五ノット以上の高速船であるため、船団航行時も一一ノット程度で進むことは可能であった。そしてこの船団には温存されていた第二十三師団の将兵二

神鷹

万名が分散し乗船していた。またさらに戦闘車両や重火器多数および弾薬と糧秣が搭載され、他に陸軍の海上特攻兵器でもある四式肉薄攻撃艇（マルレ艇）を装備する海上挺身第二十戦隊の将兵と装備品（四式肉薄攻撃艇を含む）が搭載されていた。

護衛空母「神鷹」は、元ドイツの極東航路用の客船シャルンホルスト（一万七二〇〇総トン）を航空母艦に改造した特設航空母艦で、対潜哨戒機として九七式艦上攻撃機一二機を搭載していた。そして夜明けから日没まで数機ずつ、つねに切れ目なく船団上空の哨戒飛行を行なうことになっており、船団に対する潜水艦攻撃の大きな抑止力になった。ただ夜間の飛行は不可能であることが、護衛空母を随伴しながらの船団の対潜哨戒の欠点であった。

また当時の日本の護衛空母搭載の対潜哨戒機の大きな欠点は、浮上している潜水艦や潜望鏡の発見に効果を発揮する電波探信儀を搭載する機体が少なく、敵潜水艦の発見は搭乗員の目視に頼られていたことであった。ただ上空に航空機が存在していることは潜水艦にとっては最大の脅威であり、対潜哨戒機を搭載する護衛空母の存在は船団にとっては大きな安心につながるものとなっていた。

またこのとき護衛についた全海防艦には最新型の三式水中探信儀（ソナー）が装備されており、英米の同装置に比較し性能は劣るが、潜航する敵潜水艦の探索にはある程度の期待は持てた。しかし各個の探知精度のバラツキが大きく、同装置の取りあつかいには多分に担当員の錬度（ある時には勘）に頼る必要があることに、この装置の限界があった。ただ潜水艦攻撃用の爆雷攻撃能力は高く、このとき随伴した全海防艦が搭載する爆雷数は優に九〇〇個前後に達していた。

なおこの船団の護衛にただ一隻だけ加わっている駆逐艦「樫」は、戦時急造型の駆逐艦ではあるが、同艦の対潜攻撃能力は海防艦とほぼ同程度に強力であった。

船団の航路は当初計画では集結地出発後は東シナ海を直接南下し、途中台湾海峡の澎湖諸島の馬公に寄港し船団を分離する予定であった。しかし昭和十九年十一月十四日早朝に船団が伊万里湾を出発し、航路の変針点である対馬海峡の済州島付近にさしかかった頃から、周辺の海域で米潜水艦同士で交わされる無線通信が急増しているのが、各輸送船や護衛艦艇の通信室で傍受された。早くも船団の出発が敵側に知られていたことは容易に想像された。

これに対し船団長は危険を回避するために一旦、途中の五島列島の湾に避泊することを決定した。船団は翌十五日の早朝再び航行を開始したが、予定航路を変更し黄海を横断して中国大陸沿岸に接近し、揚子江河口沖の舟山列島付近から沿岸に沿って馬公まで南下することにしたのだ。

　この頃敵潜水艦はすでに船団を発見していたのであった。この日の正午頃、船団が済州島の東方はるか沖合に達したとき、陸軍特殊輸送船に魚雷が命中したのだ。このとき、あきつ丸の船倉には大量の弾火薬が積み込まれており、魚雷の爆発でこれらが一気に誘爆したのであった。あきつ丸は魚雷命中後、わずか五分で転覆し沈没した。

　乗船していた第二十三師団の将兵二五七六名のうち一〇四六名が命を失った。この雷撃後直ちに護衛の海防艦数隻が敵潜水艦の掃討を開始したが、敵潜水艦の所在を確認できず威嚇爆雷を投下するだけであった。このとき護衛艦艇は敵潜水艦を事前に探知していなかったのだ。

　突然の攻撃を受けた船団はそのまま西進することを中止し、一旦朝鮮半島西岸に沿って北上し、途中から針路を西南に向け舟山列島沖に向かうことにした。

　このとき船団を攻撃した米潜水艦は、黄海海域で哨戒活動を展開していた三隻の潜水艦（クイーンフィッシュ、ピクーダ、スペードフィッシュ）からなる狼群グループであった。そして潜水艦群側にはすでに船団の行動は予想されていた。この直後から三隻の潜水艦は予測される船団の航路に先回りし待機の態勢に入っていた。

　十一月十七日の朝、船団は舟山列島の東の海域に接近していた。このとき船団は二列縦隊で進んでおり、その両側を海防艦が守り、船団の後尾に護衛空母「神鷹」が護衛艦をともなって続行していた。

この日の日中は護衛空母から出撃する対潜哨戒機の存在が敵潜水艦の行動を鎮静化させていたようである。護衛艦艇側も敵潜水艦探知の情報は持っていなかった。

対潜哨戒機の上空哨戒が終わった日没直後の午後六時十五分（日本時間）、陸軍特殊輸送船摩耶山丸（九四三三総トン）に三本の魚雷がたて続けに命中し爆発した。

摩耶山丸は先に撃沈されたあきつ丸とまったく同じ構造の船で、三本の魚雷の命中による船内への海水の侵入は急速であった。摩耶山丸の大きな船体は魚雷命中後二、三分で横倒しになり、そのまま急速に沈んでいった。乗船していた第二十三師団の将兵四五〇〇名のうち、三四三七名という多数が脱出の機会もなく瞬時にして船と共に海底に沈んだのであった。第二十三師団の精鋭は戦わずして早くも戦力の三分の一を失うことになったのである。

摩耶山丸沈没の直後、海防艦「昭南」（「鵜来」型）が敵潜水艦らしき反応を水中探信儀で感知し、直ちに爆雷攻撃を展開した。その結果、「昭南」は敵潜水艦一隻撃沈確実をこの船団護衛の戦隊司令官に報告している。しかしこの撃沈報告に該当する米潜水艦の損失記録はない。摩耶山丸を撃沈した潜水艦はピクーダであったが、本艦はその後もこのグループの一艦として作戦を継続していたのである。

悲劇は再び訪れた。この日の夜十一時頃、こんどは船団の最後部を行く護衛空母「神鷹」

に四本の魚雷が命中し爆発したのだ。このとき命中した一本の魚雷は同空母の航空機用ガソリン庫の至近で爆発し、「神鷹」はたちまち巨大な火炎に包まれると同時に大量のガソリンが周辺の海面に流れだし炎上したのであった。このために艦から脱出したほとんどの乗組員は燃え上がる海に飛び込むことになり、乗組員一一六〇名中救助されたのはわずかに六〇名だけという大惨事となったのである。

護衛空母「神鷹」を撃沈したのはグループの中の一隻スペードフィッシュであった。この攻撃に対し海防艦「対馬」（「択捉」型）が敵潜水艦を探知し、翌日の午前三時ころまで約四時間にわたる爆雷攻撃を展開した。この対潜攻撃により海防艦「対馬」は敵潜水艦一隻を確実に撃沈したと報じているが、アメリカ側にはこれに相当する潜水艦は存在しない。この狼群グループの三隻の潜水艦は、その後も東シナ海を中心に哨戒活動を展開しているのである。海防艦「対馬」の撃沈確実という報告は、暗夜の中で敵潜水艦を確実に撃沈したという確証も定かでなく、何をもって撃沈確実と報じたのか、疑問が残るところである。

じつは護衛空母「神鷹」が撃沈された後にしばらくして、一隻の敵潜水艦が浮上するのが海防艦「対馬」から望見されたという。激しい対潜攻撃の結果浮上し海上を高速で離脱しようとしたのか、あるいはさらに船団の別の目標を求むべく浮上し高速で追跡を図ろうとしたのかは不明である。このとき海防艦「対馬」は浮上した敵潜水艦に対し一二センチ砲で砲撃を加えている。

このとき浮上した敵潜水艦は間もなく潜航しているが、海防艦「対馬」はこの状況を敵潜水艦一隻撃沈と誤認したのかもしれない。潜水艦スペードフィッシュには砲弾は一発も命中していないと報告されている。

船団はその後敵潜水艦の攻撃を受けることもなく、十一月二十五日に無事に馬公に到着している。そして残ったマニラ行きの船団は十二月四日にマニラに到着している。

その5：航空機攻撃で全滅したヒ八六船団

一〇隻の輸送船と六隻の護衛艦艇で編成されたヒ八六船団は、シンガポールから日本へ向かう途上、仏印沿岸で米機動部隊の艦載機の猛攻撃を受け、すべての輸送船と護衛艦艇も三隻が撃沈され、三隻が大・中破し、船団が全滅するという悲劇に見舞われた。

ヒ八六船団は四隻の油槽船と四隻の貨物船、そして二隻の特殊貨物船で編成されていた一〇隻からなる船団で、船団がシンガポールを出発したのは昭和十九年十二月三十日であった。ただこのとき船団には護衛艦は随伴しておらず、船団がインドシナ半島南端のサンジャックに到着した時点で、護衛艦艇が随伴することになっていた。この頃は航路となる南シナ海はほぼ完全に米軍側の制空権下にあり、いくら強力な護衛隊を随伴したとしても、もはや日本の船団の安全な航行を望むことは奇跡を願うほかはなかった。

ヒ八六船団はそのような状況の中で、結果的には一〇隻単位の船団としては日本に送りこまれる最後の船団となったのである。

昭和十九年十二月末当時、フィリピン周辺には米海軍の大型空母八隻、軽空母三隻で編成された強力な機動部隊が遊弋しており、搭載されている航空機は戦闘機・爆撃機・雷撃機など約八一〇機に達していた。また援護部隊として常時護衛空母一〇隻前後も遊弋し、搭載機により常時地上攻撃を加えていた。その搭載機数は三〇〇機に達していたのである。

なお占領したレイテ島などには早くも米陸軍航空隊の戦闘機や軽爆撃機が駐留し、その戦力も二〇〇機を越えていた。しかしこれに対する日本側の戦力は航空機も陸海軍合わせても一〇〇機前後という状況で、地上では苦戦の連続であった。

そのような中、米軍は昭和二十年一月上旬に日本軍のフィリピン防衛の要であるルソン島のリンガエン湾上陸の準備に入っていた。そしてその前哨戦として強力な第三八機動部隊が、一月七日から八日にかけてルソン海峡を突破し、南シナ海に侵入して来たのだ。目的はルソン島侵攻に反撃が予想される、仏印海岸方面に在泊する日本海軍の艦艇や輸送船団の航空攻撃による殲滅であった。

ヒ八六船団は護衛艦艇の到着を待ち、昭和二十年一月八日に護衛艦艇が揃うとその翌日の一月九日にサンジャックを出発し日本に向かったのであった。まさに米機動部隊が南シナ海に侵攻してきたその時に船団は日本に向けて出発したのであった。船団の護衛艦艇はこの情報を知らなかったのである。

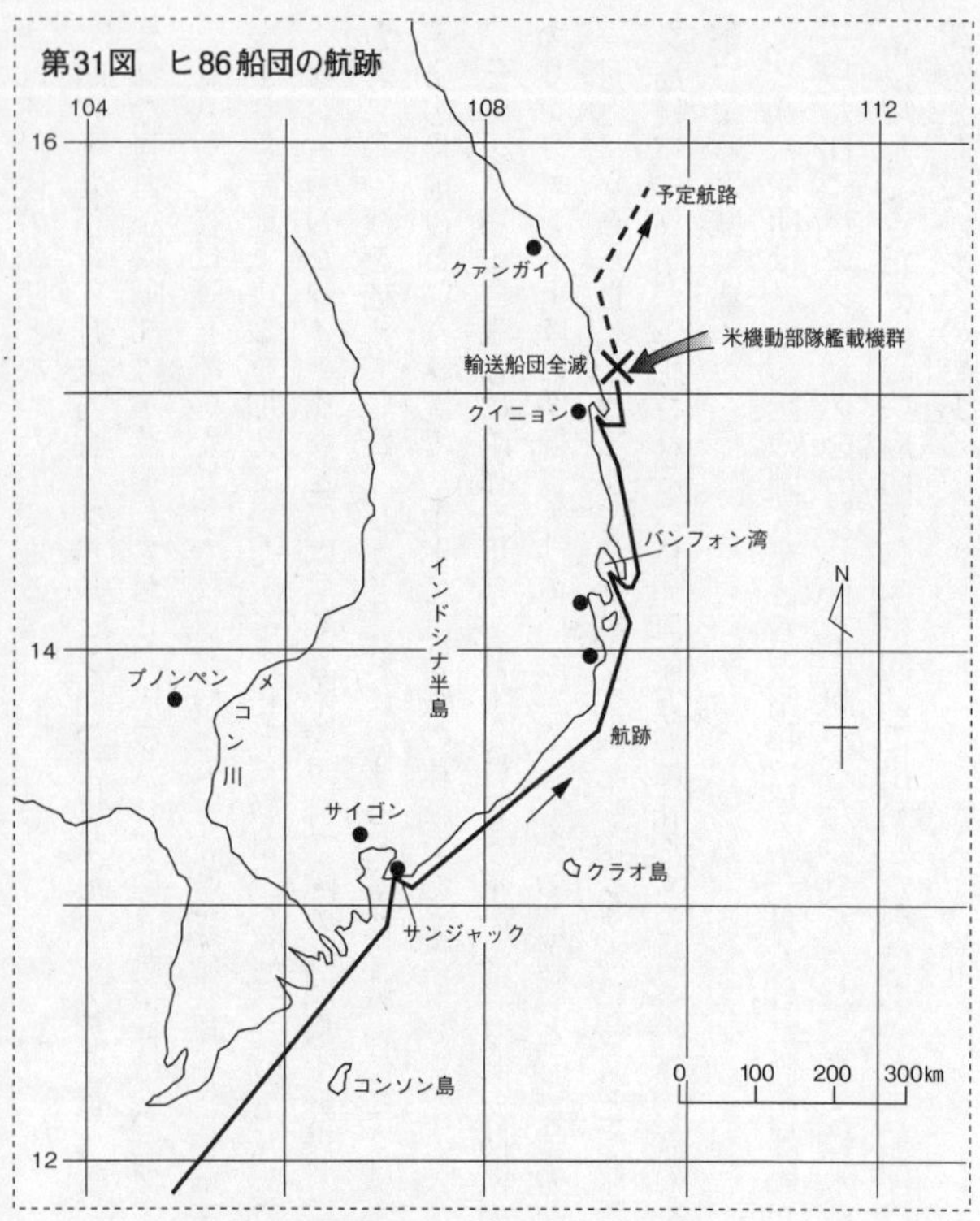

船団は当然のことながら南シナ海の中央突破は不可能であると判断し、航路については時間はかかるがインドシナ半島の東岸至近に沿って北上し、台湾海峡に向かうものとした。もし船団が直進の航路をとっていれば、船団は米機動部隊の真ん中に飛び込むことになったことになる。

ヒ八六船団の一

香椎

〇隻は一部に大型船は存在したものの、船舶の窮乏激しく雑多な船舶の集合で、なかには数百総トンという小型貨物船も含まれていた。
　一〇隻の輸送船の積荷は、ボーキサイト鉱石、マンガンと錫のインゴット、生ゴム、航空機用ガソリンそして重油など、合計五万六〇〇〇トンであった。そのいずれもが当時の日本では喉から手が出るほど渇望していた物資ばかりであった。ボーキサイトは航空機を製造するためのジュラルミンの原料となるものであり、錫は航空機用エンジンのシリンダー製造には欠かせない物資であった。航空機用ガソリンはすでに国内では在庫が極限状態にまで枯渇し、防空戦闘機の出撃や練習機の飛行にも燃料の不足は影響していたのである。
　この船団は是が非でも日本に送り届ける必要があり、そのために護衛艦艇には当時の南西太平洋海域でそろえられる限りの艦艇が準備されたのであった。
　護衛艦隊の旗艦は練習巡洋艦の「香椎」であった。「香椎」はすでに練習巡洋艦ではなく対空火器や爆雷戦装置が強化された強力な護衛艦に変身していた。護衛艦艇の残る五隻はすべて海防艦（大東、鵜来、二三号、二七号、五一号）であった。

大小雑多な船舶で編成された船団は、当然のことながら船団の中で最も速力の遅い船に航海速力を合わせる必要があり、このときの船団の速力は八ノット（時速一五キロ）という自転車並みの速力で、一日の行程は三六〇キロ、日本までの所要時間は一五日以上を要するものとなった。

船団はインドシナ半島の海岸線に至近の位置（一海里、二キロ弱）を海岸線に沿って北上することになった。そして船団の一〇隻の輸送船は五隻ずつの二列縦隊で航行することになり、護衛艦艇は練習巡洋艦「香椎」を船団の先頭に立て、五隻の海防艦すべてが船団の右側、つまり陸地とは反対側に位置し、敵潜水艦の攻撃に備えることになった。

船団の輸送船には電波探信儀（レーダー）の装備がないため、暗夜の海岸線沿いの航海は危険であるために日没時点でいずれかの湾に避泊し、夜明けとともに出発することになっていた。

船団は一月十日の夜はバンフォン湾に避泊し、十一日の夜はインドシナ半島の中間地点であるクイニョン湾に避泊した。そして十二日の早朝に船団がクイニョン湾を出発した直後、船団上空に数機の航空機が現われた。機動部隊を飛び立った偵察機の一群であったのだ。船団は発見された。

この日の午前十一時頃、敵攻撃機の第一波数十機が船団上空に現われた。さらに続いて第二陣の一五〇機が現われたのだ。一〇隻の輸送船と六隻の護衛艦艇は戦闘機や急降下爆撃機、艦上攻撃機の群れから容赦のない攻撃を受けることになった。護衛艦艇は搭載された一九門の高角砲と九〇梃を越える二五ミリ機銃で、さらに一部の輸送船も乗船している船舶砲兵隊の高射砲や高射機関砲で応戦したが、四方八方から機銃掃射を仕掛けてくる敵艦上戦闘機の掃射により機銃要員は次々になぎ倒され、有効な弾幕を形成することができない。高角砲も超低空で接近してくる敵小型機に有効な

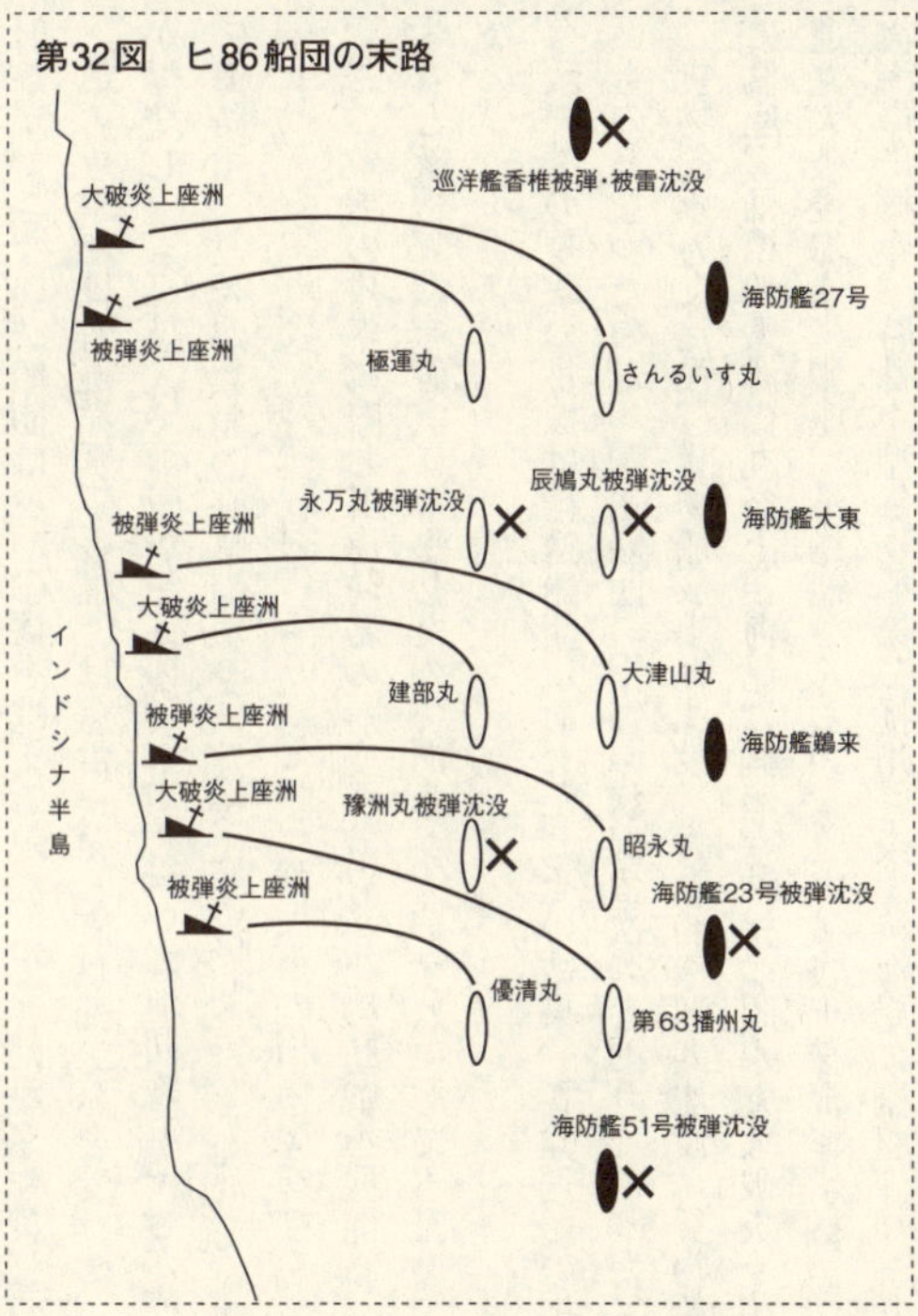

射撃ができない。船団は二〇〇機を越える敵機にまさになぶり殺しの様相となったのである。

この攻撃で練習巡洋艦「香椎」は魚雷一発と直撃弾二発を受けた。その後、後部弾火薬庫が爆発し、「香椎」は一瞬にして沈没した。続いて海防艦五一号が直撃弾を受け爆沈、さらに海防艦二三号が数発の直撃弾を受けた後に沈没した。また残る三隻の海防艦（大東、鵜来、二七号）も至近弾や機銃掃射により、それぞれ大小の損傷を受けた。

この敵機の攻撃に際し各海防艦の対空機銃も必死の防戦を展開し、各艦の戦闘報告を総合すると敵機五機を確実に撃墜したのであるが、いずれにしても乱戦であったことに変わりはない。

敵のこの攻撃の目標は輸送船団にあった。その結果、各輸送船の損傷状況は悲惨極まりないものとなったのだ。輸送船団の損害の状況は次のとおりであった。

貨物船永万丸沈没、貨物船辰鳩丸沈没、貨物船豫洲丸沈没、貨物船建部丸大破炎上後海岸に擱座、油槽船大津山丸炎上後海岸に擱座、油槽船昭永丸大破炎上後海岸に擱座、油槽船極運丸大破後海岸に擱座、油槽船さんるいす丸大破炎上後海岸に擱座、特殊貨物船優清丸炎上後海岸に擱座、特殊小型貨物船第63播州丸炎上後海岸に擱座。つまり船団は全滅したのである。

ヒ八六船団で損傷を受けながらも、まがりなりにも航行が可能であった艦船は海防艦三隻（大東、鵜来、二七号）だけであった。三隻は沈没した三隻の商船や撃沈された護衛艦艇の生存者の救助を行なった後、日本に帰投している。

昭和二十年一月十二日の敵航空攻撃による日本艦船の被害は、ヒ八六船団だけに限ったものではなかった。この日、インドシナ半島中部から南部にかけての港湾に停泊または避泊していた船団はほかにもあった。いずれも輸送船数隻の船団であり、その数は護衛の小艦艇を含め三〇隻以上に達していた。しかしこの日の航空攻撃でヒ八六船団の艦船を含め、合計三五隻が撃沈されたのだ。この日の猛烈な航空攻撃は後に「ハルゼー台風」と呼ばれるようになった。

その6：最後の大規模船団ヒ八八J船団の悲劇

この船団は南方資源を日本に輸送するために仕立てた、最後の大型輸送船で編成された船団であった。この船団に集められた輸送船は昭和二十年二月末当時、シンガポール方面に在泊していた航行可能な大型輸送船のすべてで、まさに寄せ集めの船団であった。

この頃はすでにフィリピンの大半は米軍の戦力下にあり、また南シナ海の制空権も制海権も全域が米軍の下にあった。そして沖縄上陸作戦を前にした前哨戦も展開されており、東シナ海も日本の艦船の航行もままならない状態にあった。

この船団は変則的な運航を行なう予定であった。船団は七隻で編成されていたが船団中の四隻は日本まで直行するが、他の三隻は一旦途中のサンジャック（現在のベトナムのブンタウ）に止まり、再度日本に向けて出発する予定になっていたのだ。
日本直行の四隻の輸送船は、油槽船さらわく丸（五一三五総トン）、阿蘇川丸（六九二五総トン）、鳳南丸（五五三五総トン）、そして小型油槽船海興丸（九五〇総トン）で、この中の正規の油槽船は阿蘇川丸と鳳南丸だけで、他の二隻は本来は貨物船でありながら、油槽船の絶対的な不足から船倉の一部を油槽に改造した特設の油槽船であった。そしてこの四隻の積荷は重油二万五〇〇〇トンで、この重油は、もしこの船団が無事に日本に到着できるのであれば、南方から日本に運び込まれる最後の石油になる可能性が極めて大きかった。

なお、さらわく丸と海興丸の油槽以外の船倉には、生ゴム一五〇〇トンと錫のインゴット五〇〇トンが搭載されていた。

この船団の護衛には六隻の海防艦（満珠、一号、一八号、二六号、八四号、一三四号）が随伴することになった。そしてこの船団には別に駆逐艦「天津風」が同行することになっていた。しかし本艦は損傷しており途中の対潜活動には十分な活動を期待することは無理であり、護衛艦としてではなく輸送船あつかいとして船団に加わることになっていた。

船団がシンガポールを出発したのは昭和二十年三月十九日であった。しかし出発直後に日本行きの船団の貴重な一隻さらわく丸が、シンガポール海峡で触雷により船底を大破し沈没したのだ。これにより早くも貴重な重油六〇〇〇トンが失われることになった。

さらわく丸を欠いた六隻の船団は三隻ずつ二列の隊形を組み、三月二十三日に無事にサン

B25J爆撃機

ジャックに到着した。

　船団はここで他の三隻を切り離し、日本行きの輸送船団は三隻となったが、この地から護衛の艦艇としてさらに海防艦一隻（一三〇号）と駆潜艇二隻が加わることになったのである。つまり三隻の輸送船を九隻の護衛艦艇で護衛することになったのであった。護衛としては極めて強力と考えられた。

　船団は到着三日後の三月二十六日にサンジャックを出発し日本に向かった。船団は三隻一列となり、周囲を九隻の海防艦と駆潜艇で援護する態勢で北に向かって進んだ。

　サンジャック出発二日後の三月二十八日に船団がインドシナ半島の東南端のニャチャン付近を航行中、船団は突然、敵航空機の攻撃を受けた。来襲したのはアメリカ陸軍第一〇航空軍のノースアメリカンB25爆撃機二〇機であった。これらの爆撃機はインドシナ半島北部に進出していた米爆撃隊で、各機は輸送船と護衛艦に対し超低空爆撃と激しい機銃掃射を展開したのだ。

　日本の船団が北上中という情報は米軍側ではすでに入手し

ており、この情報は詳細に在中国の米陸軍航空軍や潜水艦隊に知らされていた。

B25爆撃機の攻撃は熾烈で、搭載された四発の五〇〇ポンド（二二五キロ）爆弾が超低空から目標の艦船に向けて二発ずつ投下され、さらに爆弾投下の終わった爆撃機は超低空から艦船に対し猛烈な機銃掃射を開始したのだ。このB25爆撃機（J型）は機首に合計一二梃の一二・七ミリ機銃を装備しており、その打撃力は極めて強力であった。

一方、このときの海防艦七隻の対空火器の中でも、低空攻撃に対し有効な射撃が可能な二五ミリ機銃の数は合計一〇〇梃以上に達しており、相当の弾幕を張ることは可能であったはずである。この戦闘で沈没をまぬかれた海防艦の乗組員によると、海防艦の機銃により少なくとも三機を撃墜したことが目撃されている。

ただ大量に建造される新造間もない海防艦の乗組員、とくに機銃要員は新たに速成訓練を受けた人員で占められており、訓練不十分による射撃技能の錬度も低かったと想像され、どの程度の有効な対空射撃ができたかには疑問が残るところである。

この航空攻撃で輸送船一隻（阿蘇川丸）が多数の直撃弾を受け撃沈された。本船は船団の中で最も大型であったために絶好の目標になったのであろう。この航空攻撃による船団の損害は輸送船一隻であったが、他の二隻の輸送船も護衛艦艇も至近弾と激しい機銃掃射により多くの人的損害を出しており、また船体に大小の損傷を生じていた。

船団の悪夢はこの航空攻撃だけに止まっただけではなかった。この輸送船団の情報は海軍潜水艦隊にも連絡されており、当時南シナ海方面で哨戒作戦中であった三隻の潜水艦（ブルーギル、ブラックフィン、ハンマーヘッド）の狼群グループに情報はすでに伝えられていた。同グループは船団に先回りし、予想航路上で待ち伏せしていた。

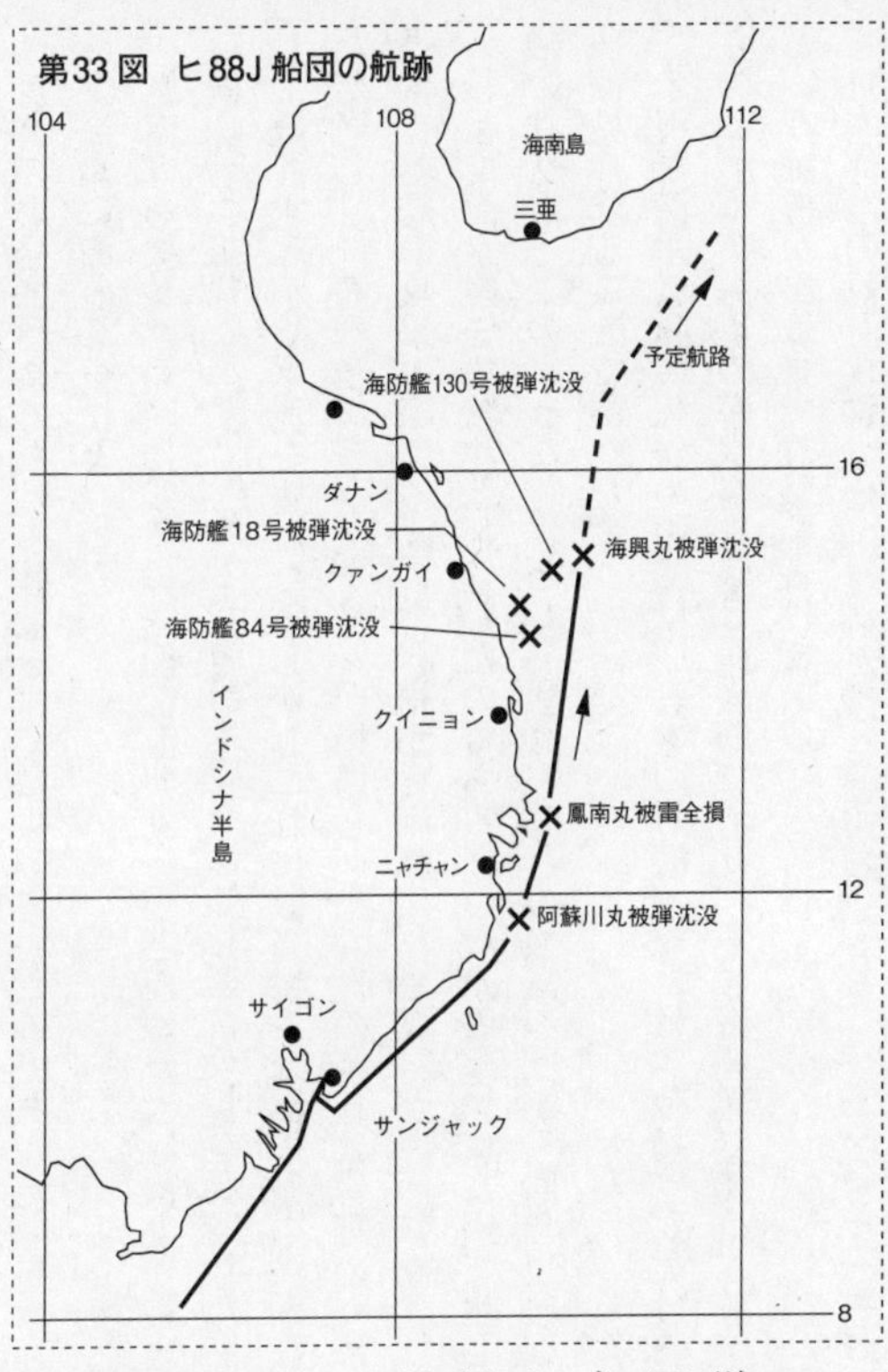

航空攻撃が終わって間もなく、輸送船鳳南丸の船尾四番船倉に一本の魚雷が命中し爆発した。この爆発で鳳南丸は船尾が切断され推進器も失い航行不能となった。本船は第一次大戦時にイギリスで建造された戦時急造型貨物船で、船齢二八年の船体

は魚雷の爆発に耐えるだけの強度をすでに失っていたのであった。鳳南丸はその後漂流を続け、海岸に漂着し全損となった。

鳳南丸を失った船団に残る輸送船は海興丸一隻となった。鳳南丸が被雷した直後、海防艦「満珠」(「択捉」型)と二六号が敵潜水艦を探知し爆雷攻撃を展開した。そして両艦は共同して敵潜水艦一隻撃沈を報じた。しかしこれに該当する米海軍側の潜水艦損失の記録はない。ただ同じ日に潜水艦ブラックフィンが損傷しグアム島の基地に修理のために帰投している。恐らく本艦の攻撃の際に本艦の燃料槽から流れ出した燃料が海面に浮き、二隻の海防艦はその結果で潜水艦一隻撃沈と判定したのであろう。潜水艦撃沈によって生じる事象に対する認識の甘さが、このような報告として報じられたのであろうが、同じ現象は日本の対潜攻撃に多く見られることであった。

米海軍潜水艦隊の報告の中では、日本の対潜攻撃には「執拗さが欠ける」という表現が見られる。米英海軍の潜水艦攻撃は徹底的であり、その戦闘記録では、確実に相手を撃沈したという証拠が出るまで攻撃を続けている。

日本海軍の対潜攻撃では「燃料が浮き上がってきた」、すなわち「敵潜水艦撃沈」とする記録が散見される。しかし事後の調査ではその大半が誤認で撃沈の事実は少ない。

翌三月二十九日の早朝、海防艦八四号の艦首付近に突然、魚雷が命中した。命中個所は丁型海防艦の弾火薬庫の至近であった。この爆発で弾火薬庫が誘爆したらしく海防艦八四号は大爆発を起こし、その直後海面上から姿は消えていた。

　この日の正午前、再び船団上空に敵爆撃機二〇機が現われた。また、超低空からの激しい爆撃と機銃掃射が展開された。この攻撃により船団で唯一残っていた海興丸に数発の直撃弾があり、同船はたちまち沈没してしまった。輸送船は全滅である。

　それもつかの間、爆撃機の矛先は護衛艦艇に向けられ、海防艦一八号と一三〇号の船体に爆弾が命中し艦内で炸裂、二隻ともに船体は横倒しとなり、まもなく沈没した。

　この日の夜十時ころ、北上を続ける残った護衛艦艇の上空に数機編隊の重爆撃機B24が現われ、低空からレーダー照準の爆撃を展開した。この爆撃で海防艦一三四号は至近弾を受け、破口から浸水が始まったが、かろうじて沈没はまぬかれた。

　結局ヒ八八J船団は輸送船のすべて四隻を失い、七隻の海防艦も三隻を失うという大打撃を受け消滅してしまったのであった。

海防艦の戦闘記録

　ここでは激闘を繰り返しながらその戦闘行動の実態があまり知られていない個々の海防艦について、その行動と戦闘記録を、それぞれの型を代表する一号艦を主体に紹介することにした。

　海防艦は基準排水量一〇〇〇トンにも満たない駆逐艦より小型の艦艇である。しかしその戦闘記録は戦争後半においては船団護衛において激闘の連続で、敵潜水艦の雷撃と航空攻撃による激しい戦闘の中、よく任務を果たしていた。しかし船体が小型であるがゆえに爆撃や雷撃で命中弾を受けると、その多くは即撃沈につながり多くの乗組員の犠牲を強いられたのであった。海防艦の乗組員の犠牲者だけでも優に五〇〇〇人を超えている。

以下八隻の海防艦の戦闘記録を記述する。

その1：海防艦「占守」

海防艦「占守」は日本海軍の正規海防艦の第一号であるとともに正規護衛艦の第一号でもある。本艦の建造の経緯についてはすでに記してあるが、本来の任務とは異なった任務についた本艦のその後の行動については、あまり多くは知られていない。ここでは当初の目的とは違った任務についた「占守」のその後について紹介する。

「占守」型海防艦の一番艦「占守」は同型の三隻とは異なり、完成直後から本来の任務である北方海域の警備につくことなく、昭和十五年七月から第二遣支艦隊に編入され、中国沿岸の哨戒や上陸作戦の支援に運用されていた。

「占守」がなぜ、当初から北洋警備ではなく正反対の海域で活躍する遣支艦隊に編入され、さらに太平洋戦争の勃発を機に南遣艦隊に編入されたのか、その定かな理由は不明である。

ただ本艦は船体設計が小型艦艇としては異例といえるほど頑丈で、艦内設備も充実してい

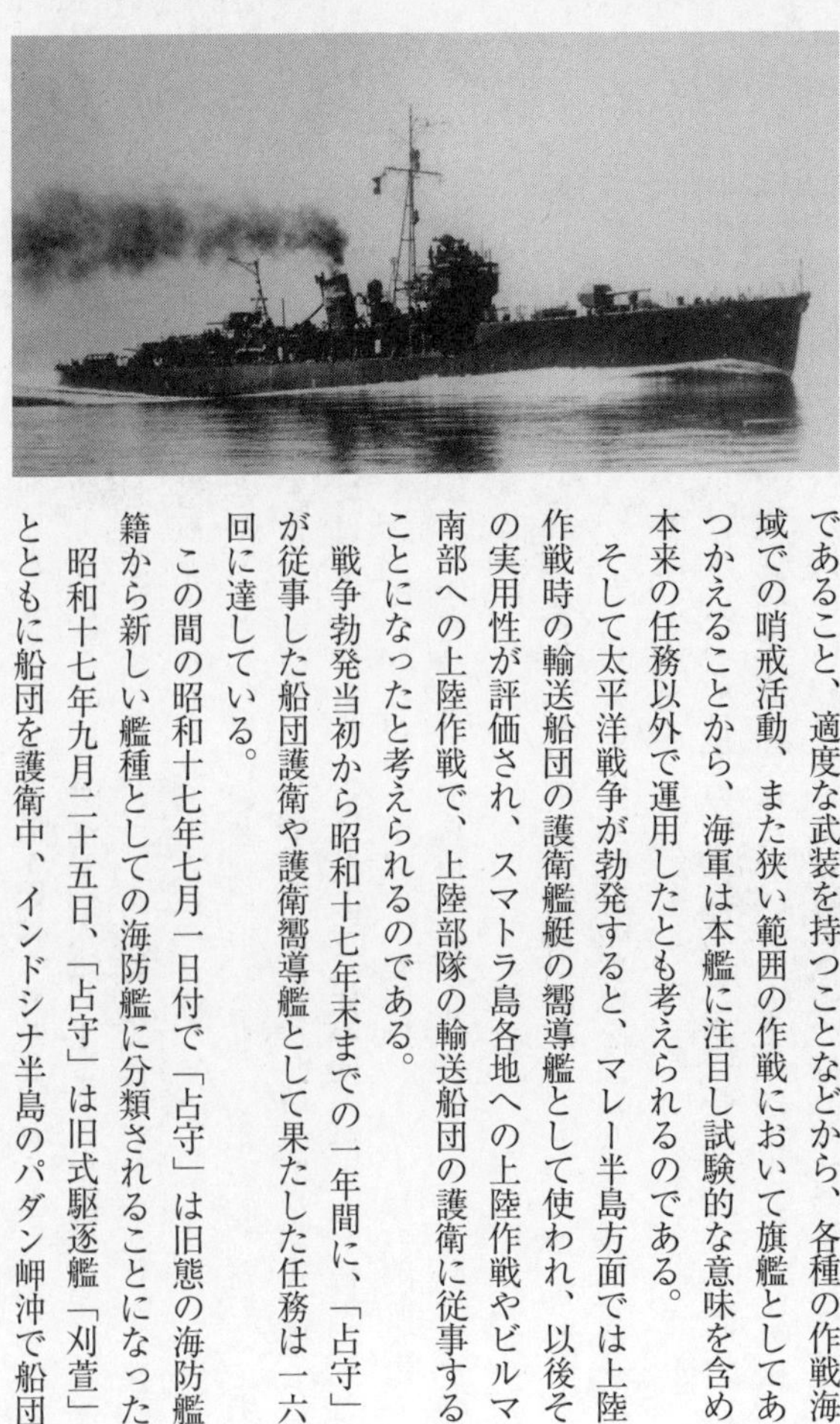
占守

ること、また航続力が駆逐艦を含めた小型艦艇としては長大であること、適度な武装を持つことなどから、各種の作戦海域での哨戒活動、また狭い範囲の作戦において旗艦としてあつかえることから、海軍は本艦に注目し試験的な意味を含め、本来の任務以外で運用したとも考えられるのである。

そして太平洋戦争が勃発すると、マレー半島方面では上陸作戦時の輸送船団の護衛艦艇の嚮導艦として使われ、以後その実用性が評価され、スマトラ島各地への上陸作戦やビルマ南部への上陸作戦で、上陸部隊の輸送船団の護衛に従事することになったと考えられるのである。

戦争勃発当初から昭和十七年末までの一年間に、「占守」が従事した船団護衛や護衛嚮導艦として果たした任務は一六回に達している。

この間の昭和十七年七月一日付で「占守」は旧態の海防艦籍から新しい艦種としての海防艦に分類されることになった。

昭和十七年九月二十五日、「占守」は旧式駆逐艦「刈萱」とともに船団を護衛中、インドシナ半島のパダン岬沖で船団中の一隻の輸送船（帝望丸、四四七二総トン）が敵潜水艦により撃沈されるという初めての試練を受けている。輸送船帝望丸を雷撃したのは米海軍潜水艦サーゴで、本艦は帝望丸を撃沈後浮上し至近の輸送船に対し砲撃を開始したのだ。これに対し「占守」と「刈萱」が接近してきたためにサーゴは急速潜航し姿を消した。

このときの「占守」に装備されていた潜水艦探索装備は旧式な九三式水中聴音器のみであった。「占守」は水中聴音器を駆使し、敵潜水艦の潜伏位置を推定し断続的な爆雷攻撃を展開している。当時の「占守」には艦尾の爆雷投下台に合計一八個程度の爆雷しか搭載しておらず、十分な爆雷戦を展開することはできなかったが、この戦闘で「占守」は「敵潜水艦一隻撃沈」と報告している。しかし潜水艦サーゴは何ら損傷はなく、その後オーストラリアのフリーマントル基地に帰投している。

この結果からも、当時はまだ日本海軍として対潜水艦戦闘がいかなるものであるのか、またどのような戦闘を展開すべきか、さらには潜水艦撃沈時の状況を熟知しておらず未経験であったのだ。

戦争の前半ばかりでなく後半に入っても、日本の駆逐艦を含む護衛艦艇の対潜水艦戦闘記録の中には「敵潜水艦撃沈」という記載が散見されるが、その大半は敵潜水艦の撃沈の確証のないままに「撃沈」としている例が多い。日本海軍は敵潜水艦の確実撃沈の事例に対する検証を十分に行なっていなかったともいえるのである。

「占守」は初期の一連の任務の中で、艦の構造から耐寒設備は完備しているが、その設備や構造そして居住性が熱帯や亜熱帯海域での行動には不向きであることが判明し、さらに艦の構造・配置上でもいくつかの改良が必要な個所が判明した。

構造上で根本的な改善が求められたものに、「占守」の上甲板上の艦首から艦尾まで一体化した上部構造物の存在がある。この一体化した構造物は北洋での荒天や氷結の際の艦の前後の交通の便を図った配置であったが、護衛任務などで運用した際には、この配置が戦闘時の乗組員の艦の左右舷への移動が迅速に行なえないという欠点につながり、早急な構造の改設計が望まれることになったのである。

「占守」型海防艦を船団護衛用艦艇として量産する計画は、昭和十六年度の緊急艦艇建造計画の中ですでに決定しており、設計も「占守」型を基本型としての設計も進められていた。このために艦上部構造物の改良については続く「択捉」型では行なわれず、その次の「御蔵」型において改設計が実施されて、用兵者側の要求が取り入れられることになったのであった。

「占守」を護衛艦として運用したことは、結果的にはその後の改良を含め日本型護衛艦艇の船型確立に大きな貢献をすることになったのである。

「占守」は開戦以来、東南アジア海域での船団護衛と同海域での対潜哨戒活動に重宝され、さかんに運用された。この間同艦の武装を主体とした装備には大きな改良はなかった。その後昭和十八年九月に入り初めて旧式ではあるが、昭和八年正式採用の九三式水中探信儀が装備され、対潜水哨戒活動時の潜水艦探索に多少なりとも効果が期待されることになった。

昭和十八年十一月に海上護衛総司令部（海上護衛総隊）が新設されたことにより、「占守」は同隊の第一海上護衛隊に編入され、日本とシンガポール間などの東南アジアルートの船団護衛に活躍することになった。

この間「占守」は多くの船団の護衛任務についているが、ここで船団が敵潜水艦に攻撃され輸送船に損害が出る事例が多く発生した。しかしこれらの場合、大半は「占守」を含む護衛艦艇が敵潜水艦を探知する以前に襲撃を受けており、潜水艦探知装置の機能不足もあり、つねに護衛艦艇は後手の対応を強いられることになっていた。もちろん「占守」もその例外ではなかった。

「占守」はその後も護衛艦艇として決定的な対潜活動を展開する機会は少なかった。しかし昭和十九年十月から展開されたフィリピンの攻防戦では、レイテ島オルモック湾への日本陸軍部隊の逆上陸船団を援護する四隻の海防艦隊の旗艦として参加している。「占守」はこの作戦の上陸部隊の援護艦艇として二度参加しているが、激しい敵航空機の襲撃を受けながら二度とも無事に帰還している。

このころの「占守」の武装は完成当初とは大きく強化されている。ただ主砲は従来の対水上艦艇攻撃用のままであったが、機銃は二五ミリ連装機銃二基（四梃）から、二五ミリ三連装五基（一五梃）、さらに二五ミリ単装機銃数梃が上甲板や構造物各所に追加装備されている。また爆雷兵装も強化されており、従来の艦尾の爆雷投下台は撤去され、両舷用爆雷投射装置の他に艦尾に爆雷投下軌条が新たに装備されている。

オルモック湾逆上陸作戦時に「占守」は襲撃して来た敵機二機を確実に撃墜したことを戦闘記録の中に記しているが、これが事実とすれば「占守」の初めての敵機撃墜記録である。

「占守」はオルモック湾突入直後の昭和十九年十一月二十五日に、マニラ湾口周辺海域で対潜哨戒活動を行なっていた最中に、艦首に魚雷が一本命中し爆発した。しかし沈没にいたる損傷ではなく、その後マニラで応急修理を行なった後、馬公に移動し本格修理を行ない作戦可能としている。

「占守」に最新型の水中探信儀である昭和十八年正式採用の三式水中探信儀が装備されたのは、じつに昭和二十年三月のことであった。最新兵器の「占守」への装備は余りにも遅きに失した感がある。

その後「占守」は、東南アジアルートの輸送船団の消滅とともに第一海上護衛隊も消滅し、大湊警備府防備隊に編入され、他の「占守」型の三隻の海防艦とともにオホーツク海や宗谷海峡方面での哨戒活動に従事することになり、そのまま終戦を迎えることになった。

「占守」は終戦直後から運航可能な艦船の一隻として、樺太や朝鮮半島および内南洋方面からの軍人や民間邦人の引揚作業に従事し、輸送作業が一段落した昭和二十二年七月に、戦争賠償の一環としてソ連に引き渡され、同艦の歴史は閉じられた。ただソ連の手に渡って以後の同艦の消息は不明である。

イギリスとアメリカに戦争賠償艦として引き渡された海防艦は何隻もあるが、いずれも引き渡し直後に不要の艦として日本の造船所で解体されている。しかし中国に引き渡された海防艦はその後の中華民国の艦艇として運用され、一部はその後中華人民共和国海軍の初期の艦艇として在籍していた。ソ連に引き渡された数隻の海防艦については、いずれもその後の消息は不明であるが、艦艇としてしばらく運用された可能性はある。

その2：海防艦「択捉」

海防艦「択捉」は「占守」型海防艦を基本とする本格的な船団護衛用の護衛艦艇として建造された、「択捉」型海防艦の一号艦である。ただし本艦が護衛艦艇として選定された頃の日本海軍には、まだ船団護衛用の護衛艦艇という艦種に対する見解・認識が定まっておらず、護衛艦艇としてはまだ未成熟な艦として完成している。

しかし「択捉」型は護衛艦艇として初めて量産（一四隻）された艦であり、日本海軍初の本格的護衛艦という位置づけにあり、その存在意義は大きい。「択捉」型の一号艦である「択捉」は昭和十八年五月に完成し、直ちに太平洋の南西方面の海上護衛を担当する第一海

択捉

上護衛隊に編入された。

「択捉」は乗組員の基本訓練が終了した直後の昭和十八年七月より、シンガポール方面に向かう輸送船団の護衛を開始した。その直後の八月十一日、マニラから日本に向かう四隻の輸送船で編成されたヒ〇四船団を「択捉」一隻で護衛することになり、マニラ港を出港した。

マニラ港を出港しマニラ湾を出た直後に、船団の先頭を行く「択捉」は浮上している敵潜水艦を発見した。「択捉」は一二センチ主砲で砲撃を開始したが、敵潜水艦はたちまち潜航を開始し姿を消した。

「択捉」は直ちに敵潜水艦が潜航した位置に接近し、敵潜水艦が進む予想方向・位置に対し爆雷攻撃を展開した。このとき「択捉」は九三式水中探信儀と水中聴音器を装備していたが、敵潜水艦の潜伏位置を正確に探知することに失敗している。

翌八月十二日に、「択捉」の水中聴音器に敵潜水艦の感度が現われた（水中聴音器は敵潜水艦が発する様々な音を探知し、その存在と方向を探知することはできるが、音源までの距離やその深度を正確に特定することはできない）。「択捉」は聴音器のとらえた音源から推測される位置に対し爆雷攻撃を展開した（このときの爆雷投下および投射位置、そして深度はあくまでも推測で行なわれている）。その後、付近の海面に潜水艦の燃料油らしき浮遊物が浮き上がり、また音源を探知することもできなかったために、「択捉」は「敵潜水艦一隻撃沈」の報告を出している。しかし戦後の戦果照合ではこの撃沈に相当する米潜水艦の損失や損傷の記録はない。「択捉」はこの攻撃で投射および投下した爆雷は合計二八個と記録されている。

その後も「択捉」はシンガポール方面往復の輸送船団の護衛艦としての任務についていたが、昭和十八年十一月六日、油槽船四隻よりなるヒ一七船団の護衛にあたった。途中の寄港地のマニラからシンガポールに向かっていたとき、「択捉」を先頭にした船団がフィリピン西南に位置するパラワン島の北西一〇〇キロを航行中、「択捉」は艦首の左舷前方に潜水艦の潜望鏡を発見した。

その直後、潜望鏡は海中に消えたが「択捉」は潜望鏡の発見地点まで急行し、潜水艦が潜航し進んだと予想される地点に対し爆雷攻撃を展開した。ただこのとき「択捉」の水中探信儀が敵潜水艦の潜航位置を正確に確認していたか否かは不明である。この攻撃直後に爆雷投下地点から重油の波紋多数が海面に浮上してきたことを「択捉」は確認し、同艦は潜水艦一隻を撃沈したと報じている。

しかしこれに該当する米海軍潜水艦の喪失または損傷の記録はない。潜水艦は爆雷攻撃を受けたときに攻撃側を欺瞞する方法として、自艦の燃料弁を開き重油を多少漏出させる手段を講じる事例は多い。また欺瞞工作として魚雷発射管に艦内の不要品や乗組員の衣類などを詰め込み、これを撃ち出し海面に浮上させ、潜水艦が撃沈された証とする手法も往々にして使われていた。このときもこの戦法を駆使して敵潜水艦は遁走したと推測できるのである。

日本海軍艦艇の敵潜水艦撃沈記録の多くは、戦後の日米の戦果記録の照合からも実際に撃沈されていない場合が多い。日本海軍の敵潜水艦撃沈の状況に対する認識不足があったことは否めない事実としなければならない。その誤認識の根本的な原因の一つに、日本海軍の潜航潜水艦探知装置の精度不良があったことを否定することはできない。潜伏している敵潜水艦の位置をどれほど正確に探知しているか。多くの場合は正確さに欠け、したがって爆雷攻撃も的を外れた地点への投射・投下を行なっていた可能性は十分にあったのだ。

「択捉」はその後も南方ルートの船団護衛に従事していたが、それも昭和二十年二月の船団護衛が最後となった。以後は第一海上護衛隊の解体とともに大湊警備府の防備艦となり、オホーツク海や宗谷海峡、あるいは津軽海峡から日本海での哨戒活動と小規模沿岸航行船団の護衛に従事し、大きな損傷を受けることもなく終戦を迎えている。

終戦後の「択捉」は「占守」と同じく可動艦船として、武装を撤去し、外地からの軍人や民間邦人の引揚輸送に従事した。そして戦争賠償艦としてアメリカに引き渡されたが、アメリカ側は引き取ることなく昭和二十二年八月、旧呉海軍工廠で解体された。

その3：海防艦「御蔵」

海防艦「御蔵」は、「占守」型を母体にした海防艦として、初めて量産を意識した設計が行なわれた艦であるとともに、航洋型護衛艦としての一応の形態を整えた海防艦であった。合計一〇隻が建造されたが、その中の二隻は終戦時には未完成であった。

就役した「御蔵」型八隻中五隻が敵潜水艦の雷撃や航空攻撃で失われるという、海防艦の中でも最も激しい任務を強いられた艦であった。そして「御蔵」型海防艦は、もはや「海防艦」という呼称がふさわしくなく、本来は「護衛艦」という新しいカテゴリーの中に分類されるべき艦の原型ともいうべきであった。

海防艦「御蔵」は改設計と建造の遅れから、完成したのは昭和十八年十月であった。「御蔵」は完成後直ちに新設の海上護衛総司令部の第二海上護衛隊に編入され、訓練終了早々からサイパン島やトラック島方面への船団護衛に投入された。

この最中の昭和十九年四月十二日、「御蔵」は前方に浮上中の敵潜水艦を発見した。このとき潜水艦は「御蔵」に照準を合わせ浮上しながら魚雷を発射したのだ。（当初より「御蔵」を標的としていた気配があった）。「御蔵」に向かって発射された魚雷二本は直前に「御蔵」にかわされ、敵潜水艦は急速潜航を始めた。

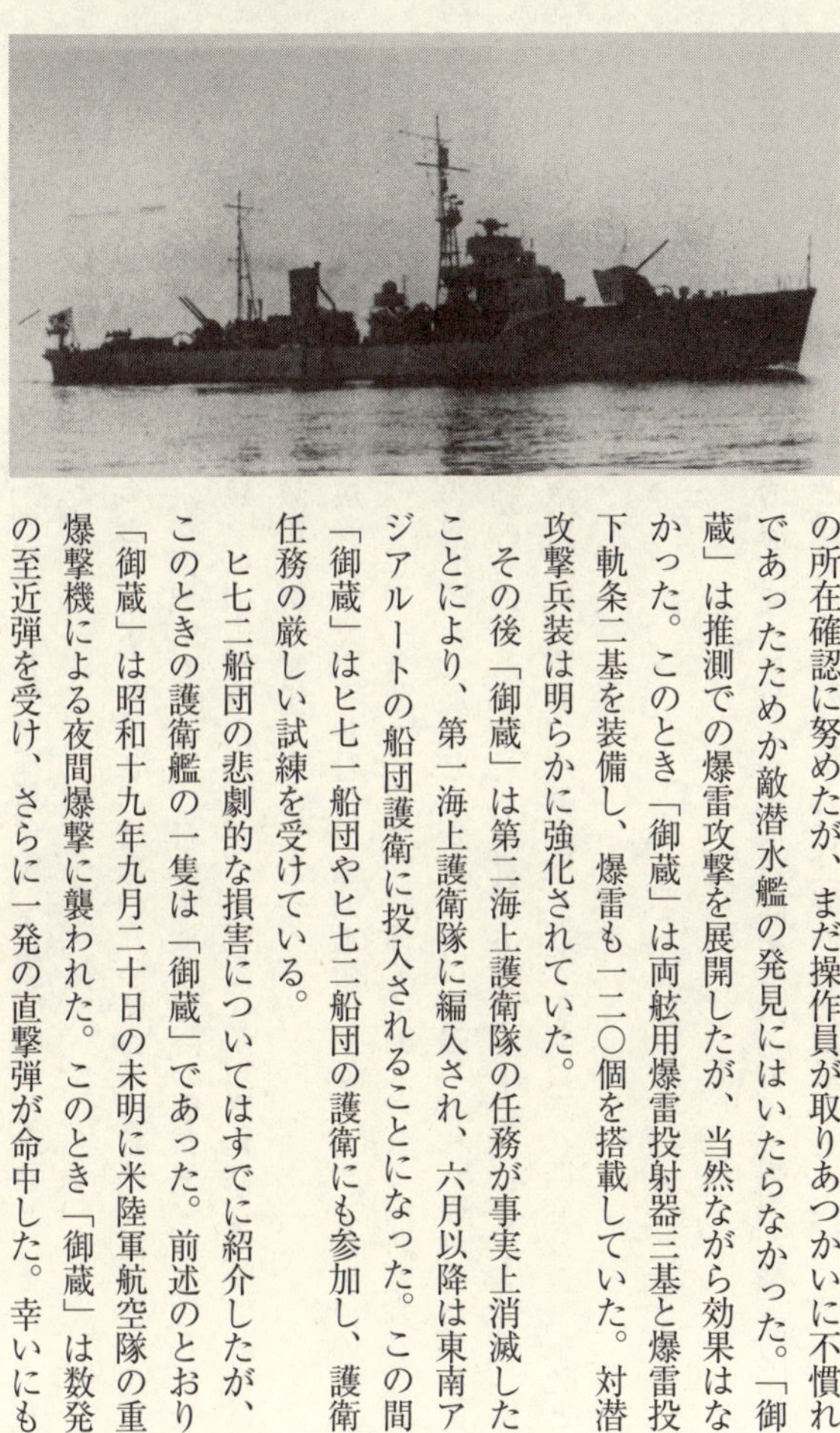
御蔵

「御蔵」は搭載していた三式水中探信儀を駆使し、敵潜水艦の所在確認に努めたが、まだ操作員が取りあつかいに不慣れであったためか敵潜水艦の発見にはいたらなかった。「御蔵」は推測での爆雷攻撃を展開したが、当然ながら効果はなかった。このとき「御蔵」は両舷用爆雷投射器三基と爆雷投下軌条二基を装備し、爆雷も一二〇個を搭載していた。対潜攻撃兵装は明らかに強化されていた。

その後「御蔵」は第二海上護衛隊の任務が事実上消滅したことにより、第一海上護衛隊に編入され、六月以降は東南アジアルートの船団護衛に投入されることになった。この間「御蔵」はヒ七一船団やヒ七二船団の護衛にも参加し、護衛任務の厳しい試練を受けている。

ヒ七二船団の悲劇的な損害についてはすでに紹介したが、このときの護衛艦の一隻は「御蔵」であった。前述のとおり「御蔵」は昭和十九年九月二十日の未明に米陸軍航空隊の重爆撃機による夜間爆撃に襲われた。このとき「御蔵」は数発の至近弾を受け、さらに一発の直撃弾が命中した。幸いにもこの爆弾は不発弾であった。「御蔵」の艦橋直前に命中した爆弾は甲板を破り、そのまま右舷舷側を貫通し海中に落下した。「御蔵」は航行に支障はなかったが漏水が発生し、修理のために台湾海峡の澎湖諸島の馬公のドックで修理に入った。しかし修理中の十月十二日に米機動部隊の艦載機一一〇機が馬公を急襲した。この攻撃で「御蔵」は損害はなかったが、入渠しながら高角砲と機銃で敵機に応戦し、同艦の戦闘記録では敵機三機を撃墜したとしている。

その後「御蔵」は佐世保に戻りシンガポール行きの船団護衛の準備に入ったが、この船団は運航取り止めとなっている。そして「御蔵」は佐世保防備隊に編入され、海防艦六五号と組み、九州東南部周辺海域での対潜哨戒を展開したが、これは戦艦「大和」の沖縄出撃を前にした途中海域の対潜哨戒活動の一環であった。その最中の昭和二十年三月二十八日、「御蔵」は九州の大隅半島沖で、敵潜水艦の雷撃で爆発轟沈した。乗組員二二四名は全員戦死という悲劇に遭遇したのだ。

その4：海防艦「鵜来」

「鵜来」型海防艦は「占守」型海防艦の最終の改良型海防艦であった。「鵜来」型海防艦は量産化を念頭においた大幅な改設計が施され、さらに武装の強化が最も進んだ真の意味の護衛艦として完成した艦であった。しかし量産化のための船体の改設計に時間を要し、建造が

鵜来型奄美

始まったときは残された時間はあまりなかった。ただ「鵜来」型の出現までにより量産化を考慮した設計で別途に誕生した丙型と丁型海防艦は、「鵜来」型より一回り小型ではあったが「鵜来」型を基本にした護衛艦として、「鵜来」型より早く出現し量産が進み、戦争末期の日本海軍の護衛艦艇の主力として戦力化されたことは、「鵜来」型の残した功績でもあったといえよう。

「鵜来」型海防艦は合計三一隻が建造されたが、終戦時にはその中の二隻が建造中で、結局就役したのは二九隻だけであった。「鵜来」型の第一艦である「鵜来」が完成したのは昭和十九年七月で、同年中の同型艦の完成は一四隻で昭和二十年に入り一五隻が完成したが、「鵜来」型が実戦に投入されたときは遅きに失し、大半の艦は本来の重要船団の護衛任務につくこともなく、日本沿岸での小規模船団の護衛や対潜哨戒に投入されるだけに終わっている。そのために「鵜来」型の損失はわずかに四隻で、三隻の損傷艦を除く一三隻は終戦時には健在であった。

「鵜来」型の中で最も激しい戦闘に投入されたのは一号艦の

「鵜来」と二号艦の「沖縄」である。

「鵜来」は完成後、瀬戸内海で対潜戦闘訓練を行なった。訓練終了直後の十月に第一海上護衛隊に編入され、その直後に早くもシンガポールへ向かう輸送船六隻で編成されたヒ七九船団の護衛につくことになった。船団は昭和十九年十月二十六日に門司を出発し十一月九日に、この時期としては珍しく途中敵潜水艦や航空機の攻撃を受けることなく無事にシンガポールに到着し、最初の船団護衛に成功している。

「鵜来」は折り返し輸送船八隻からなるヒ八〇船団を護衛する一〇隻の護衛艦の一隻として、十一月十七日にシンガポールを出発、門司に向かった。このときも途中敵潜水艦や航空機の攻撃を受けることもなく、無事に日本まで船団を援護して帰還している。そして再び折り返し門司発十二月十九日のマニラに向かう四隻の船団を途中の台湾の高雄まで護衛した。そして高雄を十二月二十七日に出発するシンガポール行きの六隻編成のヒ八五船団を、途中のサンジャックまで護衛した。

翌年の昭和二十年一月九日、シンガポール発の一〇隻編成のヒ八六船団の護衛艦隊の一隻としてサンジャックより護衛に加わり、日本まで向かうことになった。本船団のこの直後に訪れる悲劇についてはすでに描いてあるが、護衛艦「鵜来」を含め再度このときの状況を記すことにする。

サンジャックを出発した後、船団の護衛艦隊は旗艦「香椎」を先頭に五隻の海防艦がそれに従った。一〇隻の船団は五隻ずつ二列の隊形をとり、五隻の海防艦は敵潜水艦の雷撃に備え五隻すべてが船団の右側（外洋側）に配置された。海防艦は先頭から二七号、「大東」「鵜来」、一三号、五一号の順であった。

午前十一時ころ、敵艦載機の編隊の第一波五〇機が来襲した。そしてその中の二〇機が護衛艦隊の旗艦「香椎」に襲いかかったのだ。そして残る約三〇機が船団攻撃に向かったが、このとき上空には船団護衛のための日本機の姿は一機もなかった。敵攻撃機は激しい攻撃を繰り返したが、これに対し五隻の護衛艦からは高角砲と機銃で反撃している。しかし船団から離れているために、なかなか有効な射弾を送り込むことができなかった。

船団を攻撃した敵機の主力はカーチスＳＢ２Ｃ艦上爆撃機であるが、本機の主翼には二〇ミリ機銃二梃が装備されており、爆撃を終えた急降下爆撃機は輸送船からの反撃が少ないことから、執拗な機銃掃射を展開したのだ。二〇ミリ弾の破壊力は強力で、攻撃された輸送船の上部構造物は激しく損傷し、多くの乗組員に死傷者を出した。

その最中に新たな敵機の編隊が現われ、輸送船団と護衛の各海防艦にも襲いかかってきたのだ。すでに旗艦「香椎」は直撃弾を受けており行き足が止まり始めていた。護衛艦に対する激しい航空攻撃により、各護衛艦はもはや輸送船団を援護する対空砲火を送り込むことはできず、自らの防戦で一杯の状態になった。

そして護衛艦の最後尾にあった海防艦五一号に直撃弾が命中したらしく艦全体が爆発し、

その直後、五一号の姿は海面から姿を消していた。

「鵜来」は前を行く二七号や「大東」とともに高角砲と機銃でさかんに対空弾幕を張ったが、撃墜には至らなかった。しかしそれから間もなく一機の艦上爆撃機が命中弾を受け火炎を発し、海面に突入するのが目撃された。どの艦が撃ち出した弾が命中したのかは不明である。

敵機が去った直後から、「鵜来」は撃沈された巡洋艦「香椎」の生存者の救助に急行した。そして海面に漂う多数の生存者に向けて舷側から縄梯やロープを垂らし救助を開始した。しかしそれもつかの間、敵艦載機の大編隊が現われたために、再び対空射撃が開始された。

このとき「鵜来」は来襲した敵艦上戦闘機から繰り返し激しい機銃掃射を受け、船体の各所に損傷が生じ、乗組員に三〇名の死傷者が発生した。その多くは機銃要員であった。このときの攻撃で「鵜来」周辺の上空で撃墜された敵機は二機で、一機撃破（煙を吐かせる）という戦果であった。

しかしこの二度の航空攻撃により護衛すべき船団のすべてが、撃沈されるか、あるいは沈没を防ぐために至近の海岸に擱座し、船団は全滅した。この航空攻撃に対し各護衛艦は自艦を襲う敵機の防戦に手いっぱいで、船団を援護することは不可能に近かった。そして護衛艦の損害は巡洋艦「香椎」と海防艦二三号および五一号の喪失となった。残る護衛艦は海防艦三隻（大東、鵜来、二七号）だけとなり、守るべき輸送船はなかった。激闘した海防艦はその後、佐世保に帰投している。

その後、「鵜来」は中国方面への小規模輸送船の護衛などを続けていたが、米軍の沖縄上陸作戦が始まる中をかろうじて佐世保に帰還することに成功する。そして対馬海峡方面での対潜哨戒活動を展開しているときに終戦を迎えた。

「鵜来」は終戦直後から第二復員省の指揮下で、日本沿岸に日米両軍が敷設した機雷の掃海活動に従事した。この作業も昭和二十二年までに終了したが、「鵜来」は解体や賠償艦になることはなく、昭和二十五年に創立した海上保安庁の所属となり、巡視船「さつま」として鹿児島にて新たな任務につくことになったのである。そして昭和四十年十一月に除籍され解体された。「鵜来」は武運強く激戦をくぐり抜け、船齢二一年という数奇な寿命を全うしたのであった。

その5：海防艦一号

丙型一号海防艦は遅々として量産が進まない「占守」型の改良型海防艦の代打として登場した、量産化を意識して新たに設計された海防艦である。本艦は海防艦というよりも、護衛艦という新しいカテゴリーの艦として誕生した艦艇として評価することができる。

艦の外観や構造は「占守」型の発展型である「鵜来」型に近似であるが、一回り小型で「鵜来」型とは似て非なる海防艦であった。

イギリス海軍は第二次大戦中に船団護衛を専門とする各種護衛艦艇を四〇〇隻以上建造し

たが、丙型（次に紹介する丁型も含め）海防艦はイギリスが大量建造した護衛艦の中のフラワー級コルベットによく似た護衛艦といえた。

丙型・丁型海防艦の「鵜来」型までの海防艦との違いはその大きさにあった。丙型と丁型は「鵜来」型までの海防艦よりも基準排水量で一二〇～二〇〇トン小型となっている。そして大量建造が可能な設計となっており、船体の基本構造も「鵜来」型までの海防艦とは大幅に違っていた。

丙型と丁型いずれも昭和十九年二月以降に続々と完成しているが、小型であつかいやすいということから船団護衛や対潜哨戒にさかんに投入された。両型合計一一七隻が完成したが、激闘の中、じつに半数近い五二隻が撃沈されている。

海防艦一号は昭和十九年二月二十九日に完成し、直ちに第一海上護衛隊に編入された。そして瀬戸内海方面で約一ヵ月の対潜戦闘訓練や対空射撃訓練の後、四月より南方行き輸送船団の護衛に従事したが、昭和二十年二月までの間に一六回の南方輸送船団の護衛任務を果たしている。

これらの中でも最も激しい船団護衛の戦いとなったのが、最後の日本行き南方輸送船団となった既述のヒ八八J船団の護衛であった。

三隻の輸送船を守る七隻の海防艦の中に海防艦一号があった。その途上の昭和二十年三月二十八日から二十九日にかけて、航空機と潜水艦の攻撃を受け輸送船三隻は全滅、海防艦も

第1号

三隻を失い船団は消滅した。

　このとき海防艦一号は敵潜水艦に対し激しい爆雷攻撃を展開している。そして水中探信儀を駆使して敵潜水艦の正確な所在を突き止めようとしたが、操作の錬度不足から正確な敵潜水艦の探知には成功しておらず、予測による爆雷攻撃に終始している。

　本艦は合計一二基の爆雷投射器と一基の爆雷投下軌条を装備しており、対潜攻撃力は極めて強力であった。しかし装備していた三式水中探信儀の操作には、よほどの錬度向上が必要であり（当時の日本の電子機器兵器共通の精度不良、そして高度な熟練を必要とする探知精度の向上）、日本の水中探信儀の大きな欠点でもあったのである。

　護衛すべき輸送船を失った海防艦一号を含めた生き残りの三隻の海防艦は、一旦海南島の楡林に避難した後、香港に向かった。

　ここで海防艦一号は、日本の門司に向かう二隻の輸送船で編成されたホモ〇三船団を護衛する五隻の護衛艦の一隻に加

B25の攻撃下の第1号

わることになった。このときの五隻の護衛艦は駆逐艦「天津風」、海防艦一号および一三四号、駆潜艇二隻であったが、駆逐艦「天津風」は損傷の修理のために佐世保に帰投する途中の艦で、護衛艦としての機能は不十分であった。

四月四日、船団が中国大陸汕頭の南南東八〇キロの地点、沿岸から一〇キロに達したとき、船団は米陸軍航空隊のノースアメリカンB25爆撃機一〇機の編隊に襲われた。この攻撃で敵機は二隻の輸送船に超低空からの集中攻撃を浴びせ、二隻はそれぞれ数発の直撃弾を受け沈没した。この輸送船の一隻である貨物船甲子丸（二一九三総トン）には香港から乗船した邦人引揚者多数が乗船しており、激しい航空攻撃の中で、そのほとんどは犠牲になるという悲劇が発生したのだ。

残った五隻は撃沈された二隻の輸送船の遭難者の救助を行なった後、佐世保に向かったが、翌五日の正午前、再び敵爆撃機二〇機が来襲し、五隻の海防艦と掃海艇、半身不随の駆逐艦「天津風」に対し再び超低空からの爆撃、そして猛烈な機銃掃射を開始したのだ。この攻撃に対し各艦艇は激しい機銃射撃で応戦したが、海防艦一号と一三四号は数発の直撃弾を受け両艦ともに撃沈された。この攻撃で海防艦一号が多数の生存者を残しながら右舷に横倒しになっている姿を、攻撃した爆撃機から撮影した写真が現在も残っている。

敵爆撃機は機首に搭載している合計一二挺の一二・七ミリ機銃で、沈没に瀕している艦艇を繰り返し銃撃していった。これにより乗組員の犠牲は拡大し、海防艦一号の乗組員は士官一二名、准士官七名、下士官兵一六〇名のほとんどが戦死するという悲劇となったのである。

その６：海防艦一九号

丙型海防艦一九号は昭和十九年四月二十八日に完成した。本艦は約一ヵ月間の対潜戦闘訓練を終了後、直ちに第一海上護衛隊に編入された。そして九月末までに南方行きの大小じつに九回の船団護衛に参加している。そして十月十一日付でフィリピン攻防に関わる捷号作戦に投入される第一遊撃隊の給油艦の護衛の任務にあたることになった。

海防艦一九号はこの作戦に生き残り、その後はフィリピンとシンガポール間の小規模輸送船団の護衛任務についていた。その間の昭和二十年一月十日、海防艦一九号は海防艦一七号とともに三隻の輸送船とインドシナ半島南端のサンジャック泊地に仮泊していた。この仮泊の間にこの船団に先行していたヒ八六船団全滅の情報を受けた。この泊地への敵機の攻撃も間近と判断していたが、一月十二日の午前九時ころ、予想どおりに敵艦載機の編隊が泊地上空に現われたのだ。来襲した艦載機はグラマンF6F艦上戦闘機、グラマンTBM艦上攻撃機、カーチスSB2C艦上爆撃機で、戦闘機は当時すでにこの空域では日本側の防空戦闘機が存在しないために、ロケット弾を搭載し完全に攻撃機として参加していたのだ。来襲した敵機の総数は一〇〇機を越えていた。

敵機の群れは在泊する二隻の海防艦と三隻の輸送船に襲いかかったのである。非力な艦船に対する、まさになぶり殺しの攻撃であった。三隻の輸送船は多数の爆弾や魚雷を受け撃沈された。残る攻撃機群は海防艦一九号と一七号に目標を変え、群れをなして襲ってきたのであった。

この攻撃で海防艦一七号はたて続けに魚雷三本を受け、大爆発を起こし、瞬時に撃沈された。残る海防艦一九号も左舷中部に至近弾を受けた。このために本艦の吃水線下の舷側に無数の破口が開き浸水が始まった。浸水により機関が停止し、海防艦一九号は行動の自由を失ったのだ。その直後、こんどは右舷後部に魚雷が命中した。この爆発で艦尾甲板の砲塔付近から艦尾が切断された。たちまち艦は艦尾方向から沈下を始めた。この間も海防艦一九号にはつぎつぎとロケット弾が命中し、さらに幾発もの至近弾を浴びたのである。

午前十時二十七分、一九号は艦橋付近まで沈下し、この段階で総員退艦の命令により生存乗組員は海に飛び込んだのである。

この襲撃に際し二隻の海防艦の機銃が来襲した敵機に対しどれほどの損害を与えたかは不明である。

その7：海防艦二二号

海防艦二二号は二号（丁型）海防艦の一一番艦である。すでに紹介したとおり海防艦二号は船体形状や装備などのすべてが一号海防艦（丙型）と同じであるが、搭載された主機関が一号海防艦のディーゼル機関に対し蒸気タービンであることが基本的な違いである。この蒸気タービンの搭載により機関室がボイラー室とタービン室に分離されるために、船体の全長が丁型では丙型よりも二メートル長くなっている。

海防艦二二号は昭和十九年三月二十四日に完成したが、完成直後に海上護衛隊に編入されることなく連合艦隊の中部太平洋方面部隊、第三水雷戦隊付属に編入されるという変わった経歴を持った艦となった。海防艦二二号の第三水雷戦隊での任務は、サイパン島やパラオ島など内南洋方面での輸送・補給活動をする艦船の護衛であった。

この間の昭和十九年八月二十三日、海防艦二二号は哨戒艇一〇二号とともにマニラ行きの輸送船一隻（仁洋丸）を護衛していた。船団がフィリピンのキャビテ港に入港する直前に仁洋丸が敵潜水艦の放った魚雷を受け撃沈された。これに対し海防艦二二号は翌二十四日にかけて執拗な爆雷攻撃を仕掛けた。このとき海防艦二二号は敵潜水艦の潜伏位置を正確には把握していなかったが、敵潜水艦は日本の護衛艦のこれまでにない執拗な爆雷攻撃のために動けず、付近海域に潜航したままであった。

ところが二十四日の午前中になり、敵潜水艦は海防艦二二号の攻撃の隙を突き、突然同艦に対し魚雷二本を発射したのだ。海防艦二二号は危うくこの魚雷を回避した。この反撃により、同艦は敵潜水艦の位置の推定が可能になり、水中探信儀を駆使し執拗に敵潜水艦の所在を探索、ついにほぼ正確に潜伏位置を探知し、その周辺に続けざまに爆雷攻撃を行なった。投下した爆雷は一五個と記録されている。

その結果、爆雷投下付近から間もなく大量の気泡が吹き出し、さらに大量の重油が海面に浮かび出したのであった。この直後から同艦の水中探信儀から敵潜水艦の反応が消えたのだ。海防艦二二号は敵潜水艦一隻を確実に仕留めたことになったのである。

この戦果は米海軍の潜水艦喪失記録と位置的にも完全に一致した。撃沈された敵潜水艦はハーダーであった。本艦は昭和十八年六月以降作戦に投入され、合計一六隻（約五万四〇〇〇総トン）の日本の艦船を撃沈しているエース級の潜水艦であったのだ。ハーダーは商船以外に駆逐艦四隻と海防艦二隻も撃沈していた。

第22号

海防艦二二号はその後船団護衛以外にも、捷号作戦では連合艦隊の第一機動部隊第一補給隊の給油艦の護衛を行ない無事に生還している。

　この第一補給隊は特設給油艦たかね丸（一万二一総トン）と三隻の海防艦（二二号、二九号、三三号）で編成されていた。補給隊は任務終了後、奄美大島付近の海域を基地に向かって進んでいた。ところがこの海域には二群六隻の潜水艦からなる狼群グループが活動中であったのだ。

　船団が北上を続け薩摩半島の東南一三〇カイリ（約二四〇キロ）の海域に達したとき、突然給油艦たかね丸に魚雷二本が命中し爆発した。たかね丸はしばらく後に沈没したが、海防艦二二号と二九号は直ちに反撃に転じたのだ。両艦ともに水中探信儀を駆使し、敵潜水艦の探知に努めた。このとき海防艦二九号が敵潜水艦のおよその潜航位置を確認し、二二号とともに爆雷攻撃を展開した。このときの敵潜水艦の所在位置は深度九〇メートルと推定されていた。

　二隻の海防艦の爆雷攻撃は熾烈であった。深々度に潜伏する潜水艦に対する至近での爆雷の爆発力は強烈であった。敵潜水艦の船体外板には多くの損傷が生じ艦内への漏水も激しさを増した。潜水艦艦長は潜水艦の浮上を命じたのだ。

同日の午後十時頃、このとき海防艦二二号のレーダーは不調であったが、およそ五〇〇〇メートル前方の海面に敵潜水艦らしい輝点を発見した。この日の現場海域の上空は大半が厚い雲で覆われていたが一部が晴れており、そこから満月に近い月明かりが海面を照らし視界は利いた。そして夜間望遠鏡にも浮上している敵潜水艦を明確に見出すことができた。敵潜水艦はこのとき右舷に一五度ほど傾いている姿が望まれた。

海防艦二二号と敵潜水艦はほぼ同時に主砲による射撃を開始した。敵潜水艦は機関が故障しているらしく速力が遅かった。このとき海防艦二二号は三三号の応援を求めていた。海防艦三三号が応援に駆けつけて来る前、両艦の距離がおよそ五〇〇メートルに接近したとき、海防艦二二号は二五ミリ機銃の射撃を開始したが、敵潜水艦も二〇ミリ機銃で射撃を開始していた。

ただこの砲撃戦は潜水艦側に少しの分があった。潜水艦は上甲板をわずかに海面上に出した状態であるのに対し、海防艦はその姿が海面上に大きく現われており射撃の標的になりやすかったのである。

両艦の間で激しい射撃が展開されたが、このとき曇り空に突然大きな雨雲が広がり激しい雨が降り出したのだ。この雨のために視界が利かなくなり、互いの姿を確認することが不可能になったのである。両艦は射撃を中止した。海防艦二二号の電波探信儀は不調で敵潜水艦の探知が不可能になっていた。敵潜水艦はこの間に遁走したのである。

この潜水艦はサーモンであった。同艦はその後かろうじてサイパンの潜水艦基地にたどり着き、応急修理の後ハワイの潜水艦基地へ帰投して本格的な修理に入ることになったが、損傷が激しく再度の作戦投入は不可能と判断され、後解体されたのである。

海防艦二二号はその後、台湾や沖縄方面行きの小規模船団の護衛に従事し、また対馬海峡周辺での対潜哨戒活動を行なっていたが、終戦も間近の昭和二十年六月二十三日に再び敵潜水艦撃沈の殊勲に輝いたのだ。

この日の午前七時三十分頃、能登半島の先端付近の禄剛崎付近の海上で、海軍九〇一航空隊の一機の哨戒機の磁気探知装置に潜航中の敵潜水艦らしき反応が現われた。この情報は直ちに付近の海域で哨戒活動中であった海防艦二二号に連絡された。

同艦は哨戒機に誘導され敵潜水艦発見海域に達すると、さっそく水中探信儀を作動させ潜航中の敵潜水艦の探索を開始した。その結果ほどなく海防艦二二号の水中探信儀に敵潜水艦の反応が現われたのだ。同艦は直ちに探知地点に対し繰り返し爆雷攻撃を行なった。その結果、それまで現われていた反応が突然消えたのだ。しかし潜水艦を撃沈した証は何も現われなかったが、このとき同時に哨戒機の磁気探知装置からも敵潜水艦の存在を示す反応が消えたのだ。海防艦二二号はこの結果を「敵潜水艦一隻撃破」として報告した。

戦後の米海軍の戦果照合から、この日時にこの海域で潜水艦ボーンフィシュが喪失していることが判明した。恐らく激しい爆雷攻撃で艦内装置が破壊され浮上操作が不可能になり、そのまま水深一〇〇メートル以上の海底に沈下し、乗組員全員が戦死したものと推測されたのである。

いずれにしても日本のあらゆる艦艇の中で、敵潜水艦を確実に二隻撃沈し一隻を大破（結果は実質上の喪失）させるという大記録を打ち立てたのは、海防艦二二号以外には存在しない。

その8：海防艦喪失に関わるエピソード

海防艦「天草」は「択捉」型の一一番艦として昭和十八年十一月二十日に完成した。「天草」は完成後直ちに海上護衛総隊第二海上護衛隊に編入され、内南洋方面への輸送船団の護衛艦としての任務が与えられた。

以後「天草」はサイパン島、硫黄島、パラオ諸島、小笠原諸島方面防備のための兵力および物資輸送船団の護衛を担当していた。この間昭和十九年に入り米機動部隊の航空攻撃や潜水艦攻撃に遭遇したが、無事に任務を果たしている。

昭和二十年二月二十四日、「天草」は小笠原諸島駐屯の守備隊に対する物資輸送船の護衛を行なった。そして任務を無事に終了し横須賀に向けて航行中、敵機動部隊の航空攻撃に遭

天草と同型の福江

遇した。

このとき船団上空に現われた敵機は十数機で、いずれも艦上戦闘機で爆装はしていなかった。しかし編隊を解いた戦闘機の群れは輸送船と護衛艦艇に対し激しい機銃掃射を浴びせてきたのだ。この攻撃で「天草」の乗組員二六名が犠牲になり、多くの負傷者を出すことになった。

敵戦闘機の機銃掃射は執拗で「天草」の上部構造物にはかなりの損傷が出たが、このとき「天草」の通信室に無数の機銃弾が飛び込み、通信設備が破壊され通信不能となった。「天草」は「択捉」型ではあるが、その後二五ミリ機銃が増備され、対空火力は竣工当時と比較し格段に強化されていた。この機銃射撃により「天草」は敵戦闘機一機に命中弾を与え、同機のパイロットがパラシュートで脱出するのが目撃された。

「天草」はこの輸送船団護衛の任務を無事に終えた

後、本州北部から北海道にかけての小船団の護衛任務を担当するとともに、三陸沖などでの対潜哨戒を展開していた。この間「天草」は少数機の敵艦載機の攻撃を頻繁に受けたが、いずれも無事に切り抜けていた。

終戦も間近に迫った昭和二十年八月六日、海防艦「天草」は他の数隻の艦艇とともに宮城県牡鹿半島の付け根の女川湾の奥、女川港内に仮泊していた。女川湾は幅が狭く奥行きの長い湾で、一番奥が漁港になっており、湾の北、西、南の三方が山に囲まれた艦艇の避泊地としては理想的な場所であった。

八月に入り東北沖の海上に敵機動部隊が遊弋しているとの情報を受け、八月六日に七隻の小型艦艇が女川湾に入り避泊し様子を見ることにした。これらの艦艇は標的艦「大浜」、海防艦「天草」、掃海艇一隻、駆潜艇一隻、特設砲艦一隻、特設駆潜艇一隻、そして小型の特設給油艦一隻であった。この中で強力な対空火器を装備しているのは標的艦「大浜」と海防艦「天草」であった。

「大浜」は基準排水量三〇〇〇トン近い比較的大型の艦であるが、本来の広い標的用の甲板の上には、一二センチ単装高角砲二門、二五ミリ三連装機銃四基と同単装二〇梃が装備されており、防空艦の様相を呈していた。また海防艦「天草」には二五ミリ機銃合計一二梃が装備されており、女川湾を攻撃してきた敵機に対しては、小型艦艇の集結ではあるが合計四四梃の二五ミリ機銃が対抗するという、強力な防空体制になっていた。

八月九日、牡鹿半島のはるか東沖合に米海軍の機動部隊と英海軍極東艦隊の機動部隊の空母群が遊弋していた。そしてその中の英海軍機動部隊の四隻の大型空母（フォーミダブル、ヴィクトリアス、インプラカブル、インディファティガブル）の飛行甲板上では、宮城県方面の航空基地、港湾、軍需施設を攻撃するために、一四四機の艦上戦闘機や艦上攻撃機が出撃の準備に入っていた。

空母フォーミダブル艦上のＦ４Ｕコルセア

この頃の東北方面には迎撃に現われる日本戦闘機も存在しなかったために、艦上戦闘機の大半は爆弾を装備し攻撃機として参加する状況にあった。この日も各空母の飛行甲板上で出撃待機する艦上戦闘機ヴォートＦ４Ｕコルセアの主翼下には、五〇〇ポンド（二二五キロ）爆弾二発が搭載されていた。

この日の早朝から女川湾の上空には単機、あるいは数機の敵機が現われては姿を消していた。敵機動部隊の偵察機であるらしい。女川町には早朝から空襲警報のサイレンが鳴り渡っていた。

海防艦「天草」は敵艦載機の襲撃の気配に錨を揚げ、湾の中央部まで移動し全火器の要員に対し待機命令が出され対空戦闘の準備に入った。

午前九時前に女川湾上にはまず二〇機ほどの敵艦載機の編隊が現われた。その後まもなくさらに二〇機ほどの編隊が姿を見せ、湾の上空を旋回した後、二つの編隊はいったん湾の北西方向の山陰の方に去っていった。その直後、北西の二つの山陰の谷沿いに低空で単縦陣に連なった敵機が湾の上空に侵入してきた。すべてヴォートF4Uコルセアである。編隊が現われると海防艦「天草」と標的艦「大浜」からは敵機に対し激しい二五ミリ機銃の射撃が始まった。猛烈な弾幕である。

一番機は緩降下の態勢で「天草」の艦尾方向から襲いかかり、二発の爆弾を投下した。最初の爆弾は「天草」の船体中央部に命中し船体を貫通し機関室外壁付近で爆発、吃水線下の外板に大きな破口を開けた。その直後から破口から海水が激しく艦内に侵入を始めたのだ。二発目の爆弾は艦首左舷舷側への至近弾となり、「天草」の艦首吃水線下にいくつもの破口を開かせここからも艦内に浸水が始まった。

このとき一番機は爆弾投下と同時に機首付近に機銃弾が命中したらしく、エンジン後部から薄く煙を吐き出し、右に機体を傾けながらキリモミ状態に入りそのまま対岸から至近の海

第34図　昭和20年8月9日の女川湾の状況

面に突入したのだ。搭乗員が負傷したらしかった。二番機以降四番機までがその直後に「天草」に爆弾を投下したが、いずれも命中せず至近弾となっている。

この日、女川湾を襲った英海軍艦載機は約四〇機とされているが、この攻撃で「天草」をはじめ女川湾に停泊していた艦艇のすべてが撃沈または大破着底の被害を受けた。そして英機動部隊の艦載機の損害は「天草」を襲った一番機のＦ４Ｕコルセア艦上戦闘機一機と、上空援護に参加し艦艇に機銃掃射を行ない被弾撃墜されたシーファイア艦上戦闘機（スピットファイア戦闘機の艦上機型）一機であった。

エピソードはこれからであった。この攻撃で「天草」に命中弾を与え、自らは撃墜された艦上戦闘機のパイロット、ロバートH・グレー海軍大尉は「天草」撃沈の功績で、イギリス軍最高の名誉戦功勲章であるヴィクトリア十字勲章を叙勲されたのである。

本来であればヴィクトリア十字勲章などは海防艦のような小型艦艇一隻の撃沈の戦果に与えられるような勲章ではない。なぜ彼がこの勲章を授与される（死後）

ヴィクトリア十字勲章

ことになったのであろうか。

彼のヴィクトリア十字勲章の勲記には「ロバートH・グレー海軍大尉は、一九四五年八月九日、日本の女川港内に停泊する艦船を攻撃したとき、被弾した機体を爆弾を搭載したまま自ら敵駆逐艦に突入させ、この艦を撃沈した。その行為は自らの身を犠牲にした軍人の最高の栄誉に値する」と記されていた。まさに日本の特攻攻撃と同じである。

グレー大尉機の墜落の状況は、当時女川湾に停泊していた多くの艦艇の乗組員に目撃されており、勲記に記載された内容とはまったく違っていることは確認されているのである。グレー大尉機の二番機のパイロットはこのときの状況をどのように報告していたのであろうか。

それによると彼は先行するグレー大尉機が爆弾を投下し、その一発が目標に命中するところは目撃しているが、その後は自分が目標に爆弾を投下するための操縦と操作に夢中で、グレー大尉機がどのようになったかは確認していないのである。また三番機と四番機も同様なのである。彼らはいずれも実戦経験が少なく、機体の操作に夢中で周囲の状況を確認する余裕がなかったのだ。

グレー大尉機が海防艦「天草」（駆逐艦と誤認）に爆弾を命中させたこと、同艦がその後撃沈されたこと、グレー大尉機が未帰還であったこと、二番機が攻撃直後にグレー大尉機の姿を見ていないこと、グレー大尉機が一直線に目標めがけて降下していったこと、等々の事象が総合され、いつしかこのような事実とは違う報告書が出来上がったのであろう。戦争中にはよく起きる誤認の結果で出来上がった受勲なのである。グレー大尉はカナダ出身のイギリス海軍への志願将校であったのだ。

宮城県仙台市では十数年前より毎年カナダ高校生徒の夏季ホームステイを受け入れてくれている。彼らカナダ人高校生は必ずヴィクトリア十字勲章を叙勲された唯一のカナダ人、そして自国軍人の鑑でもあるグレー大尉の戦没の地である女川湾を訪れ、自国の英雄に対し祈りをささげるのが習慣になっている。事実はどうあれカナダ人にとってのグレー大尉は自国の立派な英雄なのである。

第九章　海防艦の戦後

残存海防艦の行方

合計一七一隻建造された海防艦はその中の七四隻を戦闘で失った。しかし合計九七隻の生き残り海防艦も、その中の二九隻は損傷し、あるいは浅海に着底した状態で、可動不可能な状態であった。

終戦直後から航行可能な六八隻の海防艦は再び任務につくことになった。その任務は二つに分かれた。一つは外地で戦争の終結を迎えたおよそ六〇〇万人にも達する日本軍将兵や民間邦人の日本への引揚輸送である。今一つが日本沿岸に敷設された日米両軍の機雷の掃海作業であった。

残存可動海防艦の半数は引揚作業に投入された。六〇〇万人もの海外残留邦人の引き揚げには当時日本国内に残存していた大小の可動商船を動員しても、一〇年以上はかかるといわれた大問題であった。日本は商船ばかりでなく、終戦時に残存していた可動艦艇のすべてを動員し、また米国からリバティー型貨物船や大型戦車揚陸艦（LST）など多数の貸与を受け、終戦二年後の昭和二十三年度中には残留日本人の約八割の日本への帰還輸送を終了させたのであった。このとき動員された艦艇には破壊された状態の航空母艦「葛城」や軽巡洋艦「酒匂」ほか様々な特務艦、そして駆逐艦、さらには四〇隻にのぼる海防艦も含まれていたのであった。

引揚作業に従事した海防艦は艦上のすべての武装を撤去し、艦内の乗組員将兵の居住区に木材で応急の蚕棚を設け、また甲板上には応急の厠や炊事場を作り、一艦あたり二〇〇〜三〇〇名の引揚者を輸送することを可能にしたのである。復員作業に従事した海防艦の乗組員定員はおよそ四分の一に減っていた。

海防艦が輸送した帰還邦人の数は少なくとも二〇万人を下ることはなく、微力ながら海外残留者の日本への帰還輸送の力となったのであった。

一方、終戦直後から残存海防艦にはまったく新しい任務が与えられたのである。進駐してきた米軍は、占領軍最高司令部（GHQ）の命令の下に旧日本海軍に対し、日本沿岸周辺に日本海軍が敷設した五万個を超える機雷と、米軍が投下敷設した約一万個の機雷の掃海作業を命じたのであった。この命令に対し日本海軍の戦後組織としての第二復員省は、海軍の海防艦、掃海艇、駆潜特務艇、掃海艇、および乗組員を総動員し、直ちに敷設機雷の掃海を開

（上）復員輸送当時の占守
（下）シンガポールで英海軍に引き渡された第55号

始したのだ。

海防艦による掃海作業は昭和二十二年頃までにはほぼ終了し、復員輸送任務に活躍した海防艦とともに次なる命令を待つことになった。

残った海防艦に伝えられた次なる使命は、戦争賠償艦としての苛酷な運命であった。残存可動海防艦六八隻中、じつに六二隻（「占守」型一隻、「択捉」型四隻、「御蔵」型四隻、「鵜来」型七隻、丙型一七隻、丁型二九隻）が賠償艦としてアメリカ、イギリス、中国、ソ連の四ヵ国に引き渡されることになったのだ。

ただアメリカとイギリスに引き渡された海防艦は両海軍で使用する価値がないとされ、引き渡しが終わると直ちに日本の造船所やシンガポールの造船所で解体された。しかしソ連と中国に引き渡された海防艦には別な運命が待っていたのだ。

ソ連にはとくに極東水域で直ちに運用できる小型艦艇が不足しており、引き取られた海防艦は整備後、沿岸警備用の艦艇として使われたとされている。しかし厚い鉄のカーテンの彼方の詳細については以後まったく不明で、引き渡された海防艦のその後の運命については不明のままとなった。なお海防艦第一号の「占守」、そして「鵜来」型の「神津」はソ連に引き渡されている。

中国に引き渡された海防艦には新たな運命が待っていた。引き渡し先は中華民国で、戦争終結時の中華民国には実質的な海軍戦力は存在しなかった（制海権は日本が握っており、わずかに揚子江上流域に哨戒艇などの小型艦艇が存在するだけであった）。

中華民国は日本から海防艦を戦争賠償艦として受け取ると、これらを中華民国の新生海軍の戦力の一つとして運用することにしたのだ。しかし直後から展開された中華民国と中国共産党軍との間で勃発した内戦により、賠償海防艦もその所有を巡り翻弄されることになったのだ。そして一部の海防艦は新生中華人民共和国の新生海軍の戦力となった。

中華人民共和国海軍の所有となった海防艦のその後については定かでないが、中華民国側に残った海防艦は、一九六〇年代後半まで同国海軍の艦艇として在籍したが、その後老朽化のために解体されたという。

戦後の日本で活躍した海防艦

戦争は終わったが、海防艦の活躍はまだ続くことになった。しかしそれは戦闘行為ではなく平和な用途の活躍であった。

日本近海の海象に関わる気象観測は、終戦時までは日本海軍の任務の一つであった。しかし終戦直後からはしばらくの間、日本周辺海域の気象観測は米海軍と米陸軍航空隊（一九四七年＝昭和二十二年に米空軍として独立）の管轄の下で行なわれていた。

その中でもとくに日本本土はるか沖合（本州東方および東南方沖合）での定点気象観測は、最も重要な任務となっていた。しかし昭和二十二年に至り占領軍最高司令部（ＧＨＱ）は、この定点観測の任務を日本に移管することを決定した。これにともない日本の気象庁（運輸省管轄）は定点観測用の船の準備を迫られたのだ。

このとき、定点観測用の船舶として真っ先に候補に上ったのが、当時用途未定で係留されていた海防艦であった。そして定点観測用の気象観測船として準備されたのが「御蔵」型海防艦の「生名」と「鵜来」型海防艦の「鵜来」「新南」「竹生」「志賀」の五隻であった。

昭和二十三年五月にアメリカの沿岸警備隊を参考にして誕生した海上保安庁は、この定点観測の任務を担当することになったのである。

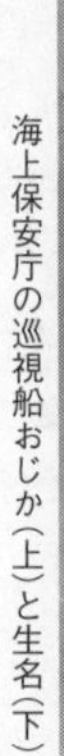
海上保安庁の巡視船おじか（上）と生名（下）

鵜来は海上保安庁の巡視船さつまとなる

志賀は「千葉市公民館こじま」となる

海上保安庁の定点観測船に選定された五隻の元海防艦は観測船としての改造が行なわれ、必要装備を搭載し、気象観測船として生まれ変わることになった。このときそれぞれ海防艦の艦名は次のように変更された。

生名　　おじか
竹生　　あつみ
鵜来　　さつま
新南　　つがる
志賀　　こじま

以後この五隻の気象観測船は交代で任務海域での定点観測を続けることになった。これらの観測船の船名はその後も毎年台風の季節になると新聞紙上で多くの国民が見かけ、親しまれるようになったのであった。

やがて新型の気象観測設備を装備した新しい気象観測専用船がつぎつぎと完成することにより、この元海防艦の気象観測船は退役することになった。そして昭和三十七年から四十二年にかけてすべてが退役し解体された。

しかしその中の一隻「こじま」（「鵜来」型海防艦「志賀」）は解体されず、予想外の用途に使われることになったのである。

昭和四十年に「こじま」は退役となったが、千葉市がこれを購入し、当時はまだ海岸であった稲毛の海岸の岸壁に本船を係留し、船内を改造し図書館（稲毛図書館）、集会所、宿泊施設の完備した「千葉市公民館こじま」として運営することにしたのだ。実物の船が公民館になったとして人気上々のスタートをきった。しかしその後稲毛海岸の埋め立てが進むと、「こじま」は陸の中に取り残され不思議な景観を醸し出すことになったのだ。

しかし本来が純然たる船舶であることから、その後改正された建築基準法や消防法を満たすことができず、さらに船体の腐食が進んでいることから、ついに「公民館こじま」は平成五年に休館となり、平成十年に解体された。ここに海防艦「志賀」は、じつに五六年という思わぬ長寿を保ち生涯を全うすることになったのであった。

第十章　イギリス・アメリカの護衛艦艇

イギリス海軍の護衛艦艇

　第二次大戦が勃発したとき、イギリス海軍には個々の商船や船団を護衛するための護衛艦艇が絶対的に不足していた。その結果、戦争勃発直後から世界第一位の商船隊を持つイギリスはドイツ海軍の潜水艦による予想外の損害に苦慮することになったのである。

　イギリス海軍は第二次大戦の勃発時点でドイツ海軍の潜水艦戦力を過少に評価していた。そのために既存の護衛艦艇だけで十分な船団の護衛が可能と考えていたのであった。

　ところが、ドイツ海軍は確かに開戦時には保有する実戦用の潜水艦は少なかったが、その数はイギリス海軍が予想していた数を上回っていた。また個々の潜水艦の性能もイギリス海軍の予想を超えて優れており、これらの潜水艦を指揮する各潜水艦長の戦術技量は優秀であったのである。さらに各潜水艦が数隻のグループで行動する、いわゆる「ウルフ・パック作

フラワー級ベゴニア

戦」（狼群作戦）を採用し、イギリス海軍の護衛艦艇を翻弄しイギリス商船に驚異的な損害を記録させることになったのである。

イギリス海軍が戦争勃発時点で保有していた護衛艦艇は、第一次大戦時から戦後にかけて建造された旧式駆逐艦一七八隻、スループ（中・小型護衛艦）三七隻の合計二一五隻であった。しかしこの中の約五〇隻は大西洋の全行程を航海できる能力を持っておらず、膨大な数のイギリス商船をすべて護衛することは不可能だったのである。

ドイツ海軍の潜水艦隊は戦争勃発直後から一九四三年前半まで、イギリス海軍の護衛艦隊戦力の絶対的な不足の間隙を突き、積極的な船団攻撃を実行した。その結果はイギリス商船隊の前途に絶望的な影を落とさせるまでに至ったのだ。

この絶対的な護衛艦艇の不足を補うために、アメリカは第一次大戦当時の旧式駆逐艦五〇隻をイギリスに貸与し、またイギリス自体も各種護衛艦艇の急速建造を展開した。

イギリスが最初に手がけた護衛艦艇の増強策は、北洋の遠洋漁業に使うトロール漁船や巻き網漁船の大規模徴用で、これら漁船に武装を施し護衛艦艇として投入することであった。しかしこうした特設護衛艇は燃料搭載量に限度があり長距離の船団護衛は不可能であった。そこで漁船の徴用と同時に展開したのが、遠洋トロール漁船の線図を利用し、これに燃料槽の増備や武装の強化が行なえる構造に改良し、急速建造を可能にした小型護衛艇の大量建造であった。この小型護衛艇はコルベットの名称で大量建造が行なわれたのである。

イギリス海軍が大量建造したコルベットの代表的な艇がフラワー級（艦名がすべて花の名前）コルベットである、そしてこのコルベットは合計二三三隻が建造され、護衛艦艇不足の取りあえずの急場をしのぐことができたのである。

フラワー級コルベットの要目は次のとおりである。

基準排水量　九二五トン
全長・全幅　六二・五×一〇・一メートル
主機関　レシプロ機関（最大出力二七五〇馬力）
最高速力　一六ノット
武装　一〇・二センチ単装高角砲一門
四〇ミリ単装機銃一梃、二〇ミリ単装機銃二〜七梃

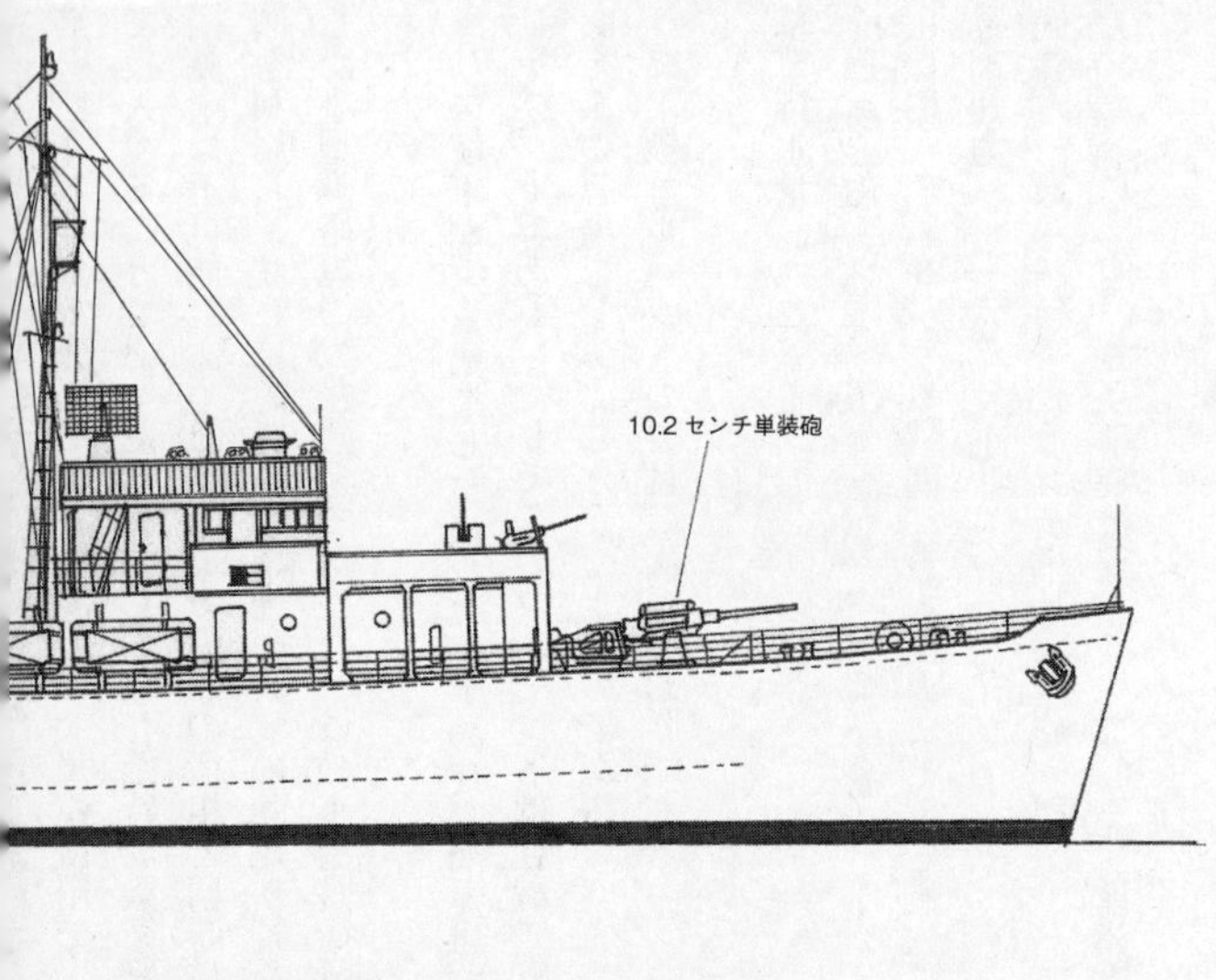
10.2センチ単装砲

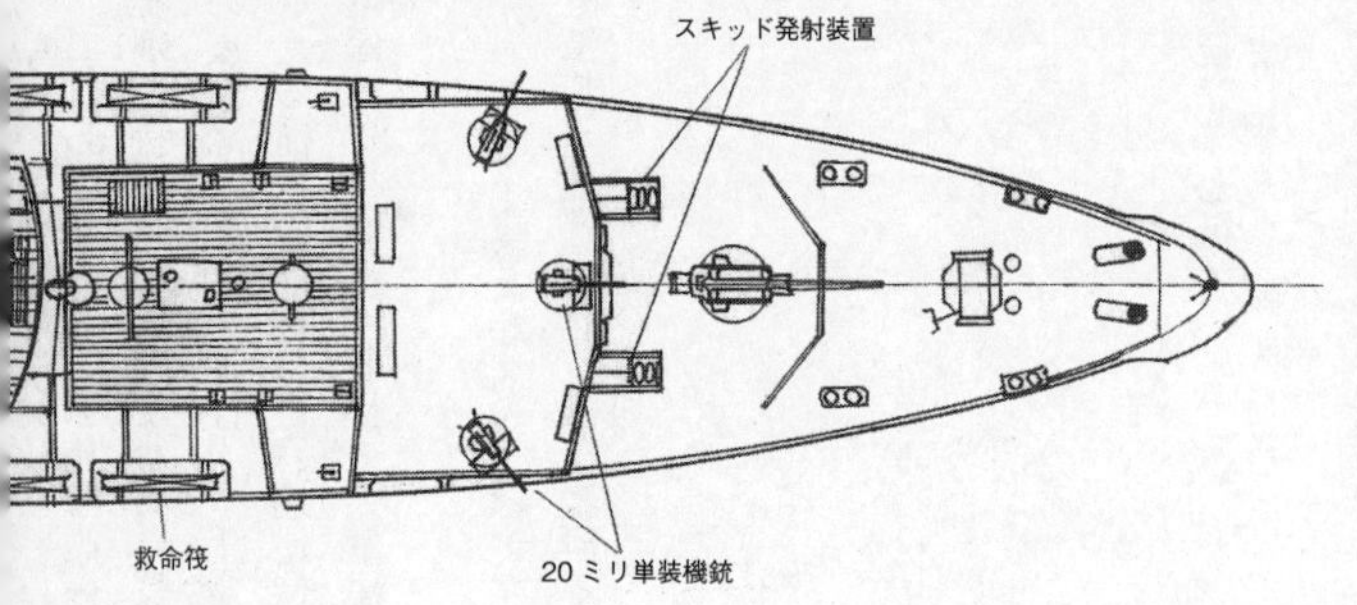
スキッド発射装置
救命筏
20ミリ単装機銃

第35図　フラワー級コルベット

基準排水量　925トン
全　　長　62.5m
全　　幅　10.1m
主 機 関　レシプロ機関
最大出力　2750馬力
最高速力　16ノット
武　　装　10.2センチ砲 ×6
40ミリボフォース機銃 ×1
20ミリ機銃 ×7
爆雷投射器 ×2~4
爆雷投下軌条 ×1

40ミリボフォース単装機銃

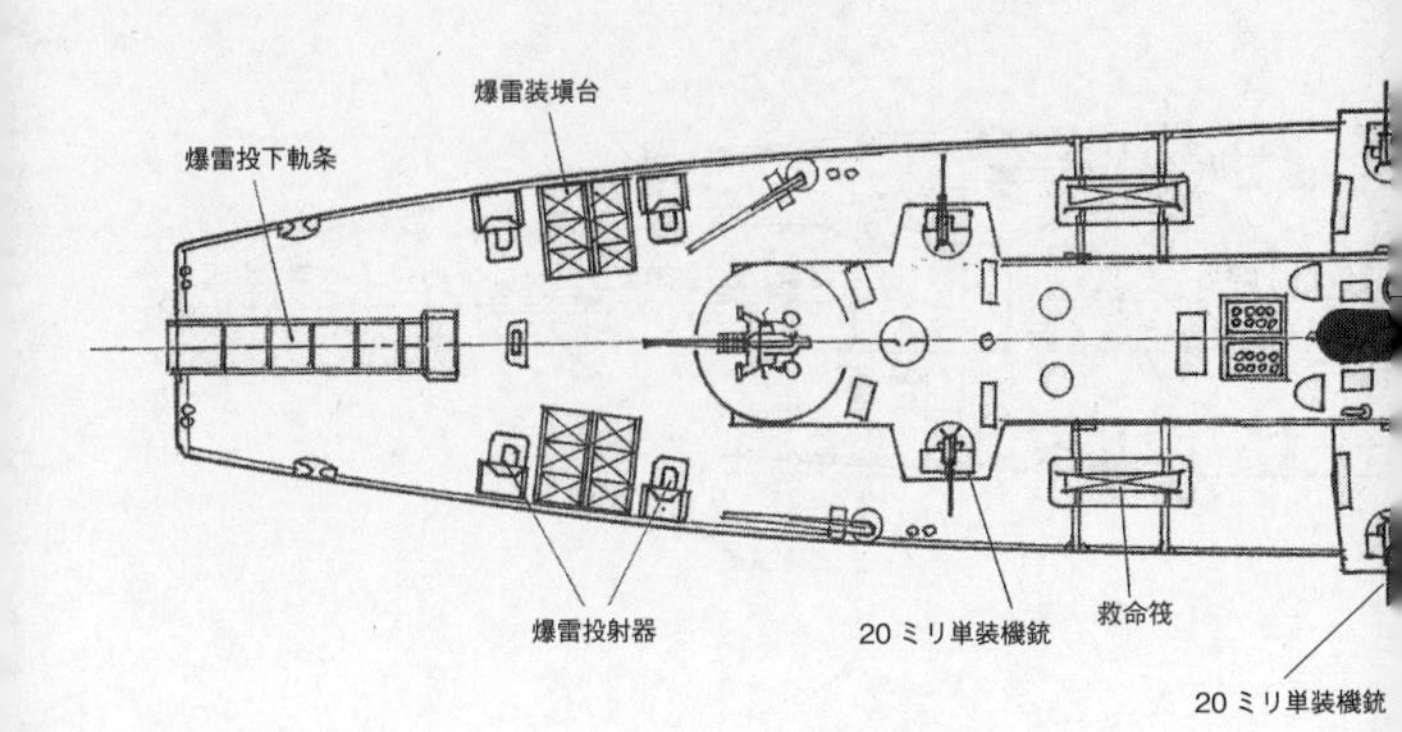

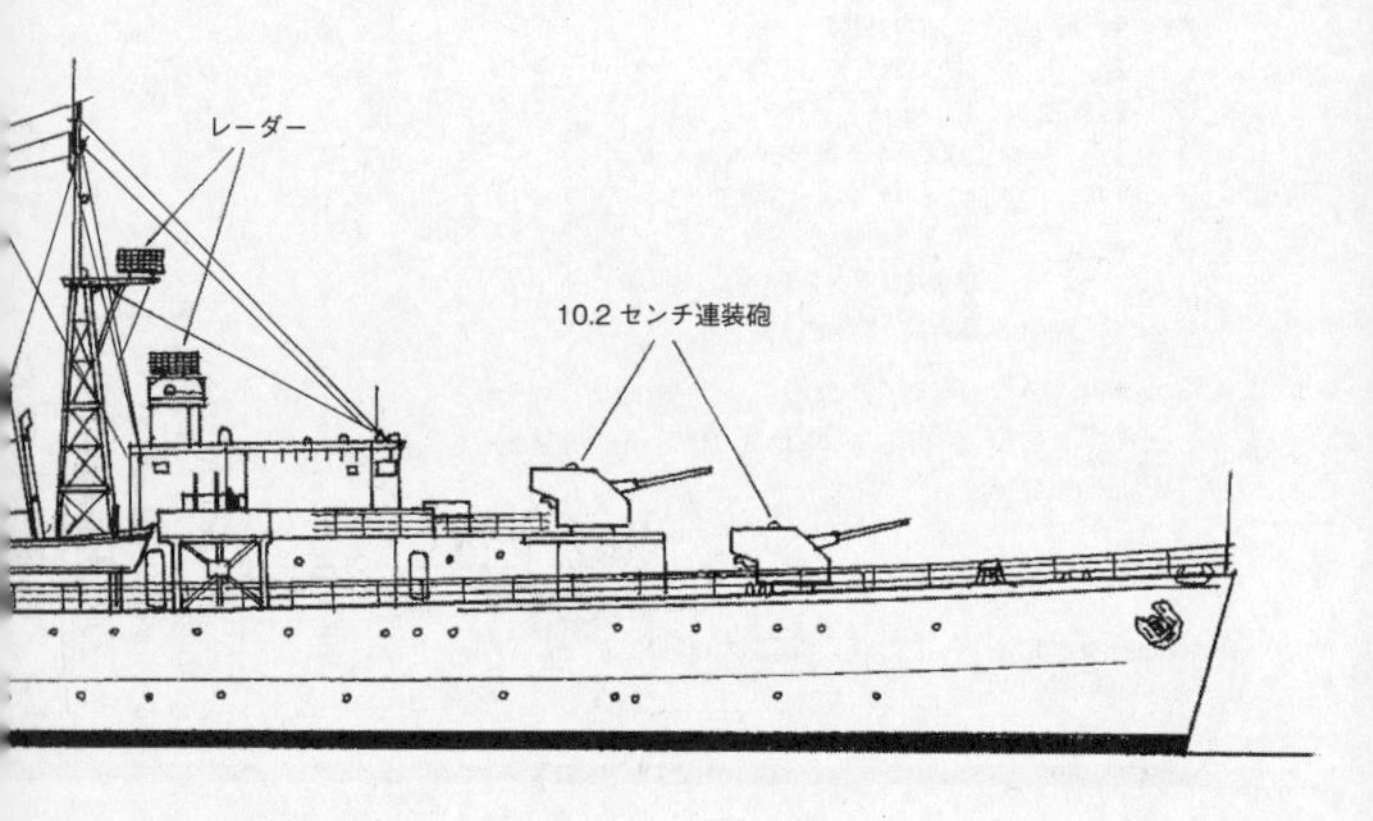
レーダー
10.2 センチ連装砲

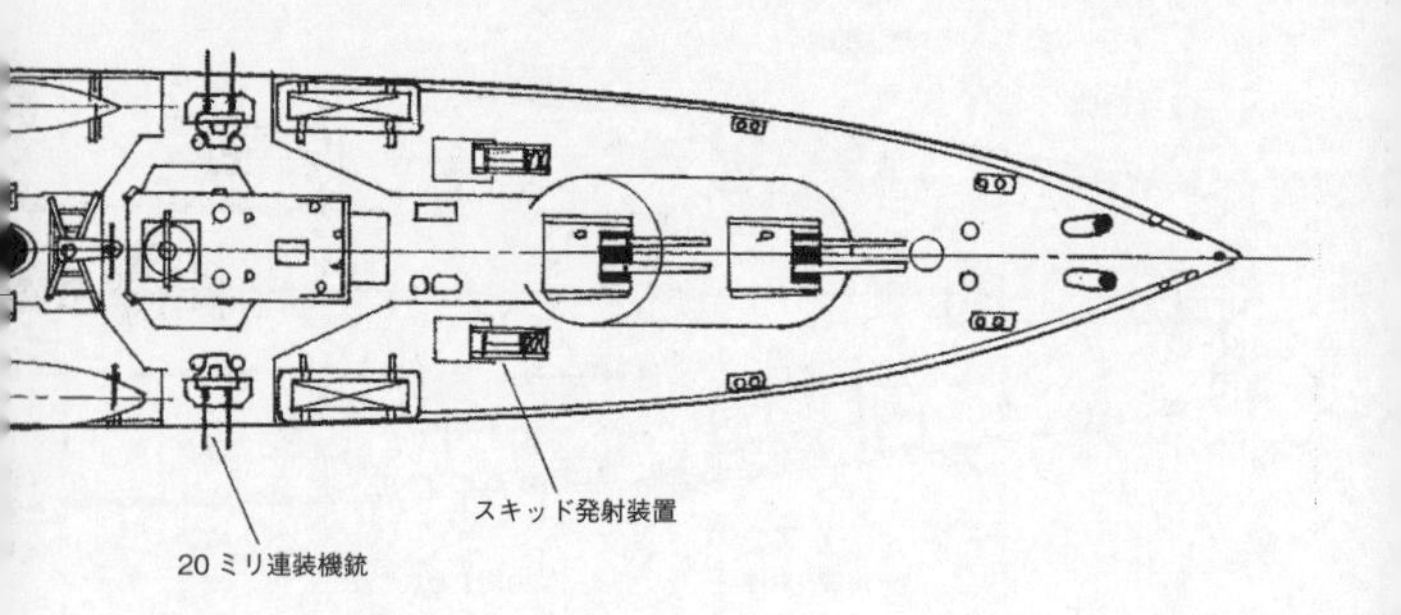
スキッド発射装置
20 ミリ連装機銃

第36図　ブラックスワン級スループ

基準排水量　1350トン
全　　長　91.3m
全　　幅　11.4m
主 機 関　タービン
最大出力　4300馬力
最高速力　20ノット
武　　装　10.2センチ砲 ×6
40ミリボフォース機銃 ×4
20ミリ機銃 ×10〜12
爆雷投射器 ×4
爆雷投下軌条 ×2
搭載爆雷量 60〜80

10.2センチ連装砲

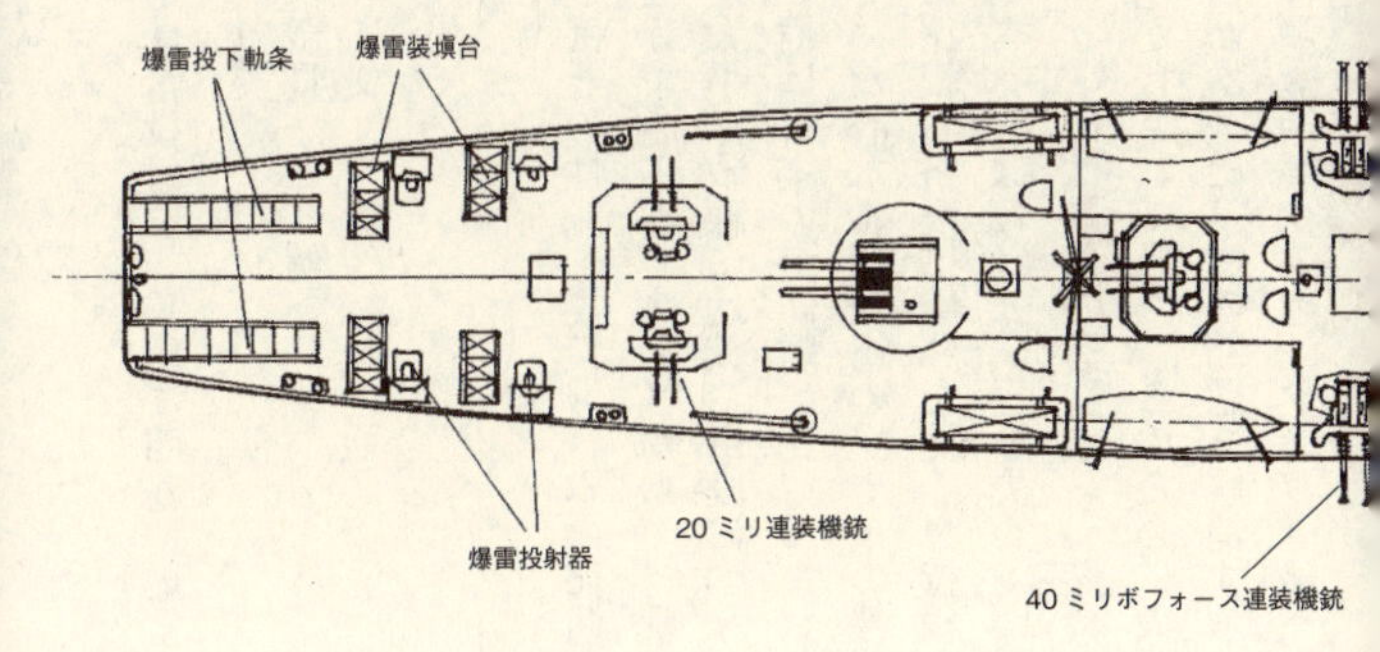

改ブラックスワン級スターリング

片舷用爆雷投射器（K砲）四基、爆雷投下軌条一基
爆雷搭載量一二〇個
スキッド二基

建造数　一四四隻

フラワー級コルベットはその性能も規模も日本の海防艦とほぼ同じととらえることができるが、大西洋海域では海上でのドイツ側の航空攻撃が太平洋戦線に比較し格段に少なかったために、対空火器の装備は日本の海防艦に比べ少ないのが特徴である。ただ備えていた潜水艦探知用のソナーの性能は、日本海軍の水中探信儀に比較し格段に優れた性能を持っていた。なおフラワー級コルベットは合計三一隻を失っている。

大量建造されたコルベットには船体の構造から、燃料槽の絶対的な不足という問題が残されていた。このために大西洋横断の船団護衛には難点があった。この問題を解消するために至急に準備された航洋型護衛艦がブラックスワン級やアメジスト級スループであった。しかしこれら護衛艦艇は構造が複雑化しており急速建造には向かないために、合計三三隻が建造されただけで終了し、同時に設計・建造が開始されていたリバー級（艦名がすべて河川の名前）フリゲートに建造が振り向けられたのだ。このリバー級フリゲートは成功した護衛艦で、一九四二年から合計二〇〇隻が建造された。

リバー級フリゲートの要目は次のとおりである。

基準排水量　一三七〇トン
全長・全幅　九一・九×一一・一メートル
主機関　レシプロ機関（最大出力五五〇〇馬力）／一部タービン機関
最高速力　二〇ノット
武装　一〇・二センチ単装砲二門
四〇ミリ単装機銃二梃、二〇ミリ単装機銃五梃
片舷用爆雷投射器（K砲）六基、爆雷投下軌条二基
爆雷搭載量一二〇個
ヘッジホッグ一基

イギリス海軍はこれら護衛艦艇よりさらに戦闘力を強化した、護衛専用の護衛駆逐艦を戦

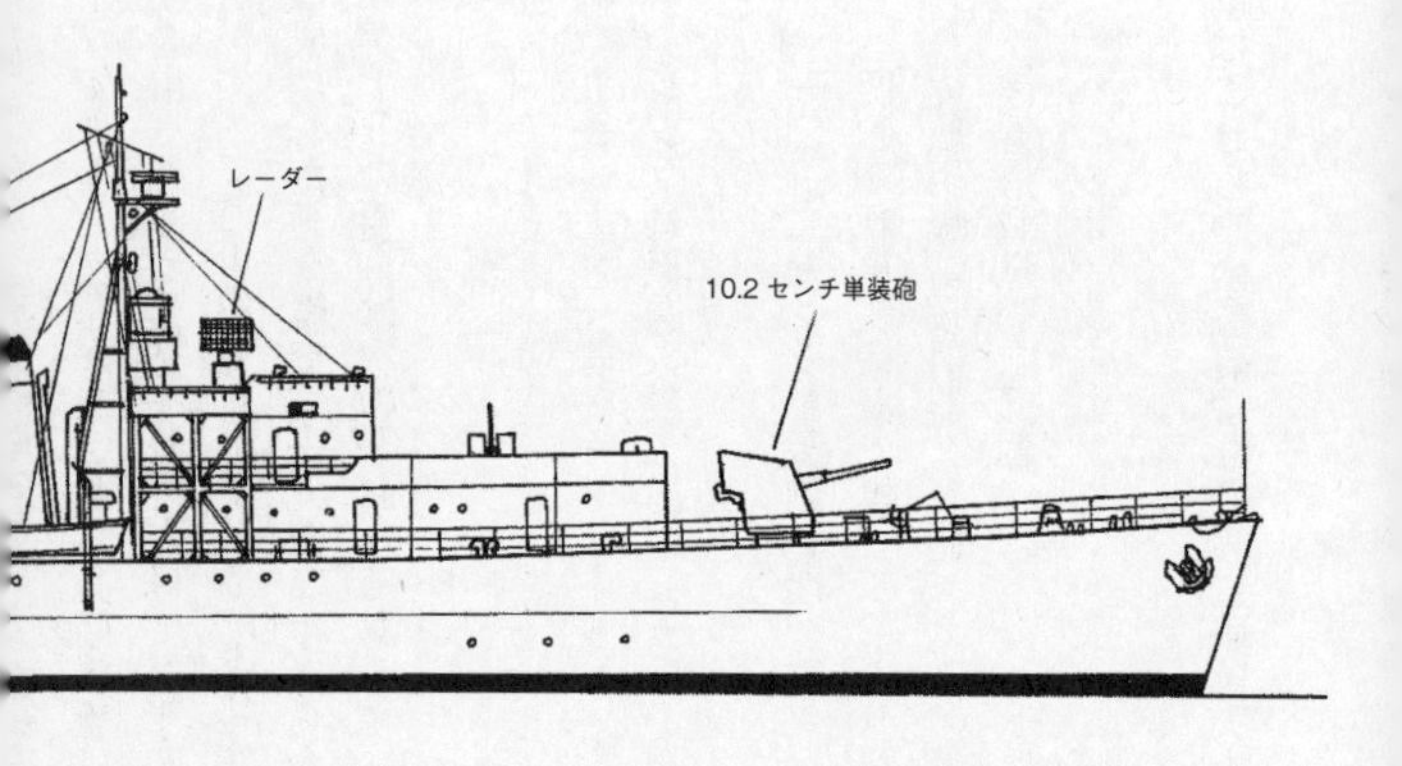
レーダー
10.2センチ単装砲

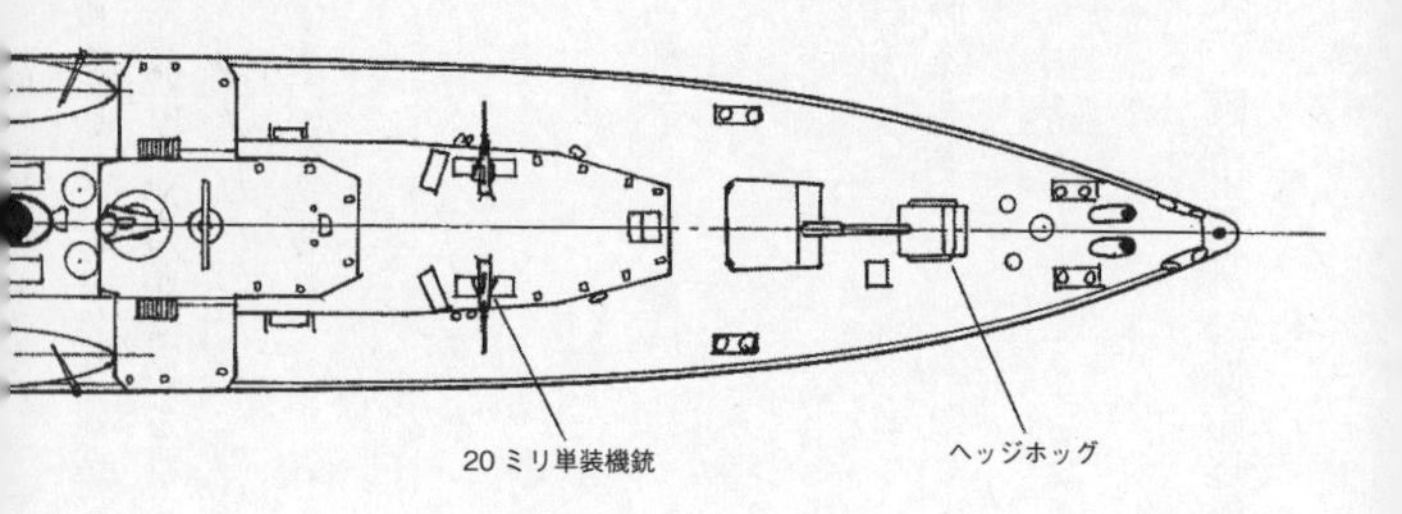
20ミリ単装機銃
ヘッジホッグ

第37図　リバー級フリゲート

基準排水量　1370トン
全　　長　91.9m
全　　幅　11.1m
主 機 関　レシプロ機関
最大出力　5500馬力
最高速力　20ノット
武　　装　10.2センチ砲 ×2
40ミリボフォース機銃 ×2
20ミリ機銃 ×5～8
爆雷投射器 ×6
爆雷投下軌条 ×2
搭載爆雷量 120

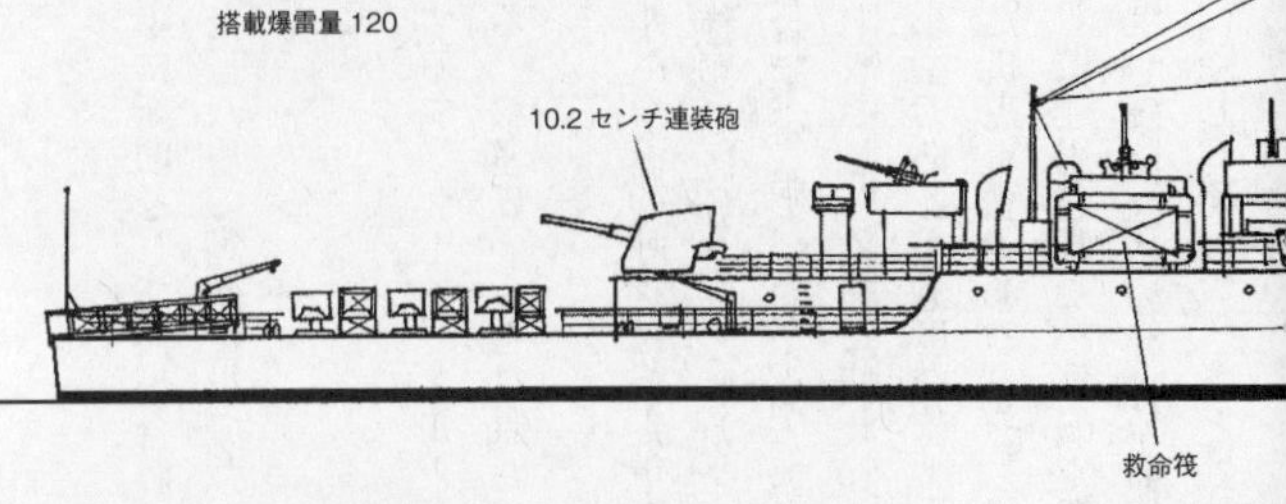

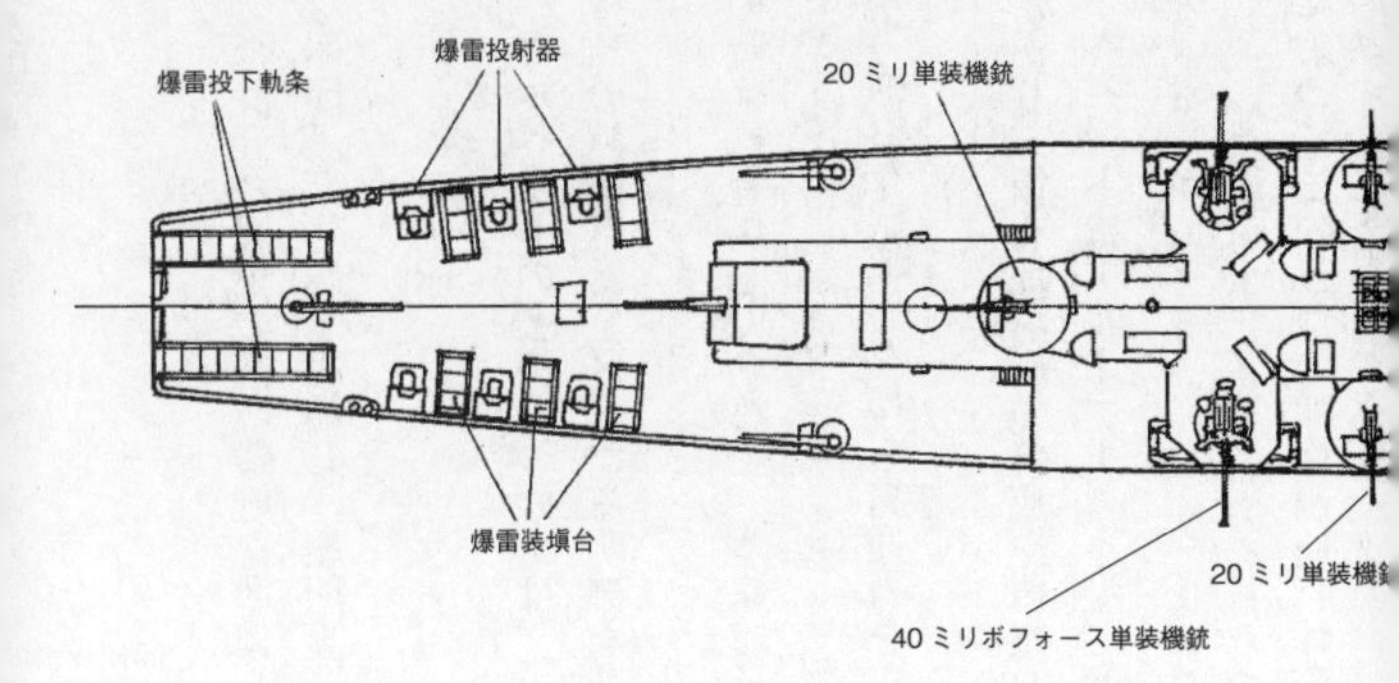

争中期から合計一〇〇隻建造した。

イギリス海軍は第二次大戦中に新旧そして大小合わせて合計五六四隻の護衛艦艇を準備し、さらにアメリカから供与された三八隻の護衛空母で強力な船団護衛体制を組織し、船団護衛を完遂したのであった。

イギリスの護衛艦艇に登場するフリゲート、スループ、コルベットの艦種については、いささか厄介な説明が必要である。厳密にいうとこれら三種類の護衛艦艇を区分する明確な基準はない。

フリゲート、スループ、コルベットの呼称は帆走軍艦の時代に登場した名称で、本来はその任務と武装によってこの三種類は区分されていた。フリゲートは戦列艦(後の戦艦、重巡洋艦に相当する砲戦力が強力な帆走軍艦)より小型で、相当強力な砲戦力を持ち高速力を出せる帆走軍艦を称し、偵察や哨戒そして戦闘に使われた。

スループはフリゲートより小型であるが適度な砲戦力があり、領有地沿岸の警戒や偵察および侵入者との戦闘に使われた帆走軍艦である。そしてコルベットはスループより小型で数門の砲を搭載しパトロールなどに運用された小型帆走艦艇であった。

第二次大戦中のイギリス海軍では再びこの呼称が使われ、駆逐艦以下(魚雷戦力を持たない)の規模の護衛艦艇の建造に際し、その大きさと武装によってこの三つの呼称が使われることになったのである。しかしこの呼称を厳密に区分する規則や拘束力はとくになく、第二次大戦中にイギリス海軍で呼称された「曖昧な」艦艇分類と理解すべきである。

なお第二次大戦後、フリゲートとコルベットという呼称は残り、現代では各国海軍のかつての駆逐艦に相当する、あるいは巡洋艦に近い規模の艦は一般的にフリゲートと呼ばれ、基準排水量一〇〇〇トン以下の艦艇は通称コルベットと呼ばれる場合が多い。第二次大戦中のアメリカやイギリスは日本の海防艦をコルベットと称していた。日本の海防艦は規模的にはまさにイギリスのフラワー級コルベットに類似であったといえよう。

なお日本ではよく「フリゲート艦」という言葉が使われるが、厳密にはこの呼称は正しくない。本来「フリゲート」や「コルベット」はその名称自体が「艦艇」の種類を意味する言葉である。

アメリカ海軍の護衛艦艇

第二次大戦中のアメリカは、自国の商船隊の商船を船団形式にまとめて運用する、という思想は存在しなかった。船団形式で運用するのは、軍用に建造された専用の貨物船（リバティー型貨物船）や専用に設計され建造された輸送艦、および専用に設計され建造された兵員輸送艦の、侵攻作戦時における大規模運航に限られていた。

言い換えればアメリカには自国の作戦において、自国の商船隊を大船団に仕立てて運用す

バックレー級ルーベン・ジェイムス

るという思考はなかったのである（イギリス救援のためにアメリカ商船がイギリスの船団に組み込まれ運航される場合はあったが、この場合の多くはイギリス側の護衛艦艇に援護されていた）。

アメリカが侵攻作戦において大船団を送り出す場合、あるいは個々の上陸作戦で輸送艦艇を護衛する場合には、その船団の護衛は護衛専用に建造された護衛駆逐艦と呼ばれる新しい艦種の艦によって行なわれた。

護衛駆逐艦は船団を襲撃してくる可能性のある敵の中小艦艇に対抗するために、適度な砲戦力と一部の艦には魚雷発射管も搭載し、同時に対空火器も強化されたフリゲートやコルベットを上回る戦力を持った護衛艦艇といえる。

護衛駆逐艦は六型式合計四二三隻も建造されたが、結果的には哨戒、防空、対潜戦闘、護衛にと広範囲に使える便利な艦艇となり、日本海軍の潜水艦の多くもこの護衛駆逐艦の攻撃にさらされ、犠牲を強いられている。

またアメリカ海軍は一九四三年中期以降、護衛空母一隻と護衛駆逐艦四隻ないし五隻で対潜攻撃チームを編成し、船団護衛とは別に自由な対潜攻撃活動を展開し、大西洋戦域では多くのドイツ潜水艦がこのチームに狩り出され撃沈されている。

戦後のアメリカ映画に「眼下の敵」という、アメリカ駆逐艦とドイツ潜水艦との緊迫した対潜攻撃の姿を映し出した映画があったが、このときの主役として登場するアメリカ駆逐艦はバックレー級の護衛駆逐艦である。

次にこのバックレー級護衛駆逐艦（一〇二隻建造）の要目を示す。

基準排水量　一四〇〇トン
全長・全幅　九三・三×一一・二メートル
主機関　ターボエレクトリック機関（最大出力一万二〇〇〇馬力）
最高速力　二三・五ノット（二軸推進）
武装　七・六センチ単装高角砲（一部一二・七センチ）三門
四〇ミリ四連装機銃一基、二〇ミリ単装機銃八梃
三連装魚雷発射管一基（予備魚雷なし）
片舷用爆雷投射器（K砲）八基、爆雷投下軌条二基
ヘッジホッグ一基

(上)エバーツ級シーダーストロム
(下)ジョン・C・バトラー

エバーツ級護衛駆逐艦は、第二次大戦中にアメリカが合計四二三隻建造した護衛駆逐艦の第一陣である。

本級護衛駆逐艦は対潜水艦攻撃に重点を置いた船団護衛専用の駆逐艦で、一九四三年から翌年にかけて合計六五隻が完成している。既存の駆逐艦に比較し爆雷投射装置やヘッジホッグ等の配置が強化されており、主機関にディーゼル機関を採用していることに特徴がある。

ジョン・C・バトラー級護衛駆逐艦は護衛駆逐艦の最後の型式として建造されたもので、一九四四年一月から戦争終結までに合計一〇六隻が建造された。

ジョン・C・バトラーは本級の一号艦で一九四四年三月に完成、その後太平洋戦域の各上陸作戦で上陸部隊の護衛に活躍し、一九七〇年に除籍・解体された。

本級は八三隻が完成し残りの二三隻は建造中止となった。本級は四隻が戦没しているが全て太平洋戦域である。

エバーツ級護衛駆逐艦

基準排水量　一一四〇トン
全長・全幅　八八・二×一〇・七メートル
主機関　ディーゼルエレクトリック機関（最大出力六〇〇〇馬力）
最高速力　二一ノット（二軸推進）
武装　七・六センチ単装砲三門
四〇ミリ連装機銃一基、二〇ミリ単装機銃九梃
片舷用爆雷投射器（K砲）八基、爆雷投下軌条二基
ヘッジホッグ一基

ジョン・C・バトラー級護衛駆逐艦

基準排水量　一三五〇トン
全長・全幅　九三・二×一一・二メートル
主機関　蒸気タービン（最大出力一万二〇〇〇馬力）

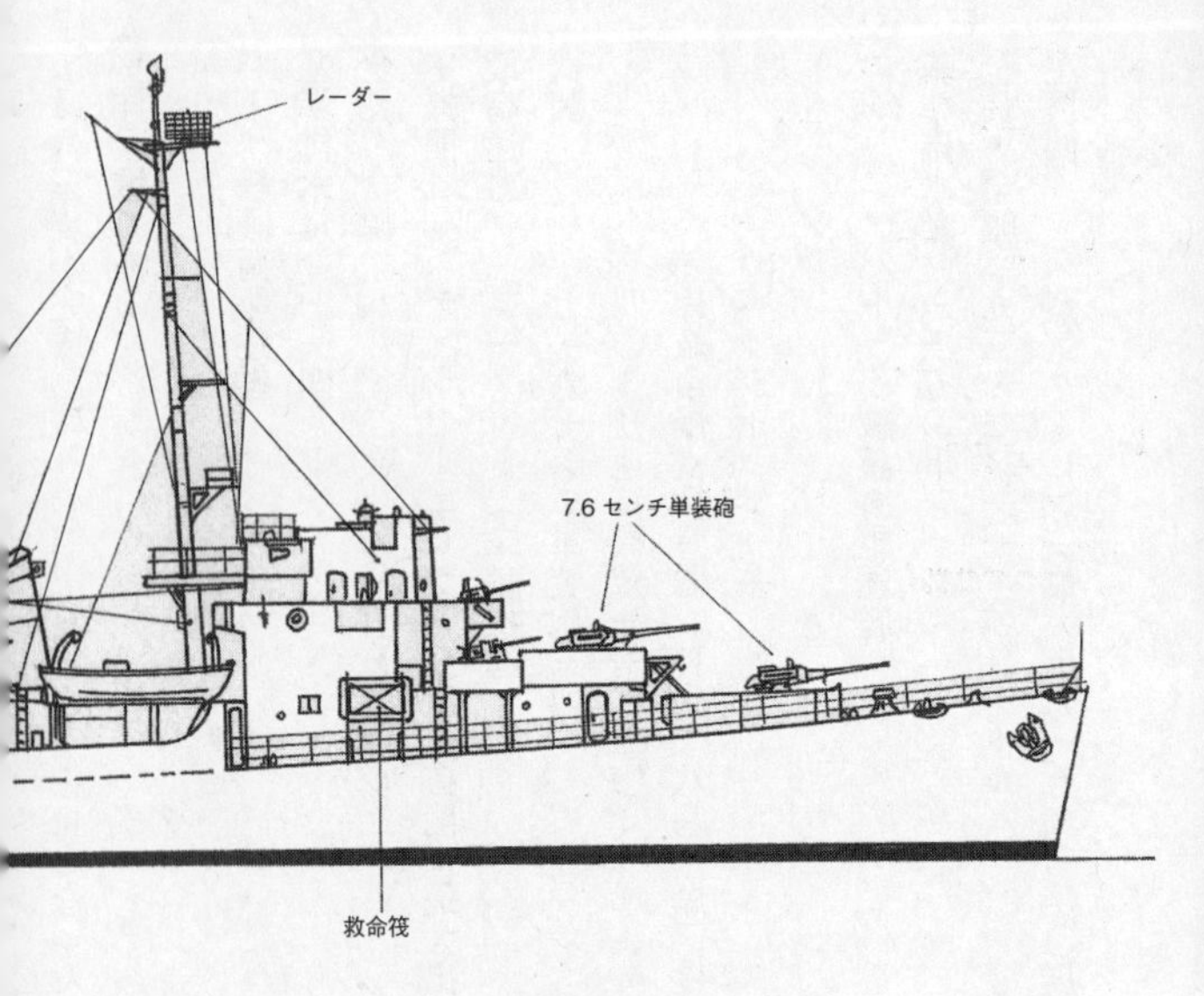
レーダー
7.6センチ単装砲
救命筏

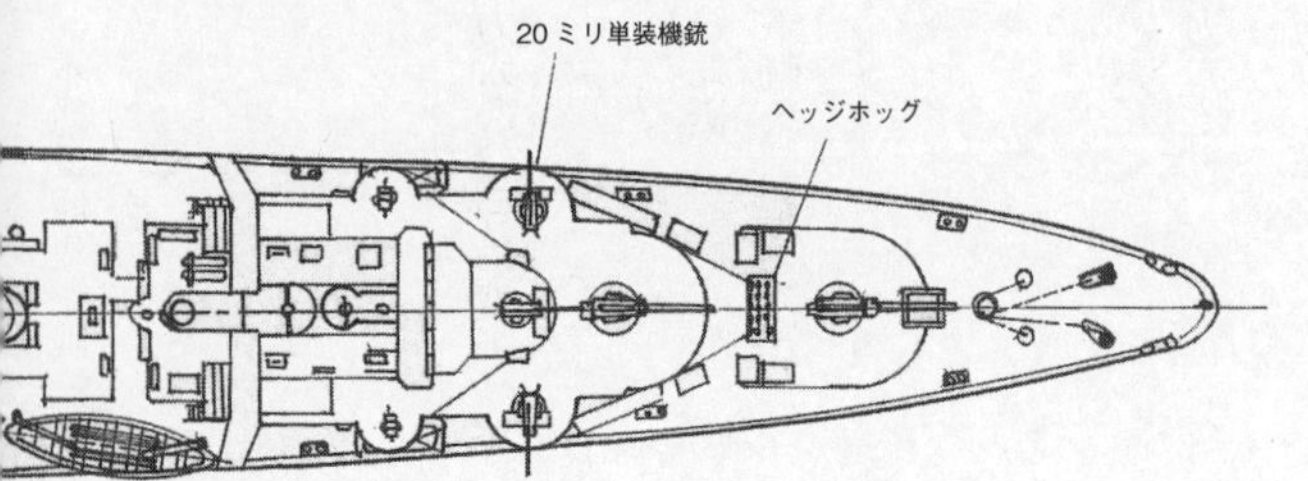
20ミリ単装機銃
ヘッジホッグ

第38図　エバーツ級護衛駆逐艦

基準排水量　1150トン
全　　　長　87.7m
全　　　幅　10.6m
主　機　関　ディーゼル
最大出力　6000馬力
最高速力　21ノット
兵　　　装　7.6センチ砲 ×3
40ミリボフォース機銃 ×2
20ミリ機銃 ×9
爆雷投射器 ×8
爆雷投下軌条 ×2
ヘッジホッグ ×1
搭載爆雷量 100

7.6センチ単装砲

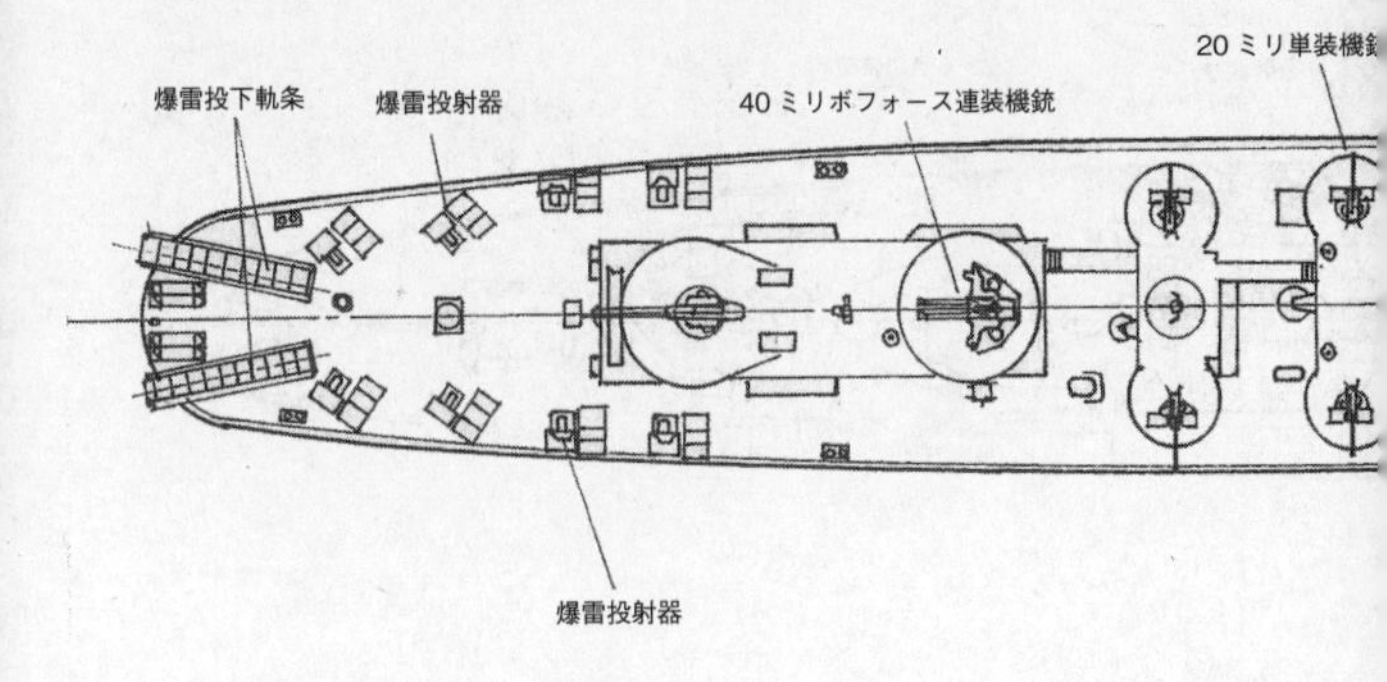

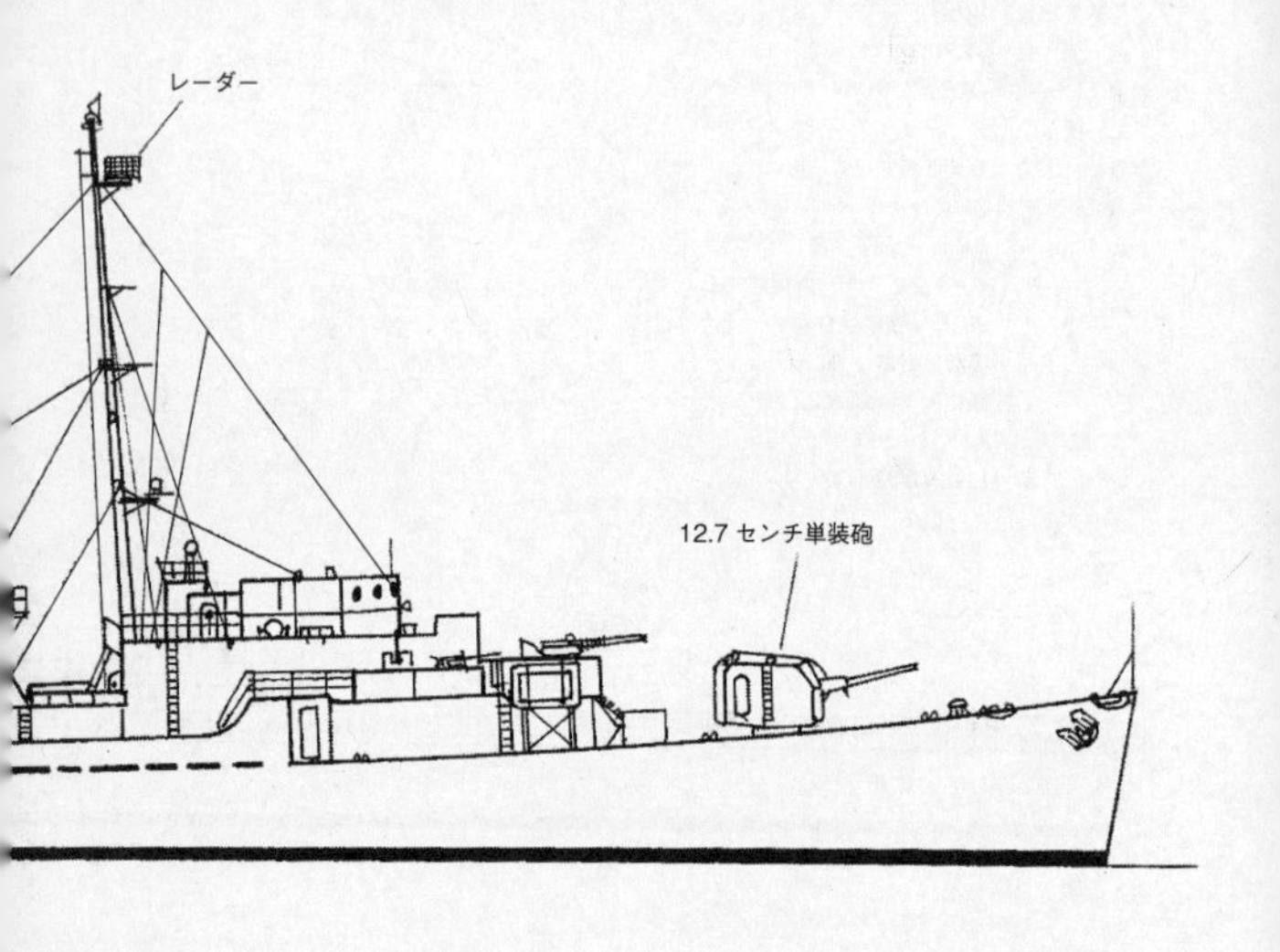

レーダー
12.7センチ単装砲

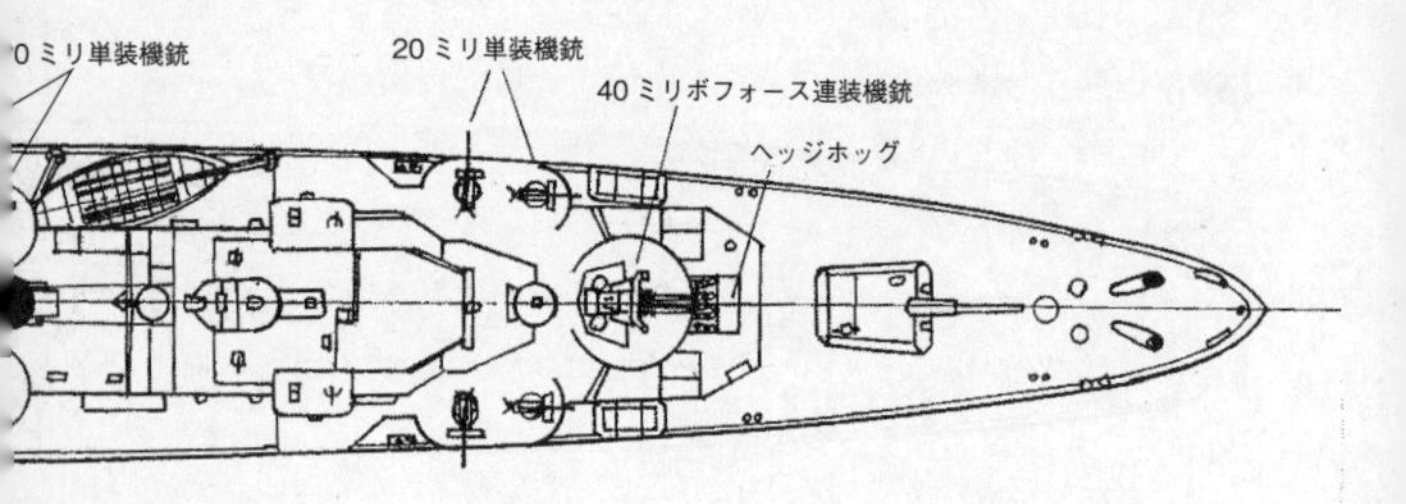

0ミリ単装機銃
20ミリ単装機銃
40ミリボフォース連装機銃
ヘッジホッグ

第39図　ジョン・C・バトラー級護衛駆逐艦

基準排水量　1350トン
全　　　長　93.2m
全　　　幅　11.2m
主　機　関　蒸気タービン
最大出力　12000馬力
最高速力　24ノット
兵　　　装　12.7センチ砲 ×2
　　　　　　40ミリボフォース機銃 ×4
　　　　　　20ミリ機銃 ×10
　　　　　　爆雷投射器 ×8
　　　　　　爆雷投下軌条 ×2
　　　　　　ヘッジホッグ ×1
　　　　　　搭載爆雷量 120

12.7センチ単装砲

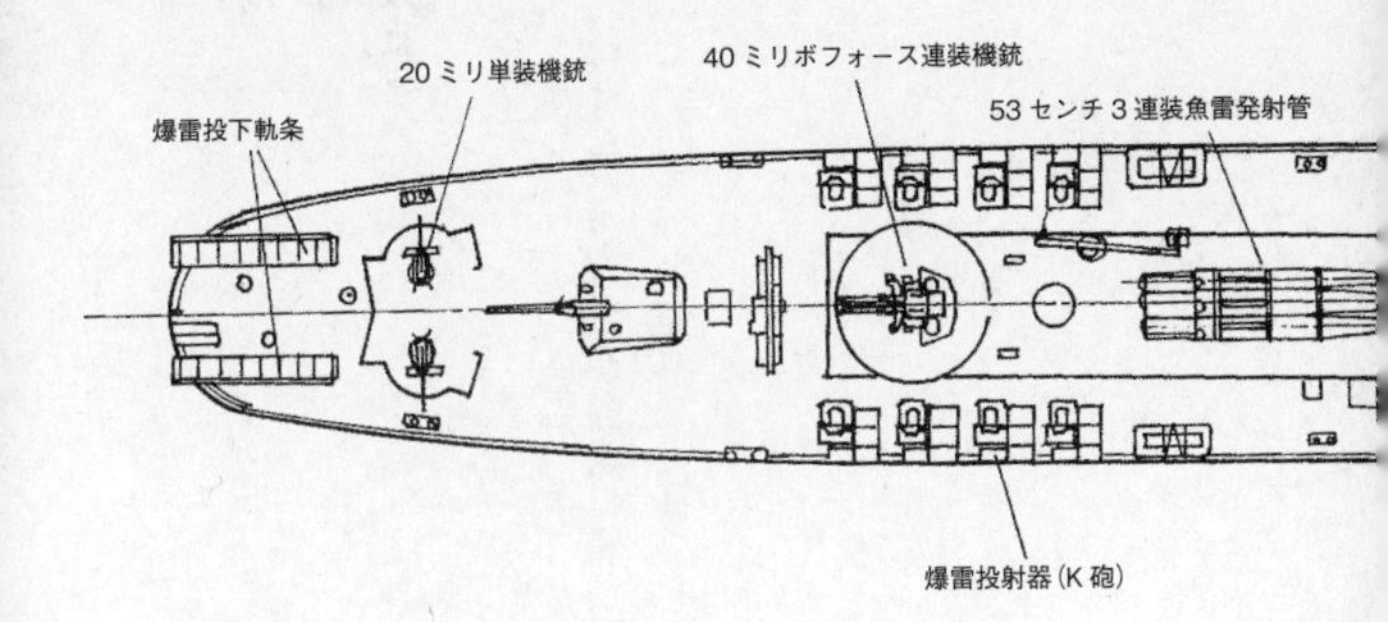

最高速力　二四ノット（二軸推進）

武装　一二・七センチ単装砲二門

四〇ミリ連装機銃二基、二〇ミリ単装機銃一〇梃

片舷用爆雷投射器（K砲）八基、爆雷投下軌条二基

ヘッジホッグ一基

なおこれら大量の護衛駆逐艦の艦長は日本海軍と同様に、ほとんどすべてが商船の船長や航海長の経験のある予備海軍少佐で、乗り組み士官もほとんどが同じく予備海軍士官であった。

第十一章　幻の艦艇・海防艇

太平洋戦争の末期に「海防」という名称のついた艦艇の建造が計画され、建造が開始された。この艦艇は「海防」の名称は使われているが、護衛艦艇を意味する海防艦ではなく、特異な用途に使われる目的で計画された艦艇であった。

この艦艇の名称は「海防艇」と呼ばれるまったく新しいカテゴリーの艦艇である。本艇については詳細な資料が存在せず、判明している範囲での解説にとどめることにする。

海防艇とは、特攻兵器「回天」の輸送および発進を目的とした艦艇であるが、駆潜艇と同様に日本沿岸での対潜哨戒も任務の一つとなっているが、小型であるために航洋航海能力に欠け船団護衛に使うことは不可能であった。

規模は基準排水量五〇〇トンにも満たない艦艇で、昭和十九年度策定の戦時艦艇建造補充計画に基づき計画された、まったく新しいカテゴリーの艦艇であった。

本艇の用途は、水中特攻兵器「回天」一基または二基を出撃基地に輸送すること、そして機会があれば、回天を搭載し、沿岸に迫る敵艦隊や輸送船団に肉薄し回天を発進させることも目的とされた。勿論、駆潜艇の代用として沿岸の哨戒や対潜攻撃に運用されることも計画されていた。

本艇は最優先建造の艦種として直ちに設計が開始された。しかし当初計画された基準排水量二五〇トン、最高速力二〇ノットとすることは、主機関として予定されていた一〇〇〇馬力級ディーゼル機関の生産能力の絶対的な不足から、より入手可能な低出力のディーゼル機関を採用し、最高速力一二ノットとすることで、改めて設計は開始された。

海防艇には二種類が計画された。外形や武装などはほぼ同一であるが、鋼材の不足は避けられず、半数は木製の船体で建造することが計画され、そのために二種類の海防艇が建造されることになったのである。

この二種類の海防艇は、鋼製は「甲型または一型」、木製は「乙型または二型」と呼ばれることになった。甲型と乙型の要目は次のとおりである。

甲型（鋼製）

公試排水量　二八二トン（計画）

全長　四八・五メートル（水線間長）

全幅　五・三六メートル
吃水　二・三六メートル
主機関　ディーゼル機関（最大出力四〇〇馬力）二基
推進　二軸
最高速力　一五ノット（計画）
武装　二五ミリ三連装機銃一基または四〇ミリ機銃一梃
　二五ミリ単装機銃六梃
　爆雷四個（回天非搭載時には最大六〇個）
　特攻兵器回天一または二基

乙型（木造）
公試排水量　二九〇トン（計画）
全長　四七・五メートル（水線間長）
全幅　六・〇九メートル
吃水　二・四五メートル
主機関　ディーゼル機関（最大出力四〇〇馬力）二基
推進　二軸

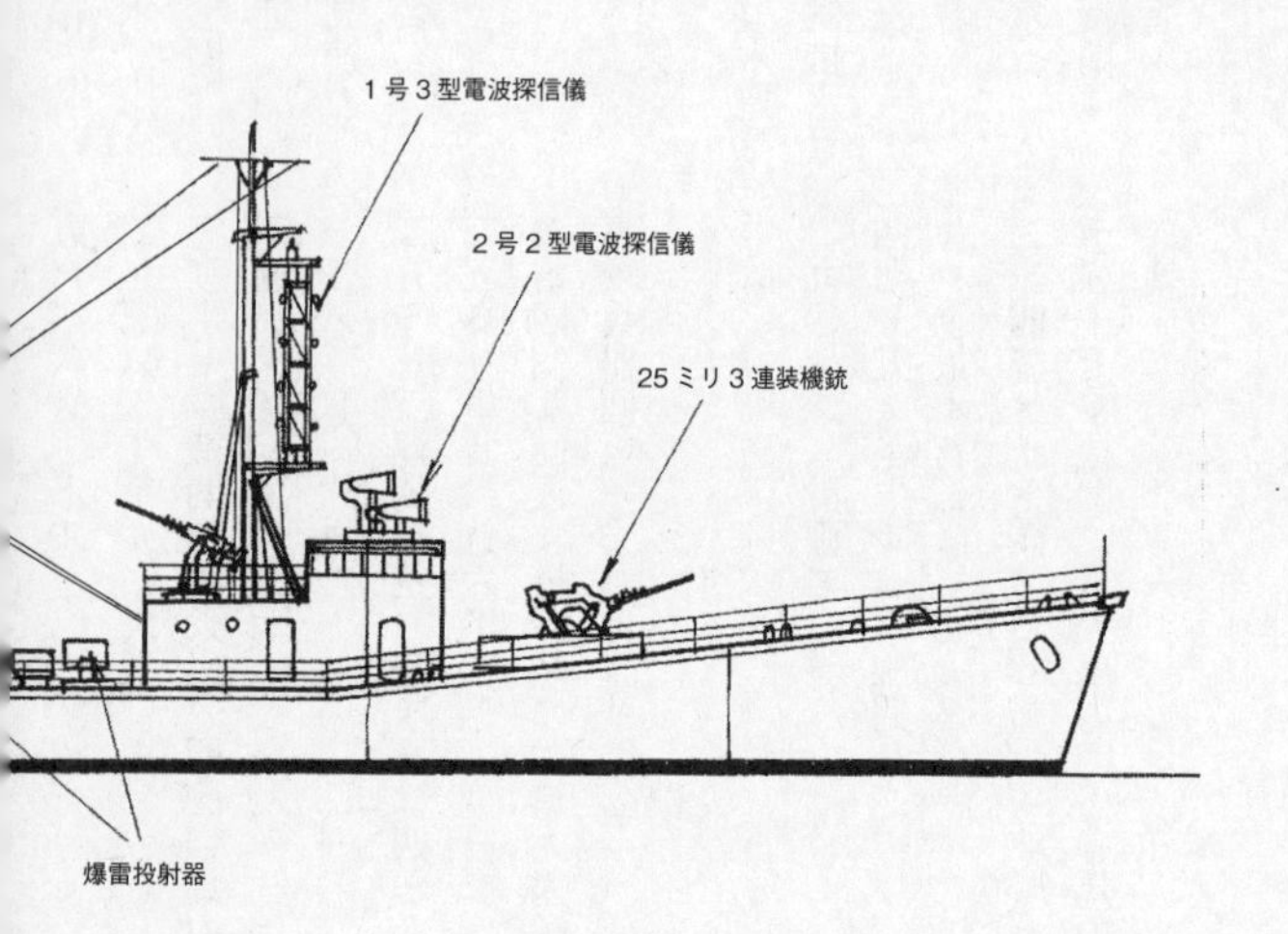
1号3型電波探信儀
2号2型電波探信儀
25ミリ3連装機銃
爆雷投射器

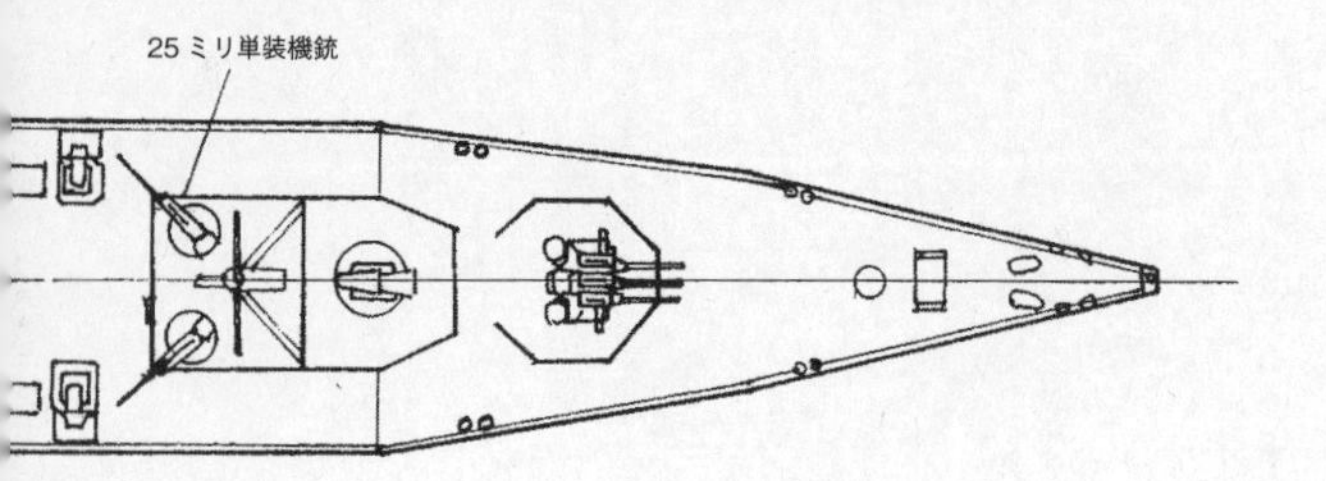
25ミリ単装機銃

第40図　甲型海防艇(銅製)

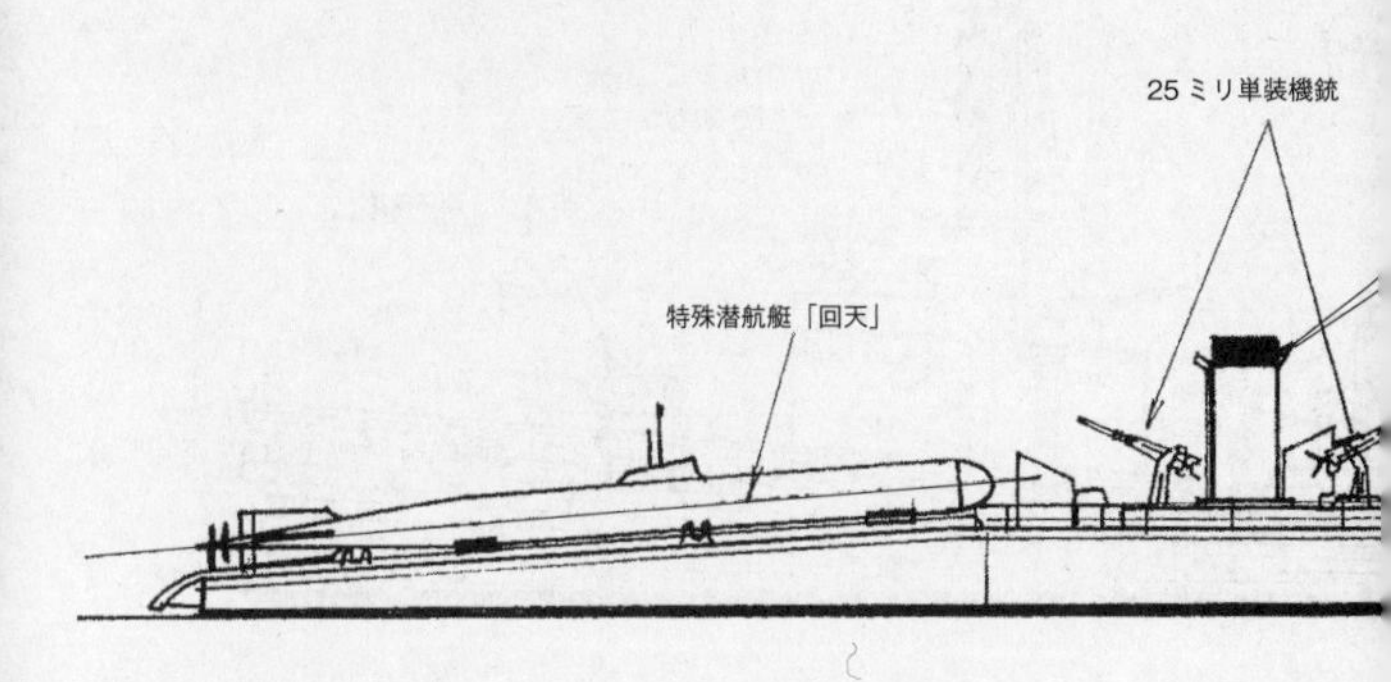

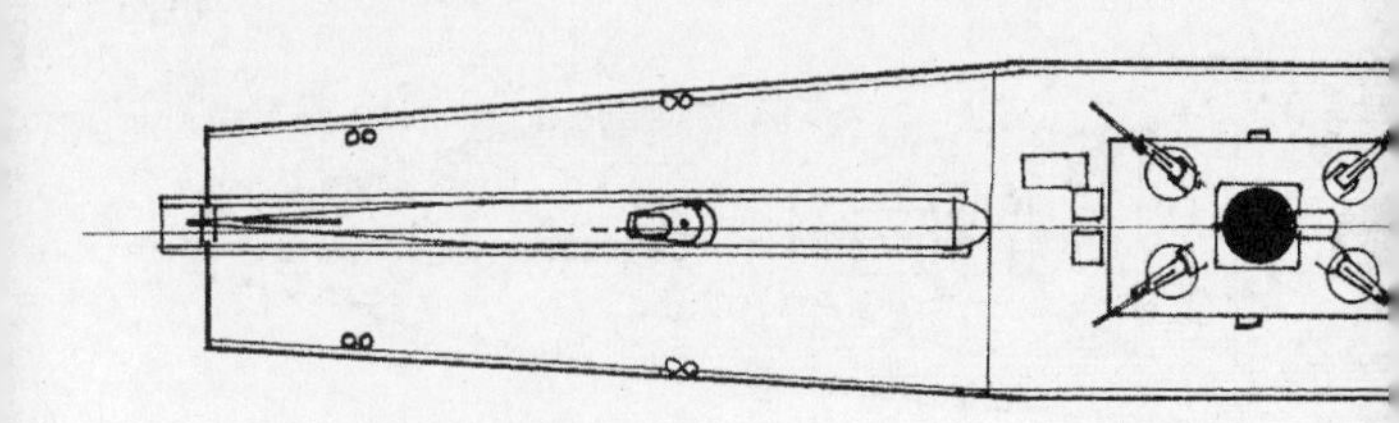

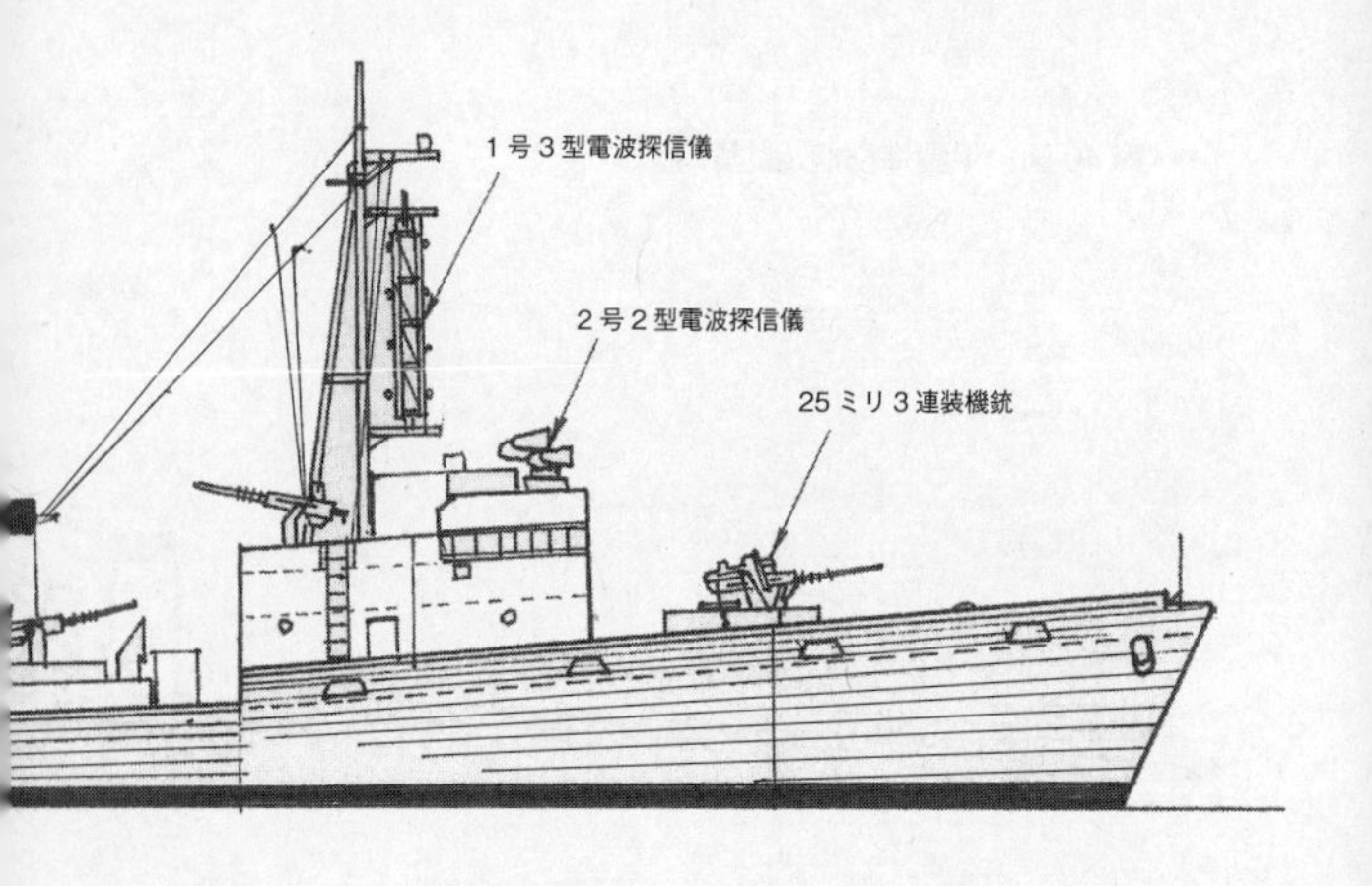
1号3型電波探信儀
2号2型電波探信儀
25ミリ3連装機銃

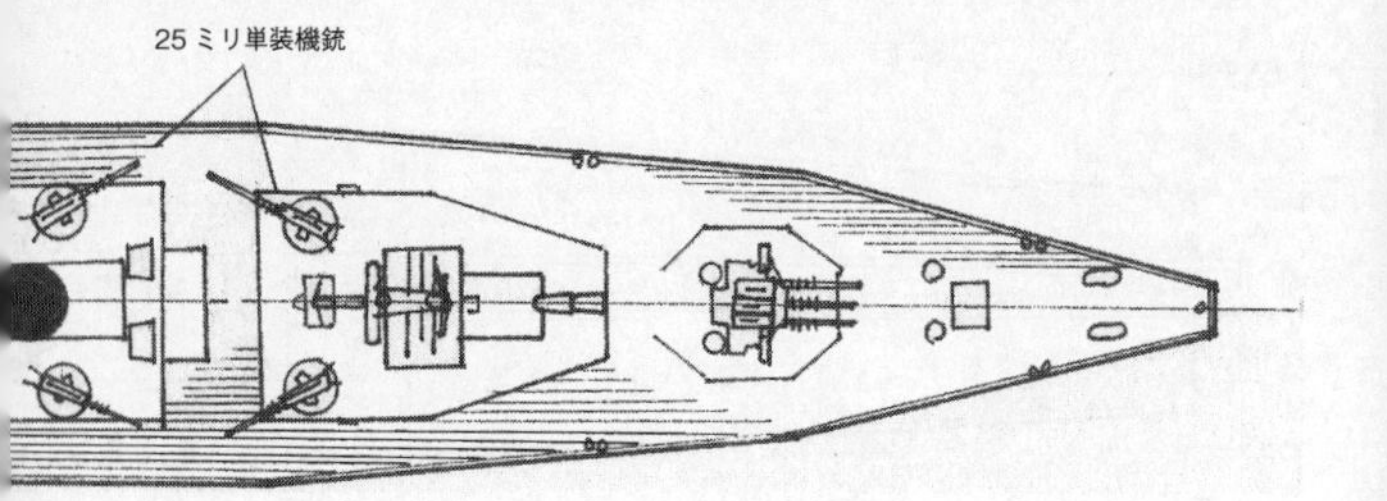
25ミリ単装機銃

第41図　乙型海防艇（木造）

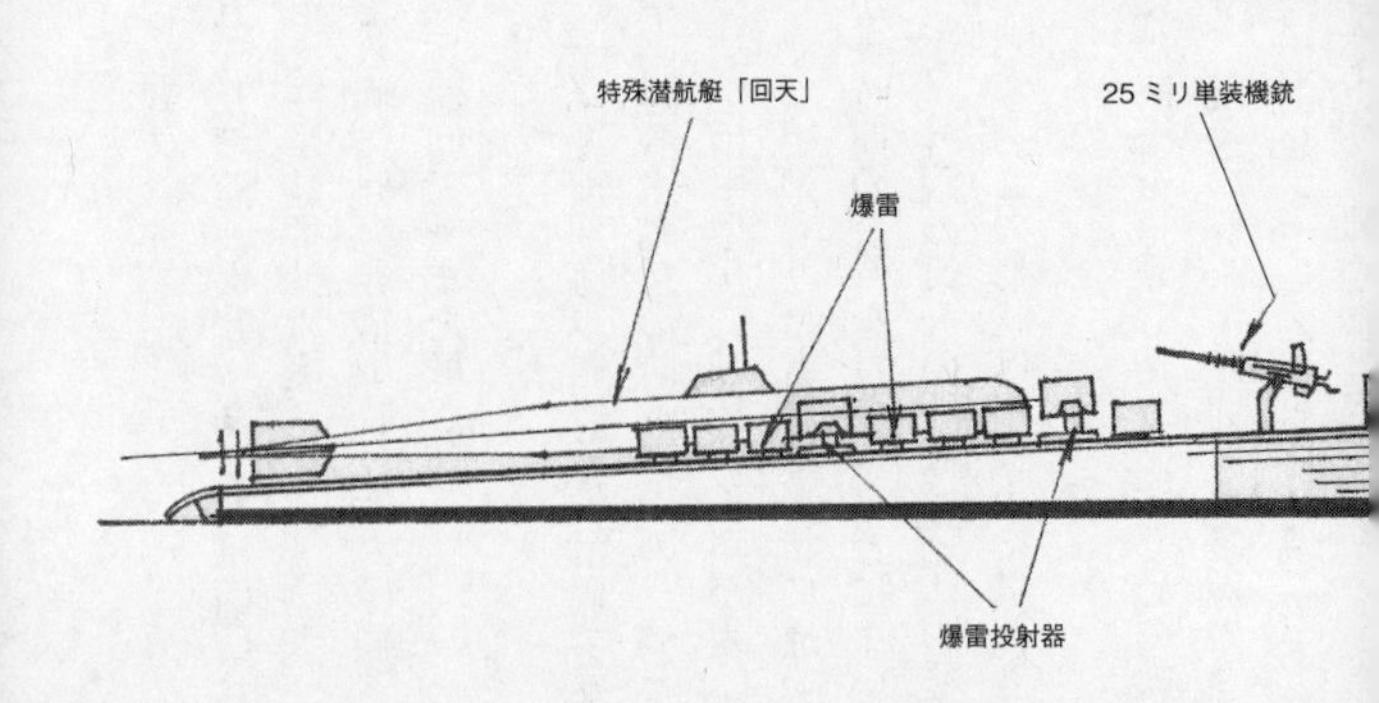

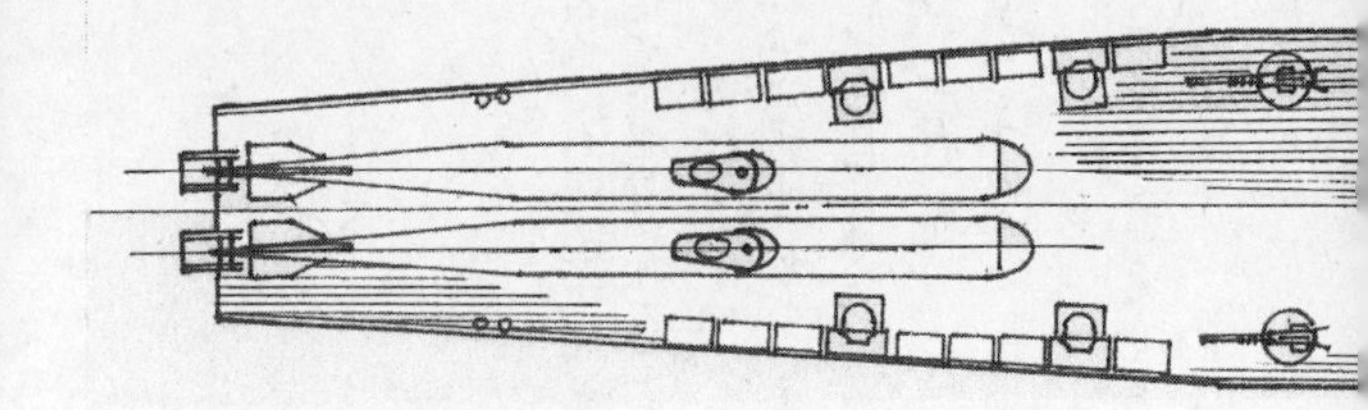

最高速力　一二・五ノット
武装　二五ミリ三連装機銃一基または四〇ミリ機銃一梃
　　二五ミリ単装機銃六梃
　　爆雷八個（回天非搭載時最大六〇個）
　　特攻兵器回天一または二基

この海防艇は昭和二十年度前期海軍艦艇整備計画で建造が計画されている、水上および水中各種特攻兵器や水中高速潜水艦、海防艦の中の一つとして建造が開始されることになった。この計画案によると建造数は甲型が二〇隻、乙型が六〇隻となっている。

外形は別図のとおりで、甲型も乙型も基本形状に違いはないが、細部に多少の違いがある。本艇の本来の目的が長時間の航行を行なうことにないために、居住設備などは簡単なものであったと想像されるが、外観の最大の特徴は船体の後半部が、艇尾に向かってスロープ形状になっていることである。この形状は甲板上に搭載された回天をすみやかに海面に送り出すための仕掛けである。

このスロープ甲板には回天を搭載し送り出すための軌条が配置されている。この軌条には工夫が凝らされており、軌条のレールの間には多数のローラーが配置され、回天がスムーズにしかもすみやかに海面に降下できる仕掛けなのである（昭和十九年から実用に入った一号輸送艦も、搭載した上陸用舟艇をスロープ付きの甲板上の軌条から艦尾に向けて海面に降下させる構造になっていた。しかし軌条のみでは舟艇のスムーズな動きができないため、この特殊なローラー式軌条に改良されたのであった)。なお回天の搭載数は甲型では最大二基、乙型では二基となっていた。

機関は四〇〇馬力のディーゼル機関二基が搭載され二軸推進であるが、甲型の計画最高速力は一五ノット、乙型が一二・五ノットといずれも低速である。乙型の速力が遅いのは、乙型の公試状態での排水量が甲型より若干大きく(船体の没水体積が大きい)、また全幅が甲型より若干幅広になっているためである。

いずれにしても特攻兵器の発進のためとはいえ、このような低速の艦艇を敵の艦艇の集団の中に送り込むこと自体無謀にすぎ、本艇の存在意義も疑わざるを得ないのだ。

兵装は小型ながら比較的強力で、二五ミリ三連装機銃一基と二五ミリ単装機銃六梃を装備し、対潜兵器としては片舷爆雷投射器(K砲)四基、爆雷六〇個(最大)を搭載した。なお回天移動用のローラー式軌条は、爆雷投下器の代用としても使うことができた、とされている。

注目すべき兵器として、搭載が予定されていた電波兵器が海防艦並みに強力であったことである。三式水中探信儀および水中聴音器を各一または二基搭載となっており、対空用電波探信儀として最新型の一号三型(一三型)探信儀が搭載予定となっていた。

甲型は昭和二十年四月に長崎県の川南工業造船所で二隻が起工され、六月に進水を終えたが、そのまま工事は中断され終戦を迎えている。一方の乙型は日本各地の木造船造船所に発注されたが、当時の各木造船造船所は駆潜特務艇や駆潜哨戒艇、さらには戦時急造型機帆船の建造の最中で新たな木造船の建造は不可能な状態にあった。このために終戦までに十数隻が起工されたとされているが、進水はおろか完成した艇は一隻も存在しなかったとされている。いずれにしても海防艇は幻の艦艇で終わっている。

あとがき

本書では日本海軍の海防艦、つまり日本の代表的な護衛艦艇の誕生と建造、さらに性能や戦闘の様子についてまとめてある。勿論細部についてはさらなる調査と記述が必要であるが、本書により「海防艦」については一応のご理解は頂けたことと思うのである。

実戦の中での日本式護衛艦艇「海防艦」は、その性能や装備において、同じ時代の連合軍側を代表するアメリカやイギリス海軍の護衛艦艇に引けを取るところは何もなかった。ただ唯一の欠点は装備する電波兵器（電波探信儀＝レーダーや水中探信儀＝ソナー）の性能の未熟さであった。この電波兵器の性能が不十分なのは実戦において如実に証明されることになったのだ。

当時の世界の電波兵器の基本はアナログ技術開発の如何に関わっていたが、日本の同じ時代のエレクトロニクス技術の開発はアメリカやイギリスに比較し大きく遅れをとっていた。

その遅れを招いた背景には、日本軍部（陸海軍）の電波兵器に対する軽視の姿勢が影響していたことに間違いないはずである。総じて言えることは、戦時中の日本のエレクトロニクス技術の開発レベルは、アメリカやイギリスさらにはドイツに対しても一〇年前後の遅れであったと考えられることである。

海防艦の実戦における最重要任務は敵潜水艦の攻撃から輸送船や輸送船団を守ることである。しかし目に見えない水中の潜水艦の存在を探知することは、高度な開発レベルが必要な水中探信儀（ソナー）に頼らざるを得ないことは事実だ。護衛艦艇自体がいくら優れた性能や砲熕兵器を持っていても、敵潜水艦の探知能力にかけていれば護衛艦艇の存在意義がないのである。

日本海軍は多くの場合、複雑かつ熟練した技術が必要とされる水中探信儀をあつかうよりも、敵潜水艦の探知には特有の「ＫＫＤ」（経験と勘と度胸）に頼るきらいがあったことを否定することはできない。

事実、数ある海防艦の敵潜水艦との戦闘においても、水中探信儀を使いこなして敵潜水艦を撃沈または撃破した実例は極めて少ない。水中探信儀は現在日本の漁船の大半が使用している魚群探知機のように、誰でもが容易に使いこなせる兵器に仕上げることが必須であるのだが、当時の日本海軍の水中探信儀にはそれだけの性能が備わっていなかったのが事実なのである。

日本海軍の船団護衛に対する当初の認識の欠如は今さら述べるものでもないが、その認識の欠如が海防艦の急速建造および増備にも直接の影響を与えていたことは確かである。

ただ昭和十九年から展開された海防艦の急速建造の結果については、それなりの評価を与えなければならないであろう。ただ惜しむらくはこの急速建造が少なくとも一年前から開始されていれば、日本商船の大量損失はかなり改善されたものと想像されるのである。

本書により海防艦とはいかなる艦艇であり、その戦いがどのようなものであったか、ご理解いただければ筆者として幸甚であります。

興味をそそられるのは、激戦を生き抜いた海防艦の一部が、戦後日本に新しく設立された海上保安庁の主力巡視船や気象観測船として活躍していたことである。その活躍期間は一〇年以上にもおよぶが、海防艦の隠れたエピソードとして知ることは楽しいことである。

失われた海防艦の乗組員の犠牲者数は三〇〇〇名を大幅に超えている。南冥の海に散華した、これら乗組員に哀悼の意を表したい。

写真提供／著者・雑誌「丸」編集部
ＮＦ文庫書き下ろし作品

NF文庫

海防艦

二〇一五年五月十五日　印刷
二〇一五年五月十九日　発行

著　者　大内建二
発行者　高城直一
発行所　株式会社　潮書房光人社
〒102-0073　東京都千代田区九段北一-九-十一
振替／〇〇一七〇-六-五四六九三
電話／〇三-三二六五-一八六四(代)
印刷所　モリモト印刷株式会社
製本所　東　京　美　術　紙　工

定価はカバーに表示してあります
乱丁・落丁のものはお取りかえ
致します。本文は中性紙を使用

ISBN978-4-7698-2885-3　C0195
http://www.kojinsha.co.jp

NF文庫

刊行のことば

第二次世界大戦の戦火が熄んで五〇年——その間、小社は夥しい数の戦争の記録を渉猟し、発掘し、常に公正なる立場を貫いて書誌とし、大方の絶讃を博して今日に及ぶが、その源は、散華された世代への熱き思い入れであり、同時に、その記録を誌して平和の礎とし、後世に伝えんとするにある。

小社の出版物は、戦記、伝記、文学、エッセイ、写真集、その他、すでに一、〇〇〇点を越え、加えて戦後五〇年になんなんとするを契機として、「光人社ＮＦ（ノンフィクション）文庫」を創刊して、読者諸賢の熱烈要望におこたえする次第である。人生のバイブルとして、心弱きときの活性の糧として、散華の世代からの感動の肉声に、あなたもぜひ、耳を傾けて下さい。